Facteur 4

Deux fois plus de bien-être en consommant
deux fois moins de ressources

Terre vivante vous fait partager vingt-cinq ans d'expériences de l'écologie pratique : jardinage biologique, alimentation et santé, habitat écologique, énergie.
A travers :
- l'édition de livres pratiques,
- la revue *Les Quatre Saisons du jardinage*,
- un Centre de découverte de l'écologie pratique à visiter de mai à octobre, dans les Alpes, au pied du Vercors.

Le catalogue des ouvrages publiés par **terre vivante** est disponible sur simple demande.

Terre vivante, domaine de Raud, 38710 Mens.
Tél. : 04 76 34 80 80. Fax : 04 76 34 84 02. Email : info@terrevivante.org
www.terrevivante.org

Conception, réalisation, couverture : Béatrice Gauge

ISBN 2-904082-67-0

Ernst U. von Weizsäcker, Amory B. Lovins et L. Hunter Lovins

traduit de l'anglais par Pierre Bertrand

Facteur 4

Deux fois plus de bien-être en consommant deux fois moins de ressources

Rapport au Club de Rome

Terre Vivante

SOMMAIRE

PREFACE A L'EDITION FRANÇAISE

Il m'est particulièrement agréable de présenter au public français et francophone l'ouvrage dont mon collègue et ami du Club de Rome, Ernst Ulrich von Weizsäcker, a pris l'initiative, avec la collaboration de deux experts de réputation mondiale, Amory B. Lovins et L. Hunter Lovins. *Facteur 4* s'inscrit très exactement dans la ligne des préoccupations exprimées par le Club de Rome depuis sa création en 1968.

En effet, dans son premier rapport, *The Limits to Growth*, imparfaitement traduit en français par *Halte à la croissance*, le Club de Rome avait lancé un cri d'alarme, le premier de cette importance, concernant la détérioration de l'environnement. Le gaspillage des ressources naturelles, les menaces qui pèsent sur les océans, les macropollutions qui empoisonnent l'air des grandes villes et s'attaquent à la santé des populations urbaines de plus en plus nombreuses de la planète sont quelques-uns des signes qui confirment chaque jour davantage combien il importe de prendre ces problèmes au sérieux.

Malheureusement, si les menaces qui pèsent sur l'environnement commencent à être prises au sérieux par les gouvernements et les institutions internationales, il faut bien reconnaître l'échec de grandes réunions internationales telles que celle de Rio : il est facile d'établir un catalogue des mesures à prendre pour empêcher la situation d'empirer, il est plus difficile de prendre des décisions concrètes qui supposent beaucoup de courage politique et une véritable stratégie. L'exemple de la position du président Clinton en est une illustration typique. Lors d'un discours prononcé en octobre 1997, le président américain affirma combien l'émission de gaz produisant l'effet de serre constituait un défi essentiel pour les Etats-Unis et pour le monde : progrès indéniable que cette reconnaissance officielle quoique tardive d'un problème déjà largement pris en compte, notamment en Europe. Décision de Bill Clinton : ces émissions de gaz devront être ramenées à leur niveau de 1990 en 2008. Ainsi les Etats-Unis, qui sont les premiers pollueurs du monde, annoncent à grand fracas une décision ridicule par rapport à l'enjeu.

Le livre *Facteur 4* a cet immense mérite de revenir sur des exemples concrets de gaspillages concernant l'eau, la consommation d'électricité, les transports, etc., et sur les solutions qui permettent de préserver l'environnement.

Le Facteur Quatre est le coefficient qui doit permettre une multiplication par quatre de la productivité des richesses, c'est-à-dire une utilisation quatre fois plus importante de la même quantité de ressouces.

Les exemples proposés dans cet ouvrage constituent une invitation pressante aux lecteurs, que j'espère très nombreux, à prendre des initiatives dans leur vie de tous les jours, en montrant qu'une gestion plus économe des ressources est possible et devient acte de citoyenneté.

La limite de cet ouvrage est que, par les exemples choisis, ils s'adresse surtout aux Occidentaux. Le problème des pays en développement ou sous-développés n'est pas abordé et pourtant il est essentiel. Les sources d'énergie, quand elles existent comme en Chine, proviennent surtout du charbon, c'est-à-dire de la source qui dégage le plus de pollution de l'air sous forme de dioxyde de carbone. L'enjeu est ici essentiel. Comment demander à des pays, qui ont un besoin majeur d'énergie pour assurer leur développement, de renoncer à exploiter leurs ressources naturelles ou, pire, de renoncer à leur développement ? Et les dirigeants de ces pays ont beau jeu de dire aux pays industrialisés : « Vous avez bâti votre prospérité sans vous préoccuper des dommages que vous causiez à l'environnement, et maintenant que vous avez pris conscience de votre responsabilité, vous voudriez nous imposer des normes que vous ne vous êtes pas appliquées à vous-mêmes. »

Il est évident que seule la solidarité internationale pourra venir à bout de cette contradiction et que, pour le moment, elle ne semble pas se manifester avec beaucoup d'ardeur. Seule une approche globale et une stratégie globale en matière d'environnement pourront permettre d'accomplir des progrès significatifs en matière d'environnement. Mais cette prise de conscience, cette action doivent partir du terrain. C'est en quoi *Facteur 4* revêt toute son importance par les démonstrations très convaincantes qu'il met à la disposition des lecteurs. Car le changement de mentalité est un facteur essentiel dans la réussite du combat, à peine entamé encore, pour la protection de l'environnement.

Bertrand Schneider, secrétaire général du Club de Rome,
Paris, octobre 1997

AVANT-PROPOS

Facteur Quatre est une bonne idée qui vient à point nommé et pourrait devenir un symbole de progrès et une réalité que le Club de Rome accueillerait avec plaisir. Doubler la richesse en diminuant de moitié la consommation des ressources est au cœur des préoccupations de *Question de survie*, le tout premier rapport publié par le Club de Rome. A moins de parvenir à doubler les richesses, comment pouvons-nous seulement espérer résoudre les problèmes de pauvreté que Bertrand Schneider aborde de manière si pressante dans *Le Scandale et la honte* ? Et comment pouvons-nous faire face au problème de la gouvernabilité du monde exposé par Yezekhel Dror dans son récent livre ?

D'autre part, comment rétablir l'équilibre écologique planétaire si nous ne sommes pas capables de diviser par deux la consommation de nos ressources ? Diminuer de moitié cette consommation revient à *Taking Nature into Account*, titre du rapport récent de Wouter van Dieren au Club. Cette question est étroitement liée au défi du développement soutenable [1], qui a dominé le Sommet de la Terre de 1992, à Rio de Janeiro. Mais rappelez-vous que ce défi avait déjà été exprimé vingt ans plus tôt dans le fameux rapport *Halte à la croissance*, rédigé pour le Club par Dana et Dennis Meadows, Jørgen Randers et Bill Behrens.

Doubler les richesses et diminuer de moitié la consommation des ressources indiquent l'ampleur de la problématique mondiale au cœur des activités du Club de Rome. Nous sommes fiers de pouvoir dire que *Facteur 4* est un rapport encourageant, qui souligne certaines des étapes que le monde devra franchir. *Facteur 4* pourrait contribuer à la *résolutique* que le

---

1. Le mot soutenable fait référence au développement soutenable (ou encore développement durable), c'est-à-dire un mode de développement qui veille au renouvellement de ses ressources et à la préservation des équilibres naturels, afin de se perpétuer lui-même (NDT).

Club annonce dans *Question de survie*. Nous témoignons notre gratitude à la contribution considérable de deux des principaux pionniers mondiaux de l'efficacité énergétique, Amory et Hunter Lovins, qui furent attelés à la tâche par notre membre Ernst von Weizsäcker, à l'origine de ce nouveau rapport. C'est également à lui que revient l'idée d'inclure ces considérations essentielles que sont les ressources matérielles et les transports. Les auteurs sont parvenus à réunir la somme impressionnante de cinquante innovations permettant de quadrupler la productivité des ressources, démontrant ainsi la faisabilité de Facteur Quatre sur une grande échelle. Chaque rapport au Club de Rome est le point final d'un travail exhaustif de recherches et de discussions entre les membres du Club et d'autres experts de premier plan. Dans le cas de *Facteur 4*, le travail a culminé avec une conférence internationale cosponsorisée par la Fondation Friedrich Ebert. Tenue à Bonn en mars 1995, celle-ci a offert à tous les membres intéressés l'occasion de fournir des données pour le rapport en cours de réalisation, dont un tirage avait été effectué à l'avance. En juin 1995, le comité exécutif du Club de Rome a accepté le manuscrit amendé.

Au nom du Club de Rome, j'exprime l'espoir sincère que ce nouveau rapport nourrira les discussions internationales entre les décideurs et entre les experts.

Ricardo Diez Hochleitner, président du Club de Rome
Madrid, décembre 1996

PRÉFACE

Vous avez entre les mains un livre ambitieux, qui se propose de réorienter le progrès technologique. L'augmentation acharnée de la productivité du travail est une politique discutable à une époque où plus de 800 millions de personnes sont sans emploi. Dans le même temps, nos ressources naturelles, pourtant si maigres, sont gaspillées. Si la productivité des ressources était multipliée par quatre, le monde serait deux fois plus prospère que maintenant, tout en diminuant de moitié la pression exercée par l'humanité sur son environnement. Nous pensons pouvoir démontrer que ce quadruplement de la productivité des ressources est techniquement faisable et produirait d'énormes bénéfices macroéconomiques, c'est-à-dire que les individus, les entreprises et l'ensemble de la société se porteraient mieux.

En exposant les grandes lignes de ce programme novateur, nous reprenons à notre compte l'inquiétude exprimée au début des années 70 par le Club de Rome, qui secoua le monde avec son rapport *Halte à la croissance* (Meadows *et al.*, 1972). Mais cette fois-ci, nous apportons une réponse optimiste à cette inquiétude. Nous démontrerons que des scénarios d'équilibre existent. Nous pensons que le Facteur Quatre peut sauver la planète, pour reprendre le titre du best-seller d'Al Gore (1992), aujourd'hui vice-président des Etats-Unis.

Nous voudrions remercier le Club de Rome pour l'intérêt constant qu'il a manifesté pour notre entreprise. Un séminaire du Club, chargé de discuter le manuscrit, fut organisé à Bonn en mars 1995, avec le soutien de la Fondation Friedrich-Ebert et de la Fondation allemande pour l'environnement. A la suite de cette rencontre, le texte fut réécrit en grande partie et envoyé au comité exécutif du Club qui, en juin 1995, l'accepta comme rapport au Club. Nous sommes honorés que le président du Club ait bien voulu signer l'avant-propos de l'édition anglaise.

A l'origine, le livre fut écrit en anglais. Pour sa première publication, il fut traduit en allemand et parut en septembre 1995 sous le titre *Faktor Vier :*

doppelter Wohlstand - halbierter Naturverbrauch, aux éditions Droemer Knaur, Munich. Il rentra presqu'aussitôt dans la liste des meilleures ventes et y resta pendant six mois. Il a été traduit en espagnol, en suédois, en tchèque, en italien, en coréen, en japonais, en anglais et maintenant en français (à partir de la version anglaise de 1997, plus complète). Des demandes sont en cours pour d'autres langues. Parallèlement, l'intérêt croît rapidement parmi les industriels du monde entier. La foire de Carinthie, dans la ville autrichienne de Klagenfurt, prépare une foire internationale sur le thème Facteur Quatre pour l'été 1998. Des centaines de lettres d'encouragement sont parvenues aux auteurs, dont beaucoup nous présentent de nouvelles applications concrètes du Facteur Quatre. Enfin Amory B. Lovins et L. Hunter Lovins travaillent sur un ouvrage complémentaire en collaboration avec Paul Hawken, conçu pour le public américain, en particulier pour les milieux industriels et financiers [1].

Nous devons énormément à tous ceux qui s'impliquèrent dans la discussion de ce livre, avant même sa parution. Des centaines de personnes sont concernées, dont nous ne pouvons citer que quelques-unes, en particulier les participants au séminaire du Club : Franz Alt, Owen Bailey, Benjamin Bassin, Maryse Biermann, Jérôme Bindé, Raimund Bleischwitz, Stefanie Böge, Holger Börner, Hartmut Bossel, Frank Bosshardt, Stefan Bringezu, Leonor Briones (Manille), Bill Browning, Michael Brylawski, Maria Buitenkamp, Scott Chaplin, David Cramer, Maureen Cureton, Hans Diefenbacher, Wouter van Dieren, Ricardo Díez Hochleitner, Reuben Deumling, Hans Peter Dürr, Barbara Eggers, Felix FitzRoy, Claude Fussler, Paul Hawken, Rick Heede, Peter Hennicke, Friedrich Hinterberger, Alice Hubbard, Wolfram Huncke, Reimut Jochimsen, Ashok Khosla, Albrecht Koshützke, Sascha Kranendonk, Hans Kretschmer, Martin Lees, André Lehmann, Harry Lehmann, Christa Liedke, Jochen Luhmann, Manfred Max-Neef (Valdivia), Mark Merritt, Niels Meyer, Timothy Moore, Kikujiro Namba (Tokyo), Hermann Ott, Andreas Pastowski, Rudolf Petersen, Richard Pinkham, Wendy Pratt, Joseph Romm, Jen Seal, Wolfgang Sachs, Karl-Otto Schallaböck, Friedrich Schmidt-Bleek, Harald Schumann, Eberhard Seifert, Farley Sheldon, Bill Shireman, Walter Stahel, Klaus Steilmann, Ursula Tischner, Reinhard Ueberhorst, Carl Christian von Weizsäcker, Christine von Weizsäcker, Franz von Weizsäcker, Anders Wijkman et Heinrich Wohlmeyer.

1. Paul Hawken, Amory B. Lovins et L. Hunter Lovins, *Natural Capitalism*, Earthscan Publications Ltd, Londres (à paraître en 1998).

Sans le travail de pionniers d'Herman Daly, Dana et Dennis Meadows, Paul Hawken, Hazel Henderson, Bill McDonough et David Orr, il aurait été quasiment impossible de concevoir un livre de cette portée.

Nous remercions également les sponsors du séminaire de Bonn, ainsi que le gouvernement de la Rhénanie du Nord-Wesphalie pour la subvention qu'il accorde au département Climat, environnement et énergie de l'Institut Wuppertal, avec mission d'approfondir et de mettre en pratique les principes exposés dans ce livre.

Enfin, nous remercions les différents éditeurs du livre, qui contribuent, chacun dans leur pays, à faire connaître ce travail.

Ernst U. von Weizsäcker, Amory B. Lovins, L. Hunter Lovins,
janvier 1997

Plus avec moins

Des perspectives excitantes

« Facteur Quatre » signifie, en deux mots, que la productivité des ressources peut – et devrait – être multipliée par quatre, c'est-à-dire que la quantité de richesses extraite d'une unité de ressources naturelles peut quadrupler.

Ce message est à la fois nouveau et simple.

Il est nouveau, car il n'indique rien de moins qu'une nouvelle orientation du « progrès » technologique. Jusqu'à aujourd'hui, le progrès signifiait l'augmentation de la productivité du travail. Nous pensons que la *productivité des ressources* est tout aussi importante et devrait être recherchée comme la première des priorités.

Ce livre décrit des technologies capables d'obtenir le quadruplement, voire plus, de la productivité des ressources. Depuis le Sommet de la Terre de Rio, nous savons que le progrès doit remplir certains critères pour être soutenable.

Le message est également excitant. Il dit que certains aspects de la révolution de l'efficacité sont déjà disponibles pour un coût *négatif*, c'est-à-dire qu'ils sont rentables. Beaucoup d'autres choses peuvent devenir rentables. Les pays qui s'engagent dans la révolution de l'efficacité deviennent plus forts, et non plus faibles, en termes de compétitivité internationale.

Cela ne vaut pas seulement pour les pays industrialisés du Nord. C'est encore plus vrai pour la Chine, l'Inde, le Mexique ou l'Egypte – des pays qui ont une force de travail abondante et peu coûteuse mais manquent d'énergie. Pourquoi devraient-ils imiter l'Europe et les Etats-Unis et apprendre à gaspiller l'énergie et les matières premières ? Leur chemin vers la prospérité sera plus doux, plus rapide et plus sûr s'ils mettent la révolution de l'efficacité au centre de leur progrès technologique. Il est probable que la révolution de l'efficacité deviendra une tendance générale. Comme c'est souvent le cas avec les possibilités nouvelles, ce sont les pionniers qui récolteront le plus de fruits.

Raisons morales et matérielles

Aucun livre n'a jamais fait changer le progrès de direction. Cela doit être fait par les gens : consommateurs et électeurs, chefs d'entreprise et ingénieurs, hommes politiques et professionnels de la communication. Les gens ne changent pas leurs habitudes à moins d'avoir de bonnes raisons de le faire. Et la motivation doit être suffisamment pressante pour une masse critique de personnes, sans quoi la dynamique sera insuffisante pour changer le cours de notre civilisation.

Les raisons de changer la direction du progrès technologique sont à la fois morales et matérielles. Nous sommes convaincus que la plupart de nos lecteurs partagent notre point de vue, selon lequel préserver les systèmes physiques qui assurent la survie de l'humanité est une haute priorité morale. La situation écologique du monde réclame une action rapide comme nous le montrerons dans la troisième partie. Nous y évitons un langage fataliste et pessimiste, mais nous n'en présentons pas moins certaines données et tendances écologiques préoccupantes, qui doivent être clairement posées si nous voulons exprimer les réponses nécessaires en termes quantitatifs. Nous y démontrerons que des gouffres quatre fois trop profonds sont en train de s'ouvrir devant nous.

Si ces gouffres ne sont pas comblés, le monde pourrait bien entrer dans une ère de troubles et de désastres sans précédent. Les éviter peut paraître une tâche insurmontable. Or, les gouffres peuvent être comblés. *Facteur 4* est au centre de la réponse. Mieux encore, nous découvrirons de très fortes raisons *matérielles* de changer de direction.

Les pays qui s'engageront les premiers dans cette voie en tireront d'énormes bénéfices. Ceux qui hésiteront subiront probablement d'énormes pertes, car leur capital deviendra rapidement obsolète à mesure que la productivité des ressources s'étendra ailleurs.

Cure d'efficacité pour la maladie du gaspillage

Pourquoi pensons-nous cela? Essentiellement parce que nous voyons notre société aux prises avec une maladie grave mais non incurable. Elle n'est pas sans rappeler la maladie que nos grands-parents appelaient « consomption », car ses victimes dépérissaient peu à peu[1]. La tuberculose économique actuelle ne consume ni notre corps, ni nos ressources (les ressources énergétiques consommées sont considérées comme une pollution improductive). Mais ses effets sur les personnes, les nations et la planète sont tout aussi mortels, coûteux et contagieux.

Nous savons que l'industrialisation a résulté de l'augmentation des niveaux d'efficacité et de productivité. Il est incontestable que la productivité humaine a été multipliée plusieurs fois depuis le début de la révolution industrielle. Nous avons augmenté nos capacités de production en substituant des ressources au travail humain. Mais cette substitution est allée trop loin, surexploitant certaines ressources telles que l'énergie, les matières premières, l'eau, la terre arable et l'air. Les « gains de productivité » obtenus de cette manière accablent les systèmes vivants qui représentent le fondement de nos ressources et doivent en plus assimiler les déchets de notre civilisation.

Une opinion en vogue aujourd'hui est que toute solution à ces problèmes d'environnement sera forcément très coûteuse. Il s'agit d'une idée fausse. Elle est fausse à cause de la révolution de l'efficacité, sujet de ce livre. Corriger le déséquilibre entre notre manière d'utiliser les hommes et les ressources, améliorer la productivité des ressources et soigner la « maladie du gaspillage » représente en fait une opportunité économique majeure. L'essentiel de la cure n'est pas douloureux mais au contraire bénéfique, tant pour les systèmes naturels que pour le tissu social à l'échelle mondiale.

Lorsque l'on évoque le gaspillage, on pense généralement au contenu des poubelles, aux gaz d'échappement des voitures et aux bennes à gravats, à proximité des entreprises ou des chantiers. Si vous demandiez aux gens quelle quantité de matière est gaspillée chaque année, la plupart d'entre eux admettraient qu'un certain pourcentage est perdu, mais pas beaucoup. En réalité, nous sommes dix fois plus

1. Jeu de mot difficilement traduisible. Le mot anglais *consumption* signifie aussi consommation. Quant à dépérissement, il se traduit par *waste*, qui signifie également gaspillage (NDT).

efficaces pour gaspiller nos ressources que pour les utiliser. Une étude réalisée pour l'Académie américaine d'ingénierie a montré que 93 % de la matière que nous achetons et « consommons » ne finissent jamais sous forme de produits vendables. En outre, 80 % des produits sont jetés après une seule utilisation, et beaucoup de ceux qui restent ne durent pas aussi longtemps qu'ils le devraient.

La plus grande partie de l'énergie, de l'eau et des modes de transport que nous consommons est également gaspillée, souvent avant même d'arriver jusqu'à nous. La chaleur qui s'échappe par les toits insuffisamment isolés ; l'énergie d'une centrale nucléaire ou thermique dont seulement 3 % sont convertis en lumière dans une ampoule à incandescence (70 % de l'énergie est perdue avant de parvenir à l'ampoule qui, à son tour, ne convertit que 10 % de l'électricité en lumière) ; les 80 à 85 % du carburant d'une voiture perdus dans le moteur et la transmission avant de parvenir aux roues ; l'eau qui s'évapore ou fuit avant d'atteindre les racines des plantes cultivées ; le déplacement insensé des biens sur de grandes distances pour un résultat qui pourrait être obtenu tout aussi bien localement – tous ces exemples sont des coûts sans bénéfices.

Ce gaspillage est inutilement coûteux. Par exemple, un Américain moyen dépense environ 10 000 F par an pour l'énergie, achetée directement ou comprise dans le prix des biens et des services. Ajoutons à cela le gaspillage de métal, de terre, d'eau, de bois, de tissu et de plastique, ainsi que le coût du transport, et l'Américain moyen perd des dizaines de milliers de francs par an. Ce gaspillage, multiplié par 250 millions d'habitants, donne au moins 1 000 milliards de dollars dépensés pour rien aux seuls Etats-Unis, dix fois plus dans le monde entier. Un tel gaspillage appauvrit les familles (en particulier les foyers aux revenus modestes), diminue la compétitivité, met en péril nos ressources, empoisonne l'eau, l'air, le sol et les gens, supprime des emplois et diminue la vitalité économique.

La cure d'efficacité

Pourtant, la maladie du gaspillage est curable. Le remède provient des laboratoires, des ateliers et des chaînes de production de scientifiques et de techniciens habiles, de la politique et des plans des urbanistes et des architectes, de l'ingéniosité des ingénieurs, des chimistes et des agriculteurs, enfin de l'intelligence de chacun d'entre nous. Il est fondé sur un bon usage de la science, une bonne politique économique et le bon sens. Sur une utilisation efficace des ressources, faisant plus avec moins. Il ne s'agit pas de revenir en arrière ou de « retourner » à d'anciennes méthodes. C'est au contraire le début d'une nouvelle révolution industrielle, qui aboutira à une augmentation considérable de la productivité des ressources.

Les moyens d'y parvenir se sont multipliés au cours des dernières années, offrant des opportunités inattendues pour les entreprises et la société. Ce livre est une introduction, une description et une invitation à agir au nom de ces opportunités, issues de la recherche de pointe en productivité des ressources. Il indique des moyens pratiques, souvent rentables, d'utiliser les ressources *au moins quatre fois plus efficacement que nous ne le faisons*. En d'autres termes, cela veut dire que nous pouvons faire tout ce que nous faisons aussi bien, voire mieux, avec seulement le quart de l'énergie et de la matière que nous utilisons actuellement. Cela rendrait possible, par exemple, le doublement du niveau de vie mondial en diminuant de moitié la consommation des ressources.

Faire plus avec moins n'est pas faire moins, faire moins bien ou faire sans. L'efficacité ne signifie pas réduction, inconfort et privations. Quand plusieurs présidents américains affirmèrent que « les économies d'énergie signifient avoir plus chaud en été et plus froid en hiver », ils ne parlaient pas d'*efficacité* énergétique, dont le but est d'accroître notre confort en améliorant les bâtiments, de manière à les rendre à la fois plus confortables et moins gourmands en énergie et en argent. Afin d'éviter cette confusion courante, nous nous garderons d'employer l'expression ambiguë de « conservation des ressources » pour lui préférer celle de « productivité des ressources ».

Sept bonnes raisons d'adopter la productivité des ressources

Nous venons de donner des raisons morales et matérielles quelque peu abstraites de nous tourner vers l'efficacité. Maintenant, nous allons être concrets et proposer sept raisons pressantes de franchir de pas.

1. Vivre mieux. La productivité des ressources augmente la qualité de vie. Nous voyons mieux avec des systèmes d'éclairage efficaces, nous conservons une nourriture plus fraîche dans des réfrigérateurs efficaces, produisons des biens de meilleure qualité dans des usines efficaces, voyageons de manière plus sûre et plus confortable dans des véhicules efficaces, nous nous sentons mieux dans des maisons efficaces et sommes mieux nourris par une agriculture plus efficace.

2. Moins polluer et moins détruire. Rien ne se perd. Les ressources gaspillées polluent l'air, l'eau et la terre. L'efficacité combat le gaspillage et diminue la pollution, qui n'est rien d'autre qu'une ressource qui n'est pas à sa place. La productivité des ressources peut contribuer fortement à résoudre de vastes problèmes tels que les pluies acides, la modification du climat, la déforestation, la diminution de la fertilité des sols ou les embouteillages. A elles seules, l'efficacité énergétique plus une agriculture et une sylviculture productives et durables pourraient résoudre jusqu'à 90 % des problèmes d'environnement, non en perdant de l'argent mais – si les circonstances sont favorables – en réalisant des profits. L'efficacité peut nous permettre de gagner beaucoup de temps, pendant lequel nous pouvons apprendre à faire face aux problèmes mondiaux de manière rationnelle, sensée et progressive.

3. Gagner de l'argent. La productivité des ressources est généralement rentable : nous n'avons plus besoin de payer maintenant des ressources qui deviendront des polluants dont nous devrons payer ensuite l'élimination.

4. Intéresser les marchés et les entreprises. La productivité des ressources pouvant être rentable, elle peut être en grande partie réalisée par les marchés, aiguillonnés par l'initiative individuelle et la compétition économique, plutôt que par des réglementations. Théoriquement, les forces du marché peuvent faire avancer l'efficacité. Mais nous sommes confrontés à la tâche formidable de faire tomber les barrières et de renverser les systèmes d'incitation absurdes qui empêchent les marchés de fonctionner correctement.

5. Multiplier la productivité des capitaux insuffisants. L'argent libéré en prévenant le gaspillage peut servir à résoudre d'autres problèmes. Les pays en développement, notamment, qui perdraient moins de capital dans des infrastructures inefficaces, sont en excellente position pour multiplier la productivité des capitaux insuffisants. Si un pays achète des équipements pour fabriquer des lampes ou des fenêtres à grande efficacité énergétique, il est en mesure de fournir des services énergétiques pour un investissement dix fois inférieur à l'investissement requis pour construire des centrales supplémentaires. En récupérant cet investissement au moins trois fois plus vite et en le réinvestissant ailleurs, les services rendus par le capital initial peuvent être multipliés par trente ou plus, et même beaucoup plus d'après certains calculs. Pour bon nombre de pays en voie de développement, cela constitue peut-être le seul moyen réaliste de devenir prospères dans un laps de temps raisonnable.

6. Augmenter la sécurité. La compétition pour les ressources cause ou aggrave les conflits internationaux. L'efficacité permet aux mêmes ressources de satisfaire plus de besoins et réduit les dépendances malsaines qui nourrissent l'instabilité politique. L'efficacité peut diminuer les sources de conflit concernant le pétrole, le cobalt, les forêts, l'eau – ou toute autre ressource que certains possèdent et que d'autres convoitent. Certains pays ont de fortes dépenses, directes ou militaires, à cause de leur dépendance : les Etats-Unis consacrent un sixième à un quart de leur budget militaire à des forces dont la mission principale est de gagner ou de conserver l'accès à des ressources étrangères. L'efficacité énergétique peut même indirectement contribuer à bloquer la prolifération nucléaire en fournissant des substituts moins chers, et par essence non militaires, à l'énergie nucléaire et à sa technologie ambiguë.

7. Etre équitables et créer plus d'emplois. Le gaspillage des ressources est l'autre face d'une économie dénaturée qui sépare de plus en plus profondément la société entre ceux qui ont un travail et ceux qui n'en ont pas. D'un côté comme de l'autre, l'énergie et le talent humains sont tragiquement gaspillés. Une cause majeure de ce gaspillage humain est notre boom technologique aussi faux que dévoyé. Nous rendons toujours plus « productives » un nombre toujours plus faible de personnes, consommant toujours plus de ressources et marginalisant un tiers de la force de travail mondiale. Nous avons besoin d'incitations économiques rationnelles afin de pouvoir employer plus de personnes et moins de ressources, résolvant ainsi deux problèmes critiques à la fois. Les entreprises *devraient licencier les kilowattheures, les tonnes et les mètres cubes improductifs au lieu de licencier leurs employés.* Cela se produirait beaucoup plus vite si nous taxions moins le travail et plus les ressources.

Ce livre est une boîte à outils : il présente cinquante exemples permettant au minimum de quadrupler la productivité des ressources. A travers ces exemples, vous pourrez voir les types d'outils disponibles, comment ils fonctionnent, ce qu'ils peuvent faire et comment les utiliser de manière pratique et rentable. Chacun d'entre nous – que ce soit au travail, à la maison ou à l'école, dans le secteur public, privé ou associatif, seul ou avec d'autres – peut s'emparer de ces outils et se mettre au travail.

L'efficacité est-elle vraiment nouvelle ?

L'efficacité est un concept aussi vieux que l'humanité elle-même. La plupart des progrès humains, dans toutes les sociétés, sont définis par de nouveaux moyens de faire plus avec moins. Une grande part de l'ingénierie et des affaires consiste à utiliser toutes sortes de ressources plus efficacement, mais, dans les cent cinquante dernières années, l'essentiel de l'effort technologique de la révolution industrielle a consisté à augmenter la productivité du travail, *même si cela nécessitait une utilisation accrue des ressources naturelles.* Toutefois, la productivité des ressources a récemment subi une révolution conceptuelle et pratique telle que la plupart d'entre nous n'ont encore jamais entendu parler de ses nouvelles possibilités.

Il y a dix ans, les principales innovations pour faire plus avec moins reposaient sur la vitesse du développement technologique. Depuis le choc pétrolier des années 70, on nous apprend tous les cinq ans qu'il est en principe possible d'utiliser l'électricité deux fois plus efficacement qu'avant. Chaque fois, ce doublement d'efficacité pouvait théoriquement diminuer les coûts des deux tiers. Un tel progrès se poursuit encore aujourd'hui – moins grâce à des technologies nouvelles que par leur combinaison judicieuse. Les gains de productivité des ressources à un coût toujours moindre sont tout à fait remarquables. En fait, c'est un phénomène comparable à la révolution informatique, qui fait que les équipements ne cessent de devenir toujours plus petits, plus rapides, plus fiables et moins chers. Malheureusement, les experts en ressources énergétiques et en matières premières n'ont pas encore commencé à penser en termes d'efficacité énergétique. Le souci des agences officielles concerne toujours le remplacement d'une énergie par une autre et les coûts induits ; questions d'approvisionnement, que l'explosion de la demande rend de plus en plus dépassées et de moins en moins pertinentes.

Le préjugé selon lequel économiser toujours plus d'énergie coûtera toujours plus cher reste très répandu. La croyance habituelle est que, passée la zone des « retours positifs », se trouve un seuil au-delà duquel des économies supplémentaires ont un coût prohibitif. Dans le passé, cette idée s'avéra fondée pour les économies d'énergie et le contrôle des pollutions, et cela collait parfaitement aux théories économiques traditionnelles.

Aujourd'hui, non seulement nous bénéficions de nouvelles technologies, mais il existe également de nouvelles façons de les associer, au point que, en principe, *de grosses économies peuvent coûter moins cher que de petites économies*. Lorsque diverses technologies efficaces sont associées les unes aux autres, d'une manière et dans un ordre corrects et dans de justes proportions, il devient possible de tirer de l'ensemble un nouveau bénéfice économique qui n'existait pas tant que les divers éléments étaient séparés.

Cela est en contradiction frappante avec le bon sens habituel, qui veut que « l'on en a pour son argent » – meilleur c'est, plus c'est cher. Comment une voiture un peu plus efficace peut-elle coûter un peu plus cher à la construction qu'une voiture normale, alors qu'une voiture très efficace coûte moins cher ? Il y a cinq raisons principales à ce paradoxe, que nous expliquerons avec les exemples détaillés au chapitre 1.

Le but de ce livre est de provoquer des changements pratiques

Ces idées, au moins dans leurs grandes lignes, ne sont pas très complexes. Mais elles sont suffisamment neuves pour que seuls un petit nombre d'ingénieurs et d'architectes les comprennent déjà. Moins nombreux encore sont ceux qui les mettent en pratique. Les méthodes conventionnelles freinent de manière perverse l'évolution des pratiques. La plupart des architectes et des ingénieurs sont payés en fonction de ce qu'ils dépensent, non de ce qu'ils économisent. Ainsi, l'efficacité peut réduire directement leurs profits en les faisant travailler plus pour des honoraires plus faibles car ces derniers sont souvent basés, même indirectement, sur un pourcentage fixe du coût du projet : si le coût baisse, les honoraires font de même.

Même avec des incitations appropriées, il n'est pas facile d'appliquer ces nouvelles idées. Rendre les grosses économies moins chères que les petites nécessite des sauts de grenouille, et non des petits pas ; si la grenouille devient plus présentable mais qu'elle reste à la même place dans sa vieille mare, cela ne suffit pas. L'amélioration de la productivité des ressources nécessite d'intégrer, non de réduire – c'est-à-dire qu'il faut réfléchir au défi dans sa globalité, et non le prendre pièce par pièce. Cette approche s'oppose donc à la tendance de ce siècle vers la spécialisation étroite et la désintégration. Elle demande une optimisation et non du « pifomètre ». Elle nécessite une nouvelle approche de l'éducation et des pratiques. Les systèmes qui aujourd'hui gaspillent les ressources sont difficiles à concevoir en raison de leur complexité, mais les systèmes extrêmement efficaces sont tout aussi difficiles à concevoir car ils sont d'une simplicité sophistiquée, comme de nombreux exemples des chapitres 1 à 3 le démontrent.

Ces blocages essentiellement culturels ne sont que la partie émergée d'un gigantesque iceberg de problèmes sous-jacents. En cherchant à économiser les ressources, nous nous trouvons face à un amoncellement décourageant d'obstacles pratiques qui *empêchent* activement les particuliers et les entreprises de faire le bon choix dès le départ. Citons notamment :

– l'éducation classique de chacun d'entre nous ou presque en ce qui concerne les ressources naturelles, ainsi que les coûts souvent insurmontables pour remplacer le personnel conventionnel par les rares personnes plus éclairées. Ce « facteur humain » pourrait bien être l'obstacle le plus important et la plus grande partie de ce que les économistes appellent le « coût de transaction », c'est-à-dire le coût nécessaire pour surmonter la résistance au changement (inertie) par des actions appropriées ;

– les autres coûts de transaction liés aux intérêts énormes de certains détenteurs de capital qui les amènent à vouloir conserver les structures existantes – et à l'inertie encore plus forte des consommateurs qui tout simplement ignorent souvent les niveaux de productivité des ressources qu'ils sont en droit d'exiger des biens qu'ils achètent ;

– les critères financiers discriminatoires qui obligent l'efficacité à sauter une barre dix fois plus haute que la fourniture de ressources – par exemple, l'idée très répandue qu'une mesure d'économie d'énergie doit être rentabilisée en un an ou deux, alors que les centrales énergétiques se voient accorder un délai de dix à vingt ans ;

– les divergences d'intérêt entre une personne qui voudrait acheter de l'efficacité et une autre qui en tirererait les bénéfices, par exemple un propriétaire et son locataire, ou un promoteur et son client [2] ;

2. Par exemple, il est intéressant pour un propriétaire d'installer le chauffage électrique, alors que c'est un gouffre financier pour le locataire, sans parler du gouffre énergétique (NDT).

– les prix qui prennent rarement en compte, voire déforment gravement, les coûts réels pour la société, sans parler des coûts pour l'environnement et les générations futures ;

– la facilité et la commodité de financer un seul projet gigantesque plutôt qu'un million de petits projets ;

– les réglementations obsolètes qui découragent spécifiquement l'efficacité, quand elles ne la rendent tout simplement pas illégale – laisser les camions ne transporter que les biens produits par la marque qui les possède ou les loue ; restreindre la surface des fenêtres d'un bâtiment, même si ces fenêtres sont d'un nouveau type qui permet des surfaces plus grandes tout en économisant l'énergie ; établir des tarifs préférentiels de transport qui avantagent les matériaux vierges par rapport aux matériaux recyclés ;

– la pratique quasi universelle qui consiste à réglementer l'électricité, le gaz, l'eau et autres de façon à favoriser la consommation des ressources, voire à pénaliser les augmentations d'efficacité (c'est un effet secondaire malheureux de la restructuration du réseau électrique britannique).

Tous ces obstacles peuvent être surmontés, mais seulement par une attention constante et minutieuse aux enjeux du monde réel décrits dans les chapitres 4 à 7. Cela nécessite des récompenses pour les économies de ressources, non pour leur gaspillage ; des procédures pour faire le bon choix au départ, puis pour guider l'achat ; enfin, une compétition pour économiser les ressources, pas seulement pour les gaspiller. Aucune de ces transformations ne sera rapide ni facile ; mais ne pas les mettre en œuvre nous obligera à résoudre des problèmes encore plus difficiles.

Le problème des ressources humaines évoqué plus haut pourrait s'avérer plus facile à résoudre que nous ne l'avions d'abord supposé. Dans des pays comme la Chine, la Russie, l'Inde et le Brésil, le potentiel susceptible de surgir de la libération du potentiel cérébral de 2 milliards de personnes jusqu'ici exclues de la recherche de solutions – comme des millions de femmes au Nord et à l'Ouest le furent pendant longtemps – pourrait conduire à des progrès fabuleux. Nous ne voyons pas encore bien comment y parvenir, mais certains exemples exposés plus loin (comme Ventilateurs, pompes et moteurs p. 81 , et Le métro de surface de Curibita p. 150) montrent clairement que les bénéfices pour le monde entier pourraient être considérables.

En résumé, bien que la productivité des ressources ne soit pas facile à mettre en œuvre, elle est théoriquement puissante, rentable et généralisable, et c'est de plus en plus le cas dans la pratique. Au milieu des années 70, par exemple, le débat sur les économies d'énergie aux Etats-Unis consistait à savoir si les économies rentables concernaient 10 ou 30 % de l'énergie consommée. Au milieu des années 80, la proportion était passée de 50 à 80 % – soit un facteur de deux à cinq. Au milieu des années 90, les meilleurs praticiens discutaient pour savoir si le potentiel est plus proche de 90 ou de 99 % – soit un facteur de dix à cent. Comme certains des cinquante cas présentés dans ce livre le montrent, des techniciens habiles parviennent déjà à de telles économies. Comme feu l'économiste anglo-américain Kenneth Boulding le remarquait, « tout ce qui existe est possible ».

Malgré les possibilités excitantes de la révolution de l'efficacité, nous devons prendre garde que celle-ci ne renforce certains travers indésirables. Ainsi, des voitures très efficaces permettent de se déplacer plus et d'augmenter le parc automobile. D'une manière générale, la productivité des ressources peut contribuer à une croissance incontrôlée de la population sur une période assez longue. L'expansion économique générée par l'économie des ressources pourrait en annuler les bénéfices, si l'on ne fait rien pour mettre en place une autre forme de développement, qui encourage le remplacement des ressources physiques par les hommes. Les chapitres 12 à 14 reviennent sur ce thème du contrôle de l'efficacité, afin que celle-ci ne devienne pas un outil pour faire de façon plus économique des choses qui ne devraient pas être faites du tout, mais serve des buts humains et louables répondant aux besoins mondiaux.

Enfin, nous devons être réalistes au sujet des structures incitatives en vigueur favorisant les mouvements de capitaux, qui donnent toujours la préférence aux investissements à haut risque mais plus rentables. Nous pourrions ainsi découvrir que des investissements très rentables dans l'efficacité ne seront pas nécessairement compétitifs sur les marchés financiers face aux investissements traditionnels, par exemple dans l'industrie minière en Indonésie ou au Zaïre, ou dans l'industrialisation en Chine, où la productivité des ressources est très faible.

Face à tous ces obstacles, nous ne sommes pas pour autant pessimistes. Le contexte du marché et l'intérêt du public peuvent certainement être influencés. Des consommateurs éclairés peuvent envoyer

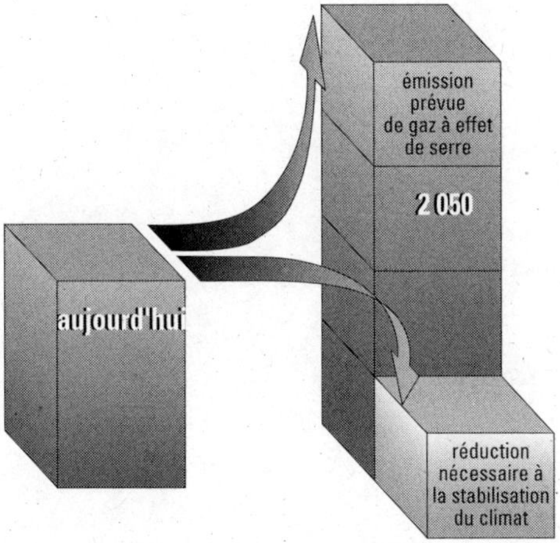

Figure 1. Les émissions de gaz à effet de serre pourraient doubler dans les cinquante années à venir. Or, les scientifiques estiment qu'il faudrait au contraire les réduire de moitié (voir chapitre 8). La révolution facteur Quatre nous permettrait de faire deux fois plus de travail en consommant deux fois moins d'énergie : ainsi la prospérité mondiale pourrait augmenter sans nuire au climat.

des signaux forts en faveur de l'efficacité – et de la transparence obligatoire de l'étiquetage, qui devrait retracer l'histoire du produit. Les détenteurs de capitaux et les majorités démocratiques ont le droit de demander une information complète et des règles du jeu équitables favorisant la révolution de l'efficacité. Les chapitres 4 à 7 exposent certaines de nos idées stratégiques à ce sujet.

Enfin, la quatrième partie évoque une civilisation plus épanouie qui dépasse les objectifs technologiques et quantitatifs. Inévitablement, nos politiques économiques doivent transcender certains indicateurs trompeurs tels que le PNB (Produit national brut), qui reflète le mouvement des marchandises et non le bien-être. Le secteur informel, vital dans de nombreux pays en développement notamment, mérite d'être redécouvert par les économistes du Nord. Les points de vue simplistes sur les bénéfices du libre-échange demandent également à être reconsidérés.

PREMIÈRE PARTIE

Cinquante moyens de quadrupler la productivité des ressources

I. Vingt moyens de révolutionner la productivité énergétique

Autrefois, on parlait d'« économies d'énergie ». L'expression avait une connotation morale. Le père admonestait ses enfants quand ils n'éteignaient pas la lumière en quittant une pièce ou laissaient fonctionner des appareils pour rien. Outre qu'il coûtait de l'argent, le gaspillage était un manquement moral. Lorsque le besoin de protéger l'environnement se fit sentir, la réaction des gouvernements, des compagnies d'électricité et de certains dirigeants écologistes ne fut pas particulièrement imaginative : vous (personnes exigeantes et infantiles) pouvez contribuer à la protection de l'environnement si vous êtes prêts à réduire considérablement vos besoins. L'idée simpliste qu'on économiserait l'énergie en se limitant volontairement a permis aux dirigeants de ne pas aborder créativement l'enjeu énergétique.

Ces dernières années, une nouvelle expression est apparue : « usage rationnel de l'énergie ». Mais elle ne nous satisfait pas. Bureaucratique, compliquée et défensive, elle ne communique aucune joie et n'évoque pas la relation entre l'usage de l'énergie et le progrès technologique.

Le progrès technologique est le sujet de ce livre ou plutôt, la réorientation du progrès technologique. Nous préférons parler de « productivité énergétique ». En lui-même, le terme « productivité » peut avoir des connotations positives ou négatives. Cela résulte d'un mauvais service rendu par les économistes, qui ont limité ce mot à la productivité du travail. Autrefois, la productivité du travail était synonyme de prospérité. De nos jours, elle est inévitablement associée à la menace du chômage. En revanche, la productivité de l'énergie est une idée que chacun peut bien accueillir. Personne n'y perd.

Ce chapitre montre comment on peut quadrupler la productivité de l'énergie. Les expressions « économie d'énergie » ou « usage rationnel de l'énergie » sont tout simplement inappropriées pour traduire cette idée d'élan joyeux contre nos dinosaures technologiques universellement répandus.

En utilisant le facteur quatre comme norme, nous pouvons sembler exclure l'essentiel du monde industriel : les procédés de production d'aluminium ne peuvent pas, d'après les lois de la thermodynamique, utiliser quatre fois moins d'énergie. Cela est vrai également pour la production du chlore, du ciment, du verre et autres matériaux de base. Mais il ne faut pas pour autant abandonner le potentiel facteur quatre de ces matériaux. Ainsi, l'aluminium et le verre sont recyclables, et leur recyclage économise la plupart de l'énergie requise pour les produire à partir de matériaux vierges. Pour de nombreux usages, certains matériaux peuvent être remplacés par d'autres, sans préjudice pour l'industrie. Si l'on prend en compte le cycle de vie entier d'un matériau, il est possible d'obtenir une productivité énergétique quatre fois plus élevée pour la plupart des biens et services impliquant des métaux et du verre.

Dans ce livre, toutefois, nous portons notre attention sur des exemples qui ont la capacité directe de multiplier par quatre ou plus l'efficacité énergétique. Nous commencerons par un exemple dont l'importance pour l'équilibre énergétique du monde est considérable.

1.1 Les hypervoitures : comment traverser les Etats-Unis avec un seul plein d'essence [1]

Entre 1973 et 1986, les voitures fabriquées aux Etats-Unis sont devenues en moyenne deux fois plus efficaces, leur consommation passant de 17,8 à 8,7 litres aux 100 kilomètres. Environ 4 % des économies proviennent d'une réduction de la taille des voitures, 96 % d'une réduction du poids et de l'amélioration des moteurs ; 36 % furent gagnés rien qu'en supprimant les surcharges les plus évidentes. Depuis, le rendement énergétique n'a augmenté que de 10 % et, à la mi-1991, les

1. Les travaux résumés dans ce sous-chapitre ont été décrits dans de nombreux articles, grand public ou spécialisés, disponibles au Hypercar Center, au Rocky Mountain Institute. Leur liste ainsi que les autres publications de l'institut peuvent être consultées sur le site Internet de l'institut : http ://www.rmi.org. Des questions spécifiques peuvent être adressées à hypercar@rmi.org.

constructeurs automobiles déclaraient que 5 à 10 % seulement pourraient être encore gagnés avant la fin du siècle sans coût exorbitant ni baisse de performance des moteurs.

Est-il impossible de faire mieux ?

La modestie de cette déclaration paraissait étrange pour deux raisons. Premièrement, nombre d'améliorations faites sur certaines voitures produites et vendues en série n'ont pas été adoptées sur d'autres. Les analystes établirent que la simple généralisation des dix-sept mesures les plus consensuelles permettrait d'économiser encore 35 % du carburant consommé par une voiture de 1987, sans modifier sa taille, son autonomie ni ses capacités d'accélération. Selon des calculs modestes, on pourrait ainsi parvenir à une consommation moyenne de 5,36 l/100 km pour un coût de 75 centimes par litre économisé, soit huit fois moins que le plus bas prix du super en 1997 en France.

Alors que les constructeurs contestaient ces analyses, Honda enfonça le clou en sortant en 1992 sa VX subcompacte, encore plus économique – 56 % d'économie, avec 4,62 l/100 km – et moins chère (cette économie bien supérieure ne coûte que 90 centimes par litre). En fait, le modèle de Honda était 16 % plus économique que la meilleure estimation du Conseil américain pour la recherche à l'horizon 2006 !

En dépassant ainsi la fiction, la réalité nous projetait brutalement dans l'avenir. Mais la deuxième raison de penser que nous pouvons faire mieux est de l'ordre du déjà vu. Tout ce qui existe est possible. Passant presque inaperçus, des constructeurs automobiles avaient, dès le milieu des années 80, créé une douzaine de prototypes qui associaient de manière classique des composants de qualité mais très conventionnels, prototypes conçus pour démontrer que l'on pouvait doubler ou tripler l'économie de carburant. Ces voitures à quatre ou cinq places consommaient 1,7 à 3,5 l/100 km, avec une sécurité, des émissions et des performances normales, voire meilleures. Au moins deux de ces prototypes, créés par Volvo et Peugeot, pouvaient être produits pour un prix équivalent à celui des voitures actuelles.

A la mi-1991, à partir de ces expériences, une idée bien plus radicale vit le jour au Rocky Mountain Institute ou RMI (Institut des montagnes Rocheuses) : pourquoi ne pas revoir entièrement la conception des voitures, en les rendant plus simples ? Einstein disait que « tout doit être fait aussi simplement que possible, mais pas plus ». Au contraire, les voitures sont devenues incroyablement baroques, empilant les gadgets les uns sur les autres pour résoudre des problèmes qu'une meilleure conception aurait évités.

Retour aux principes de base

En étudiant la physique de base des voitures, nous sommes arrivés à cette conclusion surprenante : les ingénieurs de Detroit, de Wolfsburg, de Cowley ou d'Osaka sont devenus si spécialisés que peu d'entre eux sont capables de concevoir seuls une voiture. Ainsi, le problème crucial de l'intégration des différents éléments n'est plus pris en compte. On pense trop aux pièces et pas assez à la voiture dans sa globalité.

En fait, l'industrie automobile conçoit la voiture à l'envers. Malgré des décennies d'efforts intenses, 80 à 85 % de l'énergie sont perdus avant de parvenir aux roues, et seulement 1 % sert à déplacer le conducteur ! Pourquoi ? Parce qu'une voiture est faite d'acier, matériau très lourd, et pour accélérer cette masse qu'il faut un moteur si gros qu'il tourne au-dessous de ses capacités la plupart du temps (en vitesse de croisière), utilisant une si faible partie de sa puissance qu'il perd la moitié de son rendement. La réaction des industriels fut d'engager des efforts supplémentaires et de complexifier encore plus les voitures, pour un maigre gain d'efficacité au niveau du moteur et de la transmission. Des progrès impressionnants furent réalisés et continuent de l'être, mais les économies sont faibles malgré l'ampleur des efforts.

Figure 2. En route pour l'hypervoiture. Une équipe de General Motors a conçu et fabriqué cette Ultralite de quatre places en seulement cent jours.

Mais considérons la voiture d'un point de vue complètement opposé. Que deviennent les 15 à 20 % d'énergie qui parviennent aux roues ? En conduite urbaine, environ un tiers réchauffe l'air déplacé par le véhicule (cette proportion atteint 60 à 70 % sur une autoroute), un tiers chauffe les pneus et la route, un tiers chauffe les freins. Mais toute fraction d'énergie sauvée de l'un de ces trois destins permettrait d'économiser au niveau du moteur les cinq à sept fractions d'énergie nécessaires pour transmettre cette fraction aux roues ! Ainsi, au lieu de consacrer tous leurs efforts à diminuer de 10 % les pertes au niveau de la transmission, les concepteurs devraient se servir de son inefficacité inhérente pour multiplier les économies d'énergie en rendant la voiture fondamentalement plus efficace.

Des voitures ultralégères

Les moyens d'y parvenir ne sont pas difficiles à trouver. En utilisant des matériaux ultrarésistants, principalement des alliages modernes, il est possible de construire des voitures trois ou quatre fois plus légères – 400 kg pour une quatre-cinq places. Une meilleure conception, une forme profilée et aérodynamique pourraient augmenter jusqu'à six fois la pénétration dans l'air. Des pneus améliorés, portant un poids plus faible, permettraient de diviser par trois à cinq les pertes à leur niveau. Un telle voiture ressemblerait moins à un char d'assaut et plus à un avion.

Cette stratégie « ultralégère » a déjà été testée avec succès. En effet, à la fin de 1991, General Motors présenta une quatre places ultralégère en fibre de carbone, baptisée « Ultralite », deux fois plus efficace, très sûre et très propre, très confortable et très stylée, aux performances sportives (0-100 km/h en 8 secondes) comparables à celles d'une BMW 12 cylindres mais avec un moteur moins puissant que celui d'une Honda Civic (83 kW). Cinquante experts de General Motors construisirent deux Ultralite en seulement cent jours.

Cette expérience et quelques autres démontrent qu'un véhicule ultraléger et aérodynamique peut rendre une voiture deux à deux fois et demie plus efficace sans perte de confort ni de performances.

Propulsion électrique hybride

Entre-temps, d'autres expériences, conduites principalement en Europe, ont montré qu'une propulsion électrique « hybride » pouvait améliorer l'efficacité de 30 à 50 %, notamment en récupérant électroniquement 70 % de l'énergie de freinage, en la stockant temporairement et en la réutilisant pour monter les côtes ou pour accélérer. La voiture tirerait son énergie de la combustion de carburant liquide ou gazeux dans une petite centrale électrique (moteur, turbine, pile à combustible, etc.). Le carburant est un meilleur moyen de stockage de l'énergie que les batteries électriques, qui ne contiennent pas plus de 1 % d'énergie utile par kilo.

Lorsque les analystes du RMI étudièrent cette technique, il constatèrent quelque chose d'extraordinaire : en associant adroitement les stratégies ultralégère et hybride, on pouvait multiplier l'efficacité non pas par deux ou trois, comme on pouvait s'y attendre, mais par cinq. Bientôt, on comprit les raisons de cette synergie magique :

– les gains de poids font boule de neige : plus la voiture est légère, plus la taille de ses composants diminue, certains devenant même inutiles ;

– cette multiplication des gains de poids est encore plus rapide avec la propulsion hybride ;

– lorsque la technologie ultralégère a éliminé presque toutes les pertes d'énergie irrécupérables (sous forme de chaleur, vers l'air, les pneus et la route), la seule perte de puissance des roues s'effectue au niveau des freins. Or, les systèmes électroniques de la propulsion hybride en récupèrent la plus grande partie ;

– ces économies sont ensuite multipliées par deux ou trois en évitant les pertes au niveau de la transmission.

Cela veut dire que si les Ultralite de General Motors étaient équipées d'une propulsion électrique hybride, au lieu d'un moteur et d'un essieu classiques, leur rendement ne serait pas multiplié par deux, mais par quatre ou six, soit 1,2 à 2,1 l/100 km, avant optimisation. Mais les chercheurs du RMI découvrirent rapidement des moyens d'améliorer une voiture familiale confortable, avec la possibilité d'aboutir à une consommation de 0,4 à 1,6 l/100 km. A leur étonnement, ils s'aperçurent qu'une telle voiture serait beaucoup plus simple et plus facile à fabriquer : au bout du compte, elle coûterait à peu près le même prix que les voitures actuelles, voire moins.

L'idée fait son chemin

A l'automne 1993, l'ISATA, qui est le plus grand congrès européen sur la technologie automobile, a remis le prix Nissan à cette idée, sélectionnée avec trois autres parmi les huit cents communications présentées. Les constructeurs automobiles commencèrent à s'intéresser au concept. L'idée fut également nominée pour trois prix américains. Les médias s'y intéressèrent de plus en plus. En avril 1994, un groupe d'étudiants de l'université de West-Washington fit tester un véhicule de deux places dans la circulation de Los Angeles par le Département américain de l'énergie : il ne consomma que 1,16 l/100 km. A l'automne 1994, le directeur de recherches du RMI présida à Aix-la-Chapelle une conférence internationale consacrée au concept ultraléger-hybride, appelé maintenant « hypervoiture ». Une petite entreprise suisse, ESORO, présenta une voiture légère hybride quatre places consommant 2,4 l/100 km. Des spécialistes rapportèrent des nouvelles passionnantes, notamment une baisse de 75 % du prix de la fibre de carbone en deux ans – de quoi prendre le dessus sur l'acier destiné à la construction automobile, quel que soit le volume de production.

A la fin de 1995, plus de vingt constructeurs ambitieux, de toutes tailles et de toutes nationalités, manifestaient la volonté d'introduire des hypervoitures sur le marché. Le potentiel des hypervoitures, qui permettent de réduire par dix le temps de production, le coût des équipements, le nombre des pièces, le travail d'assemblage et l'espace de production pourrait donner un avantage décisif au entreprises qui se lancent les premières.

Qu'on le veuille ou non, l'hypervoiture arrive

Les voitures actuelles sont merveilleusement sophistiquées et hautement évoluées, représentant la plus haute expression de l'âge du fer. Mais de nombreux experts pensent qu'elles sont sur le point d'être balayées par ce qui pourrait bien être le plus grand bouleversement des structures industrielles depuis le microprocesseur. Et, comme la fabrication d'ordinateurs, cela peut se passer n'importe où dans le monde, avec relativement peu de capitaux et à une vitesse étonnante. Résultats probables : élimination virtuelle de la pollution atmosphérique urbaine ; toujours plus de voitures couvrant de plus grandes distances, rendant encore plus urgentes les réformes des transports décrites au chapitre 3 ; une chute plus ou moins continue des prix du pétrole dans le monde entier lorsque les hypervoitures s'avéreront être un « néga-OPEP [2] » – c'est-à-dire qu'elles permettront d'économiser plus

2. OPEP : Organisation des pays exportateurs de pétrole.

de pétrole que l'OPEP n'en extrait actuellement. Tout cela pourrait se produire rapidement.

Deux experts américains en voitures efficaces – Paul MacCready (inventeur de plusieurs véhicules expérimentaux) et Robert Cumberford (correspondant de la revue américaine *Automobile*) – prédisent que, en 2005, la plupart des voitures neuves auront une propulsion électrique, la plupart du temps hybride. Ils partagent la conviction de plus en plus répandue chez les spécialistes que les hybrides ultralégères, procurant les avantages de la propulsion électrique sans l'inconvénient des batteries, sont l'avenir, et que cet avenir est très proche.

Mieux, la plupart des gens n'achèteront pas les hypervoitures parce qu'elles économisent 80 à 85 % du carburant et diminuent la pollution atmosphérique urbaine de 90 à 99 %, mais parce que ce seront des voitures de qualité supérieure – raison pour laquelle on préfère les disques compacts aux disques vinyle.

1.2 Le siège du Rocky Mountain Institute

Dans les montagnes Rocheuses de l'ouest du Colorado, à 2 200 mètres d'altitude, se trouve une plantation de bananes.

Cette région n'est pas vraiment idéale pour la culture des bananes. La température extérieure peut tomber à - 44°C. La saison de végétation, entre les fortes gelées, ne dure que cinquante-deux jours, mais de faibles gelées peuvent survenir à n'importe quel moment de l'année. Il fait souvent beau, mais de manière irrégulière : au milieu de l'hiver, le ciel peut être couvert pendant trente-neuf jours de suite et, dernièrement, le soleil n'a brillé que sept jours pendant les mois de décembre et janvier.

Pourtant, en ce mois de janvier où ces lignes sont écrites, trois bananiers portent des fruits pendant que le blizzard souffle au-dehors. Deux grands iguanes verts proposent aux amateurs de leur apprendre à lézarder. Les oranges mûrissent, une petite cascade bouillonne, les poissons-chats s'ébattent, et une demi-douzaine d'orangs-outans empaillés sont soupçonnés de revenir à la vie pendant la nuit – sinon comment expliquer la disparition de certaines bananes ? Quand les jours rallongent, en mars et en avril, la jungle devient luxuriante – avocats, raisin, papayes et fruits de la passion. En entrant dans ce lieu, on quitte la tempête de neige pour s'imprégner de l'odeur des jasmins et des bougainvillées.

Pourtant, il n'existe ici aucun système de chauffage classique, car il n'y en a pas besoin. Seuls deux petits poêles à bois sont parfois allumés en appoint ou pour le plaisir, ne fournissant que 1 % des besoins en chaleur d'une maison normale dans cette contrée. Les 99 % restants proviennent du « solaire passif ». Même par ciel couvert, la chaleur solaire est piégée par des « superfenêtres » (voir p. 45) qui isolent aussi bien que six couches de verre (douze pour les modèles les plus récents). Ces fenêtres laissent passer les trois quarts de la lumière visible et la moitié de l'énergie solaire, mais ne laissent pratiquement pas échapper de chaleur. Les murs de pierre, épais de 40 cm, ainsi que le toit, sont isolés avec de la mousse synthétique, qui limite les pertes de chaleur au moins deux fois plus que la normale (murs : R-40/k-0,14 ; toit : R-80+/k<0,07). Les fuites d'air sont pratiquement éliminées, mais l'intérieur ne manque pas d'air frais – celui-ci est réchauffé par des échangeurs de chaleur qui récupèrent les trois quarts de la chaleur emportée par l'air vicié quittant la maison.

Quelles dépenses supplémentaires a entraîné cette installation ? Trois fois rien : leur montant est inférieur à l'économie réalisée en supprimant la chaudière et les conduites de chauffage.

L'argent ainsi économisé, complété par un investissement de 80 F/m², permit d'économiser la moitié de l'eau, 99 % de l'énergie nécessaire à chauffer l'eau (grâce à l'efficacité des systèmes solaires actif et passif) et 90 % de l'électricité domestique. A 35 centimes le kilowattheure, la facture mensuelle d'électricité est de 25 F environ – c'était avant d'emprunter pour augmenter la production d'énergie solaire, le remboursement de l'emprunt représentant une petite somme tous les trimestres.

La lumière du jour, pénétrant de tous côtés, satisfait 95 % des besoins d'éclairage ; de plus, des lampes très efficaces économisent les trois quarts de l'énergie nécessaire à l'éclairage d'appoint. Un système de contrôle règle les lampes en fonction de la lumière du jour et les éteint lorsque l'on quitte une pièce. Le réfrigérateur ne consomme que 8 % et le congélateur 15 % de la quantité normale d'électricité grâce à leur isolation très performante, spécialement conçue. Le moitié de l'année, le réfrigérateur est refroidi par une « pompe à chaleur » passive reliée à l'extérieur. La chaleur du sèche-linge provient d'un puits de lumière. La machine à laver est un modèle nouveau à ouverture par le dessus et axe horizontal, qui économise environ les deux tiers de l'eau et de l'énergie, les trois quarts de la lessive, tout en améliorant la propreté du linge et en augmentant sa durée de vie[3]. Même la classique cuisinière à gaz économise l'énergie lorsque l'on utilise une bouilloire anglaise, conçue pour piéger la chaleur, économisant ainsi un tiers du gaz et du temps. Dehors, un bâtiment très bien isolé, chauffé au solaire passif et à l'aide de cellules photovoltaïques, permet aux cochons de prendre plus de poids et aux poules de pondre plus d'œufs, car ils n'ont pas besoin de dépenser beaucoup d'énergie pour se réchauffer.

Ainsi, pour économiser 99 % de l'énergie nécessaire à chauffer les pièces et l'eau, 90 % de l'électricité domestique et 50 % de l'eau, le surcoût total fut de 80 F/m^2 sur 372 m^2, soit un total de 30 000 F environ – ce qui représente 1 % du coût total du projet, dans une région où les prix de construction sont le double de la moyenne nationale. Dans une maison normale de la même taille, les économies d'énergie représenteraient au moins 35 000 F par an. Le surcoût fut donc rentabilisé au bout de dix mois et, depuis, les économies s'accumulent au rythme de 100 F par jour, soit l'équivalent de 1,3 baril de pétrole, ou encore la somme permettant d'accueillir un stagiaire. Bien sûr, dix mois peuvent paraître longs, mais cela fut réalisé avec les meilleures techniques disponibles en 1982. Maintenant, il est possible de faire beaucoup mieux.

Après s'être rentabilisées en dix mois, les économies d'énergie rembourseront le bâtiment au bout de quarante ans. Ce dernier devrait durer au moins dix fois plus longtemps. On peut lui donner la forme souhaitée et il peut s'adapter pratiquement à tous les climats et à toutes les cultures, en produisant des économies similaires. Et pendant ces quarante ans, les économies d'électricité éviteront à elles seules la consommation dans une centrale électrique d'un volume de charbon égal à deux fois le volume de la maison. A lui seul, le réfrigérateur économise chaque année l'équivalent de son volume intérieur en charbon. Et la bière est tout aussi fraîche.

Plus de 40 000 personnes ont déjà visité le bâtiment. Il a été montré dans diverses revues ainsi qu'à la télévision, dans le monde entier. Certaines personnes viennent découvrir les technologies et la façon dont elles sont combinées. D'autres viennent voir comment on peut associer une maison, une ferme hors-sol et un centre de recherche de vingt bureaux sous le même toit (il est très agréable de se rendre au

3. Modèle fréquent en Europe, mais rare aux Etats-Unis (NDT).

travail en n'ayant que 10 mètres de jungle à traverser). Mais la plupart des remarques de nos visiteurs portent sur ce qui est peut-être la caractéristique la plus importante du bâtiment : ses occupants se sentent mieux et travaillent mieux.

Pourquoi un groupe peut-il rester autour d'une table toute une journée sans perdre sa vivacité ni sa gaieté, tandis que le même groupe, installé dans un bureau ordinaire, peut devenir somnolent et irritable au bout d'une demi-heure ? En raison, pensons-nous, des courbes reposantes, de la lumière naturelle, de l'air sain ; de la basse température de l'air, de la haute température radiante et de l'humidité élevée (ce qui est bien plus sain que de l'air chaud et sec) ; du son de la cascade, de l'absence de bruits mécaniques car il n'y a pas de systèmes mécaniques ; de l'absence virtuelle de champs électromagnétiques ; des bruits, de l'odeur, de l'oxygène et des ions (et parfois du goût) des plantes qui forment la jungle, ouverte et visible de partout. Il y a peut-être encore d'autres choses que nous ne comprenons pas, mais voilà au moins un bon début.

Le siège du RMI est l'un des premiers bâtiments « verts » hautement intégrés, et l'un des meilleurs. Nous pensons que, de nos jours, beaucoup de choses seraient mieux faites, mais son principe de base et sa conception intégrée restent valables et enthousiasmants.

1.3 La Maison passive de Darmstadt

En 1983, la Suède adoptait une norme d'isolation thermique limitant les pertes de chaleur dans une maison à 50-60 kWh/m^2/an (SBN 80, 1983). En comparaison, une maison allemande perd 200 kWh/m^2/an en moyenne. En Allemagne, l'objectif Facteur Quatre pourrait donc être atteint ou presque en adoptant simplement les normes suédoises pour tous les bâtiments, y compris les anciens. Pourtant, la norme allemande amendée de 1995 n'exige qu'une diminution de 20 % des pertes d'énergie pour les bâtiments neufs d'ici l'an 2000.

Des maisons pionnières démontrent que l'on peut faire mieux que la norme suédoise. L'un des meilleurs exemples en est la *Maison passive* construite à Darmstadt, environ 50 km au sud de Francfort.

Le mot « passive » fait référence à l'usage systématique de l'énergie solaire passive : le chauffage actif est pratiquement inexistant. En effet, les besoins en chauffage d'appoint ne dépassent pas 15 kWh/m^2/an

(Feist & Klien, 1994). Ce chiffre remarquable résulte principalement d'une isolation très performante des murs et fenêtres.

La maison semble au moins aussi solide et durable que n'importe quelle autre maison allemande. La comparaison s'arrête là, car sa température est agréablement stable. L'absence de bruits mécaniques (car il n'y a ni chaudière, ni appareils mécaniques) et de bruits de rue (grâce aux superfenêtres et à l'isolation, qui étouffent les sons) créent un silence rafraîchissant. Loin d'être sombre ou mal aérée, la maison est envahie de lumière et d'air frais. Quiconque pénètre à l'intérieur sent immédiatement que la maison représente un niveau supérieur de confort et de tranquillité. On y ressent un sentiment agréable de sécurité et de lien avec la nature, grâce aux grandes fenêtres qui s'ouvrent sur la verdure.

La maison ne consomme que 10 % de la quantité habituelle d'énergie de chauffage et 25 % de la quantité d'électricité. En fait, la consommation totale d'énergie est à peine plus élevée que la seule consommation des appareils domestiques dans une maison allemande type. Les besoins en chauffage sont si faibles qu'ils sont facilement satisfaits par un fonctionnement modéré du chauffe-eau à gaz superperformant : il n'est pas nécessaire d'installer une chaudière indépendante.

Les fenêtres font appel à une technologie un peu plus ancienne ; au centre de la vitre, l'isolation est aussi performante que huit couches de verre ordinaire (R-8, k-0,7). Actuellement, les meilleures fenêtres sont deux fois plus performantes ; installées dans la *Maison passive*, elles supprimeraient presque les besoins en chauffage restants (soit 5 % des besoins initiaux). Mais l'élimination complète du chauffage requiert également une innovation importante, testée et récemment installée dans la maison : il s'agit d'une couche supplémentaire de mousse isolante qui recouvre entièrement le cadre de la fenêtre ainsi que le rebord de la vitre sur 3 cm, à l'intérieur comme à l'extérieur. Cette version pour fenêtres du couvre-théière supprime les pertes de chaleur par le cadre et les joints. Ainsi, le pourtour de la fenêtre est aussi isolant que le centre. Ce système pourrait être facilement produit en masse, avec un joli enduit de plastique pour cacher la mousse. Il est adaptable à tous les types de bâtiments, neufs ou anciens.

Une autre innovation est le système de préchauffage de l'air extérieur, qui consiste à faire circuler celui-ci dans une conduite en plastique enterrée à 3 ou 4 mètres de profondeur. Même en plein hiver, le sol à cette profondeur reste suffisamment tiède pour réchauffer à 8°C l'air froid du dehors. L'air ainsi préchauffé pénètre ensuite dans un échangeur de chaleur qui le réchauffe jusqu'à 70 % de la température de l'air sortant, chaud et vicié. Ainsi, cette maison virtuellement hermétique renouvelle constamment son air tout en perdant très peu de chaleur. L'afflux d'air peut être réglé différemment selon les pièces. Plus il y a d'occupants, plus il entre d'air frais, car un capteur détecte le gaz carbonique (CO_2) expiré et ajuste le ventilateur silencieux.

Il n'existe peut-être pas d'autre bâtiment au monde où le flux d'air soit aussi précisément mesuré et aussi bien compris. Pour obtenir cela, il a été nécessaire de prendre en compte des éléments de calcul généralement trop petits pour qu'on s'en préoccupe : l'emplacement des capteurs à la fraction de millimètre près ; les pertes de chaleur *via* l'eau froide qui pénètre dans la maison pour y être stockée puis vidangée par la chasse d'eau ; et même la tendance du plâtre à absorber ou transpirer la vapeur d'eau selon la saison – phénomène responsable de 10 % des besoins de chauffage.

Le coût total de la maison est supérieur à celui d'une maison normale. Dans plusieurs domaines, il a fallu payer un prix substantiel pour acquérir des matériaux et des services d'avant-garde. Le premier pas sera d'adapter ce concept aux méthodes de construction classiques afin de le rendre abordable. Certaines expériences en Scandinavie et en Amérique du Nord nous confirment qu'il s'agit d'un objectif réaliste, notamment parce que le supplément d'isolation et le coût des fenêtres sont compensés, au moins, par la suppression de la coûteuse installation de chauffage.

1.4 Maisons climatisées en Californie

Les deux exemples précédents décrivent des bâtiments qui ne consomment que 1 à 10 % de l'énergie normalement nécessaire au chauffage en climat froid et nuageux. Mais qu'en est-il des maisons climatisées en climat chaud ?

La plus grande société privée américaine de services, la Pacific Gas and Electric (PG&E), conduit actuellement une expérience nommée « Test des technologies de pointe grand public pour un rendement énergétique maximal », ACT2 en abrégé. Son objectif est de déterminer, par des mesures détaillées, la plus grande quantité d'énergie susceptible d'être économisée de façon rentable pour l'entreprise et attractive pour les consommateurs, en installant des ensembles très intégrés de technologies modernes. L'expérience est guidée par un comité émanant de PG&E, du RMI, du Lawrence Berkeley National Laboratory (le plus grand laboratoire américain travaillant sur les bâtiments à haut rendement énergétique) et le Conseil de défense des ressources naturelles (une des plus importantes associations environnementalistes américaines).

Lancé en 1989 par le directeur des recherches de PG&E, Carl Weinberg, et par le directeur des recherches du RMI, Amory Lovins, ce projet de sept ans, d'un montant de 90 millions de francs, a abouti à la construction ou au réaménagement de la plupart de ses bâtiments expérimentaux (une dizaine), et les données commencent à affluer. Elles confirment largement l'hypothèse de départ, selon laquelle les trois quarts de l'électricité consommée dans la plupart des cas peut être économisée de manière rentable, les services demeurant d'un aussi bon voire d'un meilleur niveau.

Une nouvelle maison bâtie à Davis, près de Sacramento, en Californie, permit de tester rapidement jusqu'où les concepteurs pouvaient aller dans un climat défavorable [4]. La température extérieure de référence, atteinte à certains moments de l'année seulement, est de 40°C, mais on atteint 45°C aux journées les plus chaudes. L'irrigation intensive des terres avoisinantes et des pelouses augmente substantiellement l'humidité en été. A cette saison, les nuits sont souvent fraîches, mais des vagues de chaleur de plusieurs jours, sans répit nocturne, se produisent parfois.

Il s'agissait de concevoir un pavillon de 255 m², d'aspect habituel et très confortable, avec une disposition et des équipements standards, mais consommant aussi peu d'énergie que possible. Avant toute amélioration, la conception de base respectait les normes énergétiques américaines les plus strictes. Le coût de construction, 1 250 000 F, se situe dans la moyenne californienne.

Pour commencer, le groupe énergie de la ville de Davis supprima 11 % du périmètre total, soit 7 mètres, considérés comme inutiles car coûtant de l'argent et gaspillant de l'énergie. Pour cela, il fallut améliorer le plan au sol, mais l'intérêt visuel de la maison put être conservé en jouant sur la forme du toit. Puis les concepteurs placèrent les

4. Des informations détaillées peuvent être obtenues auprès de ACT2, PG&E Research, 2303 Camino Ramon, Suite 200, San Ramon CA 94583, USA ; tél. : 00 1 510 866 5573. Voir aussi Lovins (1995).

fenêtres aux endroits appropriés, améliorèrent les encadrements et employèrent des murs spéciaux qui permirent d'économiser le bois, de diminuer les prix de construction et de doubler l'isolation. Les résultats sont les suivants : une économie d'énergie de 17 % pour un coût de construction compétitif – environ 18 000 F de moins que la moyenne. 57 % de cette réduction provient du périmètre réduit ; quant au reste, on peut l'appliquer à n'importe quelle maison ou presque.

Puis les concepteurs apportèrent une foule d'améliorations au gros œuvre, à l'éclairage, aux appareils domestiques, au chauffe-eau et aux fenêtres, portant les économies d'énergie à 60 % pour une coût d'environ 10 000 F. La seule mesure originale fut de récupérer la chaleur extraite par le réfrigérateur pour préchauffer l'eau. Le résultat fut d'économiser de l'énergie pour chauffer l'eau, de rendre le réfrigérateur plus performant et de lui permettre de rafraîchir la maison au lieu de contribuer à la réchauffer. Certaines économies sont faibles mais instructives : le choix avisé du ventilateur d'évacuation d'air a permis une économie de 80 % sans surcoût. En Amérique du Nord, l'efficacité de ces ventilateurs dans une maison normale ne semble pas dépasser le chiffre consternant de 1 à 3 %. D'autre part, la double isolation des murs et du toit et les fenêtres très performantes ont permis d'éliminer la chaudière (prix : 10 000 F) et les conduites de chauffage central. Pendant les nuits fraîches, elle est remplacée par un radiateur (prix : 12 000 F) dans lequel circule un peu d'eau chaude fournie par le chauffe-eau à gaz, d'un rendement de 94 %.

Cependant, le climatiseur original de 3 tonnes[5] a été conservé et les améliorations les plus coûteuses atteignaient la limite de rentabilité : aucune mesure ne devait en effet coûter plus cher que l'électricité économisée à long terme (soit 30 centimes par kWh). Que pouvait-on faire de plus ?

Heureusement, les concepteurs avaient gardé en réserve un panier spécial de mesures, dans lequel ils avaient mis toutes les économies d'énergie non directement rentables, mais qui réduisaient les besoins en climatisation. Lorsque ces mesures, d'un coût de 13 000 F, furent ajoutées à l'ensemble, elles supprimèrent le climatiseur et ses conduites

5. Une « tonne » de refroidissement correspond à l'énergie nécessaire pour faire fondre une tonne américaine de glace (soit 907 kg) en 24 heures. Elle est égale à 3,52 kW thermiques (ou TkW).

(prix : 7500 F, auquel il faut ajouter 4000 F d'entretien), devenant ainsi rentables. *Ainsi, les grosses économies s'avérèrent moins coûteuses que les petites.*

Les concepteurs espéraient qu'aucune climatisation d'appoint ne serait nécessaire, ce qui se confirma dès le premier été. L'isolation et les superfenêtres simples empêchaient la chaleur de pénétrer, tandis que l'éclairage et les appareils peu gourmands en énergie libéraient peu de chaleur. La masse thermique (double mur de pierres sèches et, dans la zone centrale, sol en tuiles de céramique) stocke suffisamment de fraîcheur pour traverser les heures les plus chaudes de la journée.

Des simulations sur ordinateur avaient prédit que la maison réduirait sa consommation électrique de 53 %, sa consommation électrique de pointe de 71 % et sa consommation de gaz de 69 %, par rapport à la conception de base déjà très efficace. Par rapport à une maison moyenne, l'économie toutes énergies confondues s'élève à 80 % et à 79 % pour la seule électricité : 78 % pour le chauffage, 79 % pour l'eau chaude, 80 % pour la réfrigération, 66 % pour l'éclairage, 100 % pour la climatisation et 92 % pour l'ensemble climatisation-ventilation. Dans un marché en pleine maturité, c'est-à-dire si de telles maisons étaient construites à grande échelle, la maison de Davis, avec ses vingt types d'économies d'énergie, coûterait 9000 F de moins à construire que la moyenne, et 8000 F de moins par an à entretenir.

Les premières mesures indiquent que la maison fonctionne encore mieux que prévu. Les occupants, qui ont emménagé en décembre 1993, sont séduits par son confort, y compris pendant les vagues de chaleur.

Une autre projet ACT2 fut réalisé quelques mois plus tard. Il s'agit d'un pavillon comparable économisant encore plus d'énergie dans une région encore plus chaude, à Stanford Ranch, en Californie. La maison est essentiellement passive : une orientation et une isolation meilleures, des fenêtres plus performantes, des murs et un toit clairs, ainsi qu'un double mur de pierres sèches diminuent de 44 % les besoins en climatisation. La maison est également équipée d'un évaporateur, qui ne fonctionne que la nuit, ventile toute la maison, et permet de refroidir l'eau qui circule dans des tuyaux sous le plancher. L'économie est ainsi portée à 86 %. La maison a coûté 5000 F de plus que la moyenne (soit un surcoût de 0,4 %), mais les économies d'entretien sont légèrement supérieures à ce montant. Le quadruplement du rendement énergétique n'a donc rien coûté.

Un troisième projet a permis de réhabiliter une maison d'un étage, vieille de quinze ans, au printemps 1994. Celle-ci est située à Stockton, dans une région chaude de Californie où la climatisation fonctionne habituellement de juin à septembre. L'architecture de la maison et les exigences particulières de ses occupants ont réduit les possibilités. Néanmoins, son réaménagement devrait permettre d'économiser 64 % de la consommation totale d'électricité et 60 % de la consommation de gaz, sans compter quelques autres économies potentielles avec le petit appareillage électrique, pour un coût de 28 000 F, incluant l'impact futur sur les frais de remplacement et d'entretien. De simples améliorations du climatiseur – des moteurs et des ventilateurs plus performants et un système de prérafraîchissement par évaporation – contribuent à une économie attendue de 76 % en énergie de climatisation. La consommation du chauffage devrait diminuer de 59 %, celle des gros appareils de 63 %, celle de l'éclairage et des petits appareils de 76 %, celle de la pompe de la piscine de 76 %. Si les occupants avaient un mode de vie plus proche de la moyenne américaine, c'est-à-dire s'ils étaient plus prodigues, les économies seraient encore plus élevées.

Ces trois maisons sont situées en climat chaud, mais aucune ne se trouve en climat tropical, à la fois chaud et humide. Toutefois, des économies comparables pourraient être réalisées sous ces climats. Ni la chaleur, ni l'humidité ne sont un obstacle à des économies d'un facteur quatre avec une efficacité et un confort excellents.

1.5 Superfenêtres et immeubles d'affaires

Les superfenêtres comportent des films transparents, issus d'une technologie de pointe, qui laisse la lumière visible traverser, tandis que les infrarouges (c'est-à-dire la chaleur) sont réfléchis. Il en existe maintenant de très nombreuses versions, adaptée chacune à un climat, une orientation et une construction particulière. Des spécialistes « accordent » les fenêtres d'une maison en posant des versions différentes sur les différents côtés – pour laisser pénétrer lumière et chaleur du côté nord, pour diminuer le réchauffement du côté sud, etc. Toutes ces superfenêtres ont le même aspect mais diffèrent par leur propriétés infrarouges. En réglant indépendamment le flux de lumière et de chaleur dans chaque direction, l'architecte peut augmenter le confort intérieur, réduire fortement les besoins en chauffage et en climatisation, diminuant ainsi les frais de construction et de fonctionnement.

Les superfenêtres ne sont pas apparues sur le marché américain avant le début des années 80. Le siège du RMI fut peut-être le premier projet commercial associant les films fins et sélectifs des superfenêtres à une couche isolante de gaz lourd. Des versions multifilms améliorées, testées au RMI à la même époque, furent lancées sur le marché quelques années plus tard. Le film plastique Heat Mirror, avec un revêtement sur les deux faces, plus performant mais moins épais, n'est produit que depuis 1993. L'Europe a commencé à produire ce type de matériau avec plusieurs années de retard : il a fallu attendre 1993-1994 pour que des superfenêtres d'épaisseur raisonnable et à un prix abordable arrivent sur le marché.

Les superfenêtres européennes sont essentiellement conçues pour piéger la chaleur dans des climats froids et nuageux. Mais la climatisation est bien plus onéreuse que le chauffage. Il est donc encore plus intéressant de réduire les gains de chaleur en climat chaud – et même en climat froid, si le bâtiment est suffisamment grand pour être chauffé par les lampes et les appareils qu'il abrite. C'est le cas de la plupart des grands ensembles de bureaux modernes : à Toronto et à Stockholm, de nombreux immeubles doivent être climatisés par -10°C !

Traditionnellement, les fenêtres destinées aux climats chauds sont soit réfléchissantes, renvoyant un reflet gênant au-dehors, soit sombres pour absorber la chaleur, mais du coup la moitié de la chaleur est réfléchie à l'intérieur. Ces deux solutions limitent non seulement l'entrée de chaleur, mais aussi la pénétration de la lumière. L'obscurité qui en découle doit être combattue par des lampes électriques. Celles-ci consomment de l'électricité, dont une bonne partie est convertie en chaleur. Vous voici presque revenu à votre point de départ. En revanche, les superfenêtres peuvent être conçues de manière à laisser pénétrer la lumière du jour tout en barrant le passage à la plus grande partie de la chaleur. Certains modèles récents, aux vitres légèrement teintées de vert ou de bleu-vert, laissent entrer environ deux fois plus de lumière visible que d'énergie solaire totale, ce qui, d'un point de vue théorique, est presque parfait : on ne peut pas faire mieux, car la moitié de l'énergie solaire est représentée par les infrarouges.

Ces superfenêtres pour climats chauds peuvent aussi vous tenir chaud en hiver. Leurs qualités isolantes proviennent de la couche de gaz lourd et de la faculté de leurs films spéciaux à réfléchir vers l'intérieur les rayons infrarouges qui tenteraient de s'échapper, emportant avec eux la précieuse chaleur. Ainsi, les superfenêtres sont performantes toute l'année sous des climats à étés chauds et hivers froids.

Normalement, on considère que les superfenêtres ne sont valables que dans les constructions neuves. Après tout, qui voudrait supporter le coût de remplacement des anciennes fenêtres, en particulier sur un immeuble de grande taille ? Il est vrai que, parfois, la qualité supérieure de la fenêtre ne justifie pas le surcoût, surtout si on y ajoute les frais d'installation. Mais il existe des exceptions importantes.

En 1988, le RMI étudia le potentiel d'économies électriques en Arkansas, à la demande du gouverneur de l'époque, Bill Clinton (Lovins, 1988). Installées sur une maison familiale en bois typique, vingt superfenêtres, choisies avec soin, permettaient d'économiser 77 % de la consommation électrique annuelle et 83 % de la consommation de pointe (et 60 % de la consommation de gaz, grâce à l'amélioration de l'isolation, sans aucune amélioration des appareils) et pouvaient être rentabilisées en trois ans. L'idée était de superposer des superfenêtres aux fenêtres existantes – des vitrages simples et transparents. Plus qu'aucune autre mesure, cet aménagement réduisit les besoins en climatisation et contribua largement au remplacement du climatiseur par un modèle plus petit des deux tiers. Un climatiseur de cette taille, deux fois plus efficace et déshumidifiant trois fois mieux ne coûte pas plus cher : les économies d'électricité qu'il permet sont donc presque gratuites. Si l'on tient compte de toutes les interactions entre l'importance, l'efficacité et le coût des différentes mesures, la pose de superfenêtres, pourtant relativement chères, a permis de réaliser des économies d'électricité plus importantes, à un coût inférieur de 30 % à celui d'autres mesures.

En 1994, le RMI reprit ce concept à une échelle bien plus grande. Une grande société immobilière avait entrepris de rénover une tour en verre de treize étages, vieille de vingt ans, d'une surface de 18 587 m², située près de Chicago. Son style était typique des années 70 : de grandes fenêtres montées sur une charpente métallique, composées d'une vitre transparente alternée avec une vitre sombre recouvrant la structure de métal ou de béton séparant deux étages. Chaque type de vitre recouvrait la moitié de la surface du bâtiment. Les vitres transparentes étaient doubles, mais les vitres sombres étant simples et non isolées, l'isolation générale du bâtiment était inférieure à celle qu'aurait procurée un double vitrage – absolument pas adaptée au climat rigoureux qui prévaut toute l'année à Chicago. Par-dessus le marché, l'immeuble laissait échapper de l'air et de l'eau.

Les doubles-vitrages ont un inconvénient : leurs joints finissent par s'abîmer et la buée se condense à l'intérieur. Actuellement, les meilleurs modèles ont des joints prévus pour durer vingt-trois ans, douze ans pour les modèles économiques. Vingt ans plus tôt, ils étaient encore moins bons. Lorsque le RMI s'aperçut que 8 % des 900 double-vitrages étaient déjà défaillants, ses experts suggérèrent de tester les autres. Le test conclut que presque tous les joints seraient défectueux dans les six années à venir, nécessitant le remplacement des doubles-vitrages – un inconvénient majeur pour d'éventuels locataires. Le propriétaire décida donc de remplacer toutes les fenêtres avant de relouer les locaux.

Mais les vitrages existants étaient faits d'un verre sombre recouvert d'un pelliculage gris pour arrêter les rayons solaires. L'ensemble était si dense que 8 % seulement de la lumière du jour pénétrait dans les bureaux, créant une ambiance de caverne et coupant les occupants de l'environnement extérieur. De plus, ces vitrages sont si chers qu'une superfenêtre est à peine plus coûteuse à l'achat et moins chère à l'installation. En revanche, elle isole trois fois mieux, laisse entrer six fois plus de lumière et arrête la chaleur si efficacement que, avec un éclairage et des équipements de bureau efficaces, le besoin en climatisation pouvait être divisé par quatre – de 750 à moins de 200 tonnes.

Le propriétaire voulut également profiter d'une autre opportunité. Normalement, les systèmes de climatisation doivent être rénovés tous les vingt ans environ, en raison de l'usure des ventilateurs et des pompes. De plus, il aurait eu à faire face, dans les années 90, à la suppression des CFC (chlorofluorocarbones), de puissants réfrigérants. Mais au lieu d'opter pour un substitut équivalent (prix : environ 4 000 F par tonne), le propriétaire avait la possibilité de remplacer le système de climatisation et de ventilation par un modèle environ quatre fois plus performant (p. 81-92), pour un prix de 10 000 F par tonne. Il s'agissait là d'une bonne affaire : le coût par tonne était multiplié par deux et demi, mais le nombre de tonnes nécessaires était divisé par quatre, c'est-à-dire que le coût total était inférieur. L'économie ainsi réalisée permettait de financer la rénovation de l'éclairage.

Les calculs du RMI montraient un résultat net impressionnant. La consommation électrique de pointe – qui préoccupe le plus les produc-

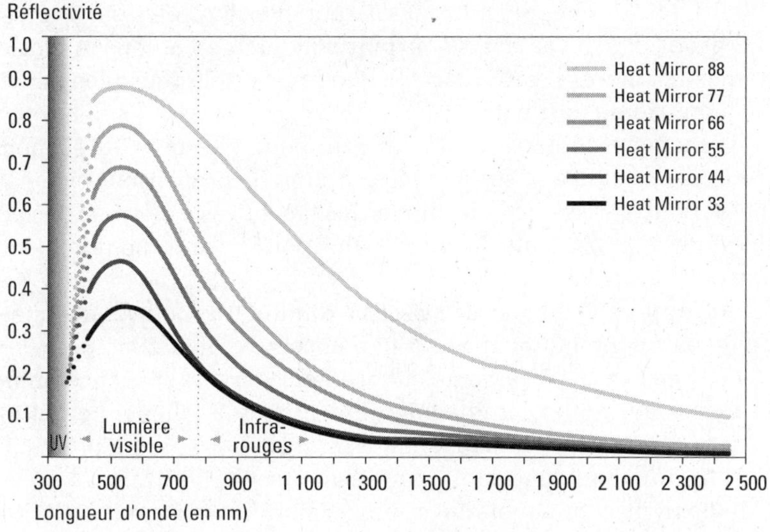

Figure 3. Les superfenêtres laissent entrer la lumière mais réfléchissent la chaleur (rayons infrarouges). Le graphique montre le pouvoir de réflexion de différents types de fenêtres.

teurs, car elle détermine le nombre d'infrastructures coûteuses à installer – aurait été diminuée de 76 %. La consommation annuelle aurait baissé de 72 % au moins, et probablement plus. Le confort et l'esthétique du bâtiment auraient été grandement améliorés, et il aurait été d'autant plus facile de trouver et de fidéliser des locataires : ainsi réaménagée, la tour aurait établi une nouvelle norme de confort, de tranquillité et de beauté. Les frais de fonctionnement en auraient été diminués de 60 F/m²/an, donnant un avantage décisif à ceux qui adopteraient les premiers ce concept. En tenant compte de tous les coûts et de toutes les économies, la rénovation du bâtiment aurait été remboursée entre cinq et neuf mois – c'est-à-dire immédiatement ou presque.

Finalement, ce projet ne fut pas réalisé. Mais son principe de base est bon, et son analyse repose sur des outils largement acceptés et sur des hypothèses confirmées par les faits. De tels travaux de rénovation représentent une opportunité lucrative pour les 100 000 immeubles de ce type et de cet âge qui existent aux Etats-Unis, sans doute plus nombreux encore dans le reste du monde.

Pourquoi une opportunité aussi rentable n'a-t-elle pas été saisie par le propriétaire, qui avait pourtant commandé l'étude ? A cause de certaines incohérences du marché, que nous étudierons plus en détail dans la deuxième partie de ce livre :

– le manque de moyens (à l'époque) pour partager les économies entre le propriétaire et les locataires, pour récompenser convenablement les concepteurs ou pour inciter les locataires à adopter des éclairages et des équipements de bureau plus performants, pour le bénéfice de tous ;

– une approche inadéquate visant à diminuer le coût de chaque élément du bâtiment, plutôt que le coût d'ensemble du bâtiment ;

– dans ce cas, un détail particulièrement pervers : l'agence immobilière locale qui gérait l'immeuble était incitée à relouer le bâtiment aussi vite que possible, et répugnait à retarder ses commissions sur les baux suffisamment longtemps pour permettre la rénovation.

Finalement, l'immeuble fut rénové selon la vieille méthode inefficace. Il s'avéra alors trop cher et trop peu attractif ; impossible à louer, il dut être vendu pour une bouchée de pain – le prix à payer pour ne pas avoir su saisir les nouvelles possibilités. Mais le RMI ne se décourage pas pour autant : il est facile de travailler avec le concurrent du propriétaire, de l'autre côté de la rue. Tôt ou tard, celui-ci apprendra quel marché investir. La compétition induite par la construction de bâtiments plus performants est le meilleur moyen d'amener les propriétaires à se poser les bonnes questions.

1.6 La nouvelle école d'ingénieurs et d'industrie de l'université De Montfort à Leicester, au Royaume-Uni

Inauguré en décembre 1993 par Sa Majesté la reine Elisabeth II, ce bâtiment d'un style très britannique, conçu par Alan Short et Brian Ford, de la société Peake, Short & Partners, est remarquablement en harmonie avec la nature. « Les architectes étaient prêts à relever à la fois le défi architectural et le défi environnemental, plutôt qu'abandonner l'un pour se concentrer sur l'autre. Responsabilité environnementale n'est pas synonyme d'architecture triste. »

Dans cette école d'ingénieurs climatisée et ventilée de manière passive, les étudiants en mécanique étudient des schémas de refroidisseurs dont le bâtiment n'est pas équipé, tandis que les étudiants en électricité étudient des schémas d'éclairage électrique dans un espace naturellement éclairé où les lampes sont éteintes. « Nous pensons, expliquent les concepteurs, que l'influence des rythmes naturels du monde extérieur aide à se concentrer, et qu'une école d'ingénieurs qui réalise des économies d'énergie significatives peut être en soi un outil d'éducation et de recherche. »

Les objectifs initiaux se résumaient en trois principes fondamentaux :

– utiliser des méthodes de construction traditionnelles employant beaucoup de main-d'œuvre, afin de donner du travail aux artisans locaux ;

– mettre en pratique des concepts innovants qui créent un environnement de travail excellent et défient les pratiques architecturales conventionnelles ;

– employer des technologies plus propres et plus « vertes ».

Inspiré par Trinity Lane, une rue médiévale de Cambridge, l'ensemble est composé de bâtiments de taille familiale, complétés par une série de cours pouvant servir de classes en plein air. Ainsi, les 10 223 m² de l'ensemble n'ont rien d'écrasant. Cette structure pleine de charme est considérée comme le premier bâtiment de style gothique construit depuis cent ans. Les murs de briques polychromatiques ont été réalisés par des maçons locaux, dont beaucoup étaient à la recherche d'un travail. Ce merveilleux assortiment de motifs traditionnels en briques met en valeur l'aspect esthétique de la construction.

Le bâtiment de la Reine, comme on l'appelle, est le plus grand bâtiment naturellement ventilé du Royaume-Uni. Sa base étroite permet à la lumière de pénétrer des deux côtés à la fois, fournissant l'essentiel de l'éclairage naturel, et favorise un flux d'air presque entièrement passif. Celui-ci est dû à une ventilation croisée et à des ascendances d'air chaud à l'intérieur de huit cheminées décoratives revêtues de jalousies métalliques ornementales. La ventilation passive des amphithéâtres a été mise en place grâce à des recherches subventionnées par l'Etat, au moyen des techniques les plus modernes. Les occupants peuvent ouvrir ou fermer les fenêtres à leur convenance. Afin d'assurer des températures acceptables, un système de régulation automatique ajuste les humidificateurs, les jalousies et les contrôles du chauffage.

Les murs épais minimisent les besoins en refroidissement, tandis que la conception d'ensemble minimise les besoins en chauffage et en climatisation. Le chauffage est essentiellement assuré par des dispositifs solaires passifs et par la chaleur produite par les nombreux appareils et le millier d'employés et d'étudiants qui fréquentent l'école. Cet apport est considérable : 84 W/m² pour les équipements de l'atelier électrique et 100 W/m² dans l'atelier mécanique, à comparer au 25-32 W/m² dans des bureaux ordinaires en Grande-Bretagne, appareils et personnel inclus. Le chauffage d'appoint est fourni par du gaz naturel.

Toutes ces options minimisent la consommation d'électricité. Cela permet d'utiliser des équipements plus petits, voire de les éliminer, économisant à la fois énergie et capital. Les systèmes mécaniques et électriques ne représentent que 24 % de l'investissement, contre 34 à 40 % en moyenne. Le bâtiment ne consomme que 25 à 50 % du combustible consommé par un bâtiment équivalent. Le coût total du bâtiment est de 60 millions de francs, soit 950 F/m² une fois équipé, ou 550 F/m² non équipé – prix extraordinairement bas pour une école d'ingénieurs.

1.7 Rénovation de maisons mitoyennes

Dans la ville de Saint-Louis, au bord du Mississippi, comme dans la plupart des villes américaines, beaucoup de vieilles maisons sont des maisons mitoyennes étroites, d'un étage, en pierres ou en briques, alignées rue après rue. A Saint-Louis, ces habitations traditionnelles sont souvent vétustes, voire délabrées. Que pourrait-on en faire ?

Lorsqu'il dirigeait le bureau énergie de la ville de Saint-Louis, Jim Sackett comprit que l'avenir du logement dans la ville passait par la rénovation de ces maisons. Mais beaucoup d'entre elles étaient dans un état pitoyable. Non seulement l'intérieur tombait en morceaux – quand il n'avait pas été détruit par un incendie –, mais parfois les murs n'étaient plus verticaux, le plancher n'était plus plat et presque rien n'était d'aplomb. Malheureusement, les travaux nécessaires pour réhabiliter ces logements étaient hors de prix. Et même si l'on parvenait à trouver des financements, comment les nombreux pauvres de la ville pourraient-ils jamais faire face à la facture énergétique ? Ces maisons avaient une isolation dérisoire, voire inexistante, dans une région où le climat est très chaud et très humide en été, et très froid en hiver.

Après de nombreux essais infructueux, une solution fut enfin trouvée. Une dalle en béton cellulaire pour piéger l'air fut coulée sur le sol, se nivelant d'elle-même. Un atelier voisin se mit à produire en série des panneaux préfabriqués, formés de deux couches ignifugées emprisonnant une mousse isolante, et dont les bords étaient conçus pour s'arrimer hermétiquement. Avec une monture simple adaptée aux murs imparfaits, chaque maison pouvait être doublée avec ce matériau décoratif et très isolant. Un moyen simple d'aménager portes et fenêtres fut alors mis au point. Les superfenêtres étant alors très difficiles à trouver, J. Sackett choisit une alternative simple : deux fenêtres à guillotine, composée chacune d'une moitié supérieure et d'une moitié inférieure glissant toutes deux dans des rainures attenantes. En ouvrant et en refermant les éléments internes et externes, supérieurs et inférieurs, selon des combinaisons variées, les fenêtres pouvaient réchauffer, rafraîchir, aérer ou isoler la maison selon la saison.

Le résultat est remarquable d'efficacité et de simplicité. Sans aucune méthode ni aucun matériau spéciaux – superfenêtres, échangeurs de chaleur ou autre – l'isolation très performante de ces maisons divise par deux le coût total de la maison (considéré sur leur durée de vie totale). Les besoins en chauffage sont réduits de 90 %. Même sans chauffer, la température ne descend jamais au-dessous de 12°C pendant les hivers les plus rigoureux. Les besoins en climatisation sont réduits dans des proportions similaires : un petit climatiseur de fenêtre est suffisant pour rafraîchir et déshumidifier la maison.

Le prix ? Pour un surcoût inférieur à 10 000 F par rapport à une simple rénovation, on peut ainsi transformer une vieille carcasse délabrée en un logement élégant, durable, agréable et sûr, avec un loyer abordable.

1.8 Le siège de la banque ING aux Pays-Bas

En 1978, la Nederlandsche Middenstandsbank (NMB) était la quatrième banque des Pays-Bas. Aujourd'hui, elle est à la deuxième place et a été rebaptisée ING Bank (International Netherlands Group).

Comment est-elle parvenue à ce résultat ? C'est une longue histoire, presque un conte de fée, mais elle est vraie. Et elle doit beaucoup à la productivité des ressources.

Autrefois, la NMB était un établissement « morne et conservateur », comme l'admet l'un de ses dirigeants. Ressentant le besoin de changer à la fois d'image et de siège, les employés votèrent en faveur d'un site au sud d'Amsterdam. Les directeurs voulaient un bâtiment écologique, peu bruyant, économisant l'énergie, intégrant des œuvres d'art, des matériaux naturels, de la lumière solaire, de la végétation et de l'eau.

La banque réunit une équipe chargée de concevoir et de réaliser le nouveau siège, avec pour instruction de travailler de manière interdisciplinaire, comme le précise Tie Liebe, directeur immobilier de la banque (que nous remercions de son aide précieuse pour cet exemple). L'équipe travailla pendant trois ans à la conception, consultant régulièrement les futurs utilisateurs. La construction dura de 1983 à 1987. Le résultat est des plus inhabituels : l'architecte, Anton Alberts, décrit son style comme « anthroposophique », d'après la philosophie basée sur l'enseignement de Rudolf Steiner. En le regardant, vous constaterez que le bâtiment ne possède aucun angle droit.

Le bâtiment, qui accueille 2 400 employés sur une surface de 50 000 m^2, est divisé en dix tours aux murs obliques, en béton précoulé recouvert de briques. Le plan au sol dessine un S irrégulier, avec 30 000 m^2 de jardins et de cours sous lesquels se trouvent parkings et aires de service. Des restaurants et des salles de réunion sont alignés le long des rues intérieures qui relient les dix tours. L'historien de l'architecture Charles Jencks (1990) a qualifié la construction de « gratte-terre », avec un corps ondulant tapi contre terre. Autour se développe un quartier nouveau dense, avec ses zones résidentielles, commerciales et d'affaires, renforçant l'effet d'un château fort campé au beau milieu d'un village médiéval.

Comme la plupart des immeubles d'affaires européens, l'ensemble a une surface au sol plus étroite que celle des bureaux américains. Par conséquent, aucun bureau ne se trouve à plus de 7 mètres d'une fenêtre, ce qui favorise un éclairage naturel. Les jalousies intérieures réfléchissent la lumière depuis le tiers supérieur des fenêtres vers le plafond. Avec les atriums intérieurs vitrés qui pénètrent dans les tours jusqu'au niveau des rues intérieures, cet éclairage latéral fournit une part significative de l'éclairage total. Celui-ci est complété par les lampes de bureau, des lampes murales traditionnelles et décoratives, ainsi que des lampes de plafond placées de loin en loin.

Le même souci caractérise les systèmes thermiques du bâtiment, avec le choix d'un chauffage solaire passif, dans un pays pourtant nuageux, et malgré le fait que les superfenêtres n'existaient pas encore en Europe, contraignant les architectes à se contenter de doubles-vitrages classiques. Une gaine isolante sépare la structure en béton du mur de briques extérieur. La structure elle-même permet de stocker la chaleur fournie par les systèmes passifs ainsi que par les lampes, les appareils et les personnes.

Le chauffage d'appoint est fourni par des radiateurs reliés à un système de stockage de l'eau chaude installé dans les fondations, d'une capacité de 100 m^3. Cette eau est chauffée par un système de cogénération situé à l'intérieur de la structure, ainsi que par la chaleur récupérée au niveau des moteurs des ascenseurs et des salles d'ordinateurs. Le siège de l'ING possède également des échangeurs de chaleur qui récupèrent la chaleur de l'air sortant (vicié) pour préchauffer l'air entrant. Comme souvent en Europe du Nord, le bâtiment n'est pas climatisé, cette fonction étant assurée par les capacité de stockage thermique de la structure, par la ventilation mécanique et naturelle (grâce à des fenêtres ouvrables) et par un système de déshumification qui fonctionne grâce à la chaleur perdue par le système de cogénération.

Le niveau d'intégration entre la forme du bâtiment, l'éclairage naturel et les systèmes énergétiques donne des résultats impressionnants. L'ancien siège de la banque consommait 4,8 GJ/m^2/an [6] d'énergie primaire, tandis que le nouveau ne consomme que 0,4 GJ/m^2/an, soit 92 % de moins. Par comparaison, des banques voisines construites au même moment consomment cinq fois plus d'énergie au mètre carré, pour un coût de construction similaire (Olivier, 1992). Le surcoût dû aux systèmes énergétiques de l'ING était de 3,5 millions de francs ; mais les économies d'énergie réalisées sont estimées à 13 millions de francs par an, soit une rentabilisation en trois mois (Vale, 1991 ; Olivier, 1992). T. Liebe précise que le siège de l'ING « est le moins coûteux en énergie de tous les bureaux néerlandais, et l'un des moins coûteux d'Europe ».

Œuvres d'art, plantes et eau sont pareillement intégrées au sein des matériaux naturels simples employés pour les finitions. Par exemple, des morceaux de métal colorés placés au sommet des atriums réfléchissent de la lumière colorée vers des dispositifs situés à la base, qui inondent de couleurs les murs voisins. Les toits plats, les cours et autres espaces intérieurs sont occupés par des jardins de styles variés. Des citernes retiennent l'eau de pluie pour alimenter des fontaines et autres aménagements paysagers. En dehors de leur attrait visuel, les jeux d'eau servent à humidifier l'air et à créer un rideau acoustique, afin de masquer le silence remarquable d'un bâtiment qui

6. Le joule (J) est une unité de mesure de l'énergie et correspond à 236 calories environ. Un gigajoule (GJ) est égal à 1 million de joules (NDT).

laisse entrer peu de sons extérieurs et n'en produit lui-même presque pas, puisque ses systèmes sont largement passifs.

Les coûts de construction s'élèvent à environ 7 500 F/m², incluant le terrain, le bâtiment, les aménagements paysagers, les œuvres d'art, le mobilier et les équipements. Il s'agit d'un prix comparable, voire inférieur à celui d'autres bâtiments d'affaires aux Pays-Bas. En outre, l'absentéisme des employés a fortement diminué, ce que T. Liebe attribue au meilleur environnement de travail. Le bâtiment a également fait des miracles pour l'image de la banque. Celle-ci est maintenant perçue comme une banque créative, en phase avec le progrès. Le bâtiment est maintenant le plus célèbre du pays après le Parlement, et le chiffre d'affaires de la banque a considérablement augmenté.

1.9 Comment réduire de 74 % la consommation des appareils électriques au Danemark

Dans les pays industrialisés, environ 30 à 50 % de l'électricité (45 % au Danemark) servent à faire fonctionner divers appareils (lampes, chauffe-eau, radiateurs électriques, ventilateurs, etc.) dans les foyers et dans les entreprises. Des analyses minutieuses et détaillées de l'Université technique du Danemark, concernant les principaux appareils ménagers, ont montré que « le niveau actuel de services électriques – réfrigération, lavage, cuisson et fourniture d'air propre – peut être maintenu avec 26 % de l'électricité actuellement consommée, à condition que des efforts soient faits pour favoriser le développement et la mise en service de technologies performantes » (Nørgård 1989).

Le surcoût représenté par des appareils performants est estimé en moyenne à 12,5 centimes par kilowattheure économisé – soit l'équivalent du prix du fioul brûlé dans une centrale thermique, à 90 F le baril de pétrole brut. En fait, on pourrait réaliser la plupart des économies en utilisant simplement les meilleurs appareils déjà présents sur le marché, dont le surcoût moyen est seulement de 3 centimes par kilowattheure économisé. Ce surcoût pourrait être légèrement plus élevé si l'on tient compte du léger supplément de chauffage qui serait rendu nécessaire par des appareils plus performants (40 % de l'énergie consommée par un appareil moyen est convertie en chaleur). Mais, en réalité, il a diminué, grâce à des technologies encore plus performantes apparues depuis cette étude.

Comment un pays déjà relativement efficace, comme le Danemark, peut-il quadrupler la productivité des appareils ménagers modèle 1988 ? Ce n'est pas si difficile.

• Une isolation, des compresseurs, des réfrigérants, des échangeurs de chaleur et des capteurs plus efficaces ont déjà considérablement réduit la consommation électrique des réfrigérateurs danois : de 350 kWh (moyenne 1988) à 90 kWh (meilleur modèle 1988) pour un appareil de 200 litres sans compartiment de congélation. L'étude mentionnée plus haut estime que l'on peut descendre à 50 kWh, grâce à un ensemble moteur/compresseur plus performant, ou grâce à l'air froid du dehors permettant une réfrigération « gratuite ». Comme nous le verrons dans l'exemple de la chambre froide FRIA au chapitre 2, cette découverte s'avéra dépassée : la première approche a permis d'atteindre 50 kWh dans un réfrigérateur hollandais, la seconde 38 kWh au RMI ; un vide isolant ajouté au modèle hollandais pourrait réduire la consommation à 30 kWh.

• Le meilleur congélateur vendu au Danemark en 1988 consommait 64 % d'électricité en moins que la moyenne (180 kWh/an contre 500, pour 250 litres), mais un modèle plus performant pourrait facilement atteindre 100 kWh/an, soit une réduction de 80 %. La même réduction de 80 % est facile à obtenir pour un réfrigérateur-congélateur.

• En 1988, un lave-linge danois moyen, d'une capacité de 4 kg, fonctionnait 200 fois par an (ce qui représente autant de temps que le lavage à la main d'autrefois !), consommant environ 400 kWh, y compris la résistance électrique destinée à chauffer l'eau. Le meilleur modèle ne consommait que 240 kWh, et un modèle très performant 115 kWh seulement. D'autres moyens de baisser la consommation jusqu'à 40 kWh/an semblent possibles, notamment l'utilisation d'une énergie non électrique pour chauffer l'eau. Les améliorations ne concernent pas seulement la machine à laver elle-même, mais aussi les lessives, dont certaines dissolvent efficacement les graisses dans l'eau froide. Certaines machines efficaces séparent et optimisent séparément le trempage (qui nécessite des lessives concentrées) de l'agitation mécanique (qui nécessite plus d'eau). Parmi les autres innovations, mentionnons les capteurs qui stoppent l'arrivée de lessive et d'eau lorsque l'eau de rinçage est claire et non graisseuse, ce qui a pour effet de diviser plusieurs fois la consommation de lessive et d'eau.

• Les lave-vaisselle peuvent réduire leur consommation de 500 kWh/an (moyenne de 1988), ou 310 pour les modèles les plus efficaces, à 165 kWh/an, grâce à une meilleure conception, et jusqu'à 35 en utilisant une autre source de chaleur pour chauffer l'eau. Les innovations principales consistent à améliorer les moteurs, les lessives, l'isolation thermique et les contrôles.

• Les sèche-linge, consommant 440 kWh/an en 1988, pour 130 séchages de 3,5 kg de linge, pourraient atteindre 350 kWh/an avec les meilleurs modèles 1988, 180 avec des modèles encore plus performants, et 100 seulement avec un chauffage non électrique. Les améliorations les plus évidentes concernent l'isolation, les moteurs, les contrôles, les pompes à chaleur, voire la mise en place d'un séchage par micro-ondes. On peut également réaliser des économies importantes en accélérant la vitesse de rotation du tambour, ce que font certaines machines à laver modernes (l'augmentation de la consommation du moteur est beaucoup plus faible que l'économie réalisée sur l'énergie de séchage), tout en secouant automatiquement le linge en fin de cycle pour éliminer les plis.

• Les appareils de cuisson électriques consommaient en moyenne 700 kWh/an en 1988, mais seulement 400 pour les meilleurs modèles, voire 280 pour certains modèles innovants, avant tout remplacement de l'électricité par le gaz, étape pourtant évidente. Certaines améliorations sont très simples : meilleur contact entre la plaque électrique et le récipient (souvent, seulement 30 % de la chaleur pénètrent à l'intérieur de celui-ci), plaques chauffantes encastrées, fours mieux isolés, récipients isolés et autocuiseurs. Par exemple, l'équipe de recherche a fabriqué un système électronique de contrôle qui fournit exactement la quantité de chaleur suffisante, sans surchauffe inutile.

• Autre appareil important mais souvent négligé, l'accélérateur qui fait circuler l'eau dans les conduites de chauffage, depuis la chaudière jusqu'aux radiateurs. En 1988, l'accélérateur danois standard consommait 65 W, alors qu'il suffisait de 1 W, ce qui représente 400 kWh/an. Dès 1988, un accélérateur moins cher de 20 W, associée à un meilleur système de contrôle, permit de réduire la consommation à 100 kWh/an. Bien entendu, une isolation très performante, des échangeurs pour récupérer la chaleur de l'air vicié et des superfenêtres permettraient de réduire considérablement la chaudière, voire de l'éliminer complètement ainsi que l'accélérateur.

• La ventilation mécanique (VMC) – courante dans les grands immeubles et installée de plus en plus dans les maisons relativement hermétiques – est souvent inefficace. En Amérique du Nord, les hottes aspirantes de cuisine et de salle de bains ont un rendement de 1 à 3 % seulement, alors qu'il existe des modèles japonais bien plus efficaces pour le même prix. Dans le cas de systèmes ventilant une maison ou un immeuble entier, des études danoises précises ont montré que les meilleurs appareils disponibles en 1988 pouvaient économiser 45 % de l'énergie dépensée en 1988, tandis que des systèmes plus performants pouvaient en économiser 85 %. Mais ceux-ci étaient déjà dépassés : à Singapour, les meilleurs résultats dans les grands immeubles atteignent 90 % d'économie pour un investissement moindre.

• Les chercheurs danois estiment à seulement 30 % les économies réalisables à court terme – 50 % avec des technologies de pointe avec d'autres appareils, en premier lieu les postes de télévision. Mais ces estimations sont aujourd'hui dépassées : des économies plus importantes sont aujourd'hui courantes, sans incidence sur la qualité et le prix de l'appareil.

Que se passe-t-il si l'on additionne toutes les possibilités d'économies existantes et rentables ? On peut réduire la consommation électrique de 74 % avec les technologies performantes de 1988, dont la plupart étaient sur le marché en 1994. A elles seules, ces mesures permettraient de conserver voire d'améliorer le service rendu tout en diminuant la consommation électrique danoise (éclairage et appareils confondus) de 3 200 à 825 kWh/habitant/an. En ajoutant à cela des sources non électriques de chauffage, les économies seraient de 80 % [7] – un objectif facilement réalisable en ce qui concerne l'éclairage –, soit une consommation de 620 kWh/habitant/an. Ainsi que les experts danois le soulignent, le coût de ces économies d'électricité par kilowattheure économisé est inférieur « au coût de la production marginale d'électricité n'importe où dans le monde ».

Une autre analyse, effectuée par la même équipe en 1983, avait estimé les économies potentielles d'électricité à 72 % pour la réfrigération et à 65 % pour le chauffage électrique. Ces deux chiffres seraient très supérieurs de nos jours, en partie grâce aux superfenêtres (voir

7. Il s'agit là surtout du chauffage pour l'eau et la cuisson. Le chauffage domestique électrique étant beaucoup moins répandu au Danemark qu'en France, le remplacement du chauffage électrique par d'autres sources de chaleur aboutirait à des économies encore plus grandes dans notre pays (NDT).

p. 45). Une étude officielle de 1987, réalisée par le ministère de l'Industrie, estima les économies potentielles à 66 % en ce qui concerne la réfrigération et à 62 % pour la ventilation ; selon cette étude, il est probable que les technologies nouvelles feront spontanément irruption sur le marché sans coup de pouce gouvernemental.

1.10 Super-réfrigérateurs

Bière fraîche, poisson frais, légumes frais et lait frais : tous ces avantages de la réfrigération domestique sont familiers aux habitants des pays les plus riches. Plus important encore, dans les villages du tiers monde, un petit réfrigérateur médical à énergie solaire peut être vital en permettant de conserver des vaccins. Mais, dans les deux cas, quels sont les éléments vraiment nécessaires pour maintenir un petit volume à une température inférieure de quelques dizaines de degrés ? Rien d'autre qu'une boîte isolée et un système de refroidissement. En général, il s'agit d'un système qui comprime puis relâche alternativement des CFC, évacuant ainsi la chaleur des aliments vers le condenseur extérieur.

Le principal point faible des réfrigérateurs est l'isolation. De 1950 à 1975, période où le prix de l'électricité avait beaucoup diminué, les fabricants ne cessaient d'amincir l'isolation afin de gagner en volume intérieur sans agrandir l'appareil. Ils utilisaient également des compresseurs très peu performants, souvent installés sous l'appareil : la chaleur dégagée pénétrait alors dans le compartiment froid, d'où il fallait de nouveau l'extraire. Le compresseur et le condensateur était si mal conçus et le condensateur si petit qu'il fallait un ventilateur bruyant et inefficace pour éviter la surchauffe. La grille du condensateur était complexe et difficile à nettoyer, si bien que la poussière s'y accumulait et empêchait l'évacuation de la chaleur, obligeant le compresseur à fonctionner plus longtemps. La porte était peu étanche, et, lorsqu'on l'ouvrait, l'air froid s'en allait. L'isolation trop mince provoquait la formation de buée sur la surface extérieure par temps humide ; il fallut donc installer des résistances électriques pour la sécher. A cause de ces résistances et de l'isolation insuffisante, la chaleur pénétrait encore plus vite dans le réfrigérateur. On installa des ventilateurs inefficaces pour assurer une réfrigération homogène, qu'une conception meilleure aurait permis d'obtenir dès le début, desséchant la nourriture en même temps qu'on la refroidissait. Pour réduire l'accumulation de givre à l'intérieur, on ajouta d'autres résistances ainsi que des lampes inefficaces : le système de réfrigération ne risquait pas de rester inactif. Ces résistances se mettaient en marche régulièrement, même en l'absence de givre. Des dispositifs permettaient de se fournir en glace ou en boissons fraîches sans avoir à ouvrir la porte ; ce petit agrément nécessitait de percer des trous supplémentaires dans l'isolation.

Quelle façon ridicule de réfrigérer les aliments ! Pourtant, des centaines de millions d'appareils furent vendus, dont beaucoup sont toujours en service. Chaque réfrigérateur gaspille tant d'électricité que la quantité de charbon brûlée annuellement pour la produire [8] remplirait le réfrigérateur. Sans compter que vous payez ce charbon qui se transforme inutilement en pluies acides et amplifie l'effet de serre.

A la fin des années 80, les réfrigérateurs et réfrigérateurs-congélateurs américains consommaient à eux seuls un sixième de l'électricité domestique, soit l'équivalent de la production de trente centrales nucléaires de la taille de celle Tchernobyl. De nouveaux modèles, qui remplacent les anciens au bout de quinze ans en moyenne, sont nettement plus performants.

Depuis le milieu des années 70, et particulièrement au cours des années 90, les fabricants s'aperçurent qu'il était simple d'augmenter l'isolation, d'améliorer la conception, d'utiliser des joints d'étanchéité meilleurs, des grilles plus grosses, des compresseurs et des contrôles plus efficaces, pour le même résultat et moyennant une consommation d'électricité très réduite. Le résultat est spectaculaire. Par litre de volume (incluant le compartiment de congélation) :

– le modèle américain moyen de 1972 consommait 3,36 kWh/an, contre 1,87 en 1987, lorsque des normes d'efficacité furent adoptées par la Californie ;

– en 1990, une nouvelle norme américaine interdit les modèles consommant plus de 1,52 kWh/an, et les meilleurs modèles fabriqués en série atteignaient 1,32 pour un prix inférieur à taille équivalente ;

– en 1993, la norme américaine baissa à 1,16 ;

– en 1994, Whirlpool remportait le prix de la Carotte d'Or (une idée adaptée d'un prix suédois gagné par Electrolux) avec un modèle ne

8. Hormis la France, les autres pays industrialisés produisent l'essentiel de leur électricité dans des centrales thermiques fonctionnant au charbon ou au fioul (NDT).

consommant que 1,08 kWh/an. Mais les principaux fabricants acceptèrent de descendre à 0,86 en 1998 ;

– depuis 1988, le fabricant danois Gram produit des réfrigérateurs très bien isolés qui ne consomment que 0,45 kWh/an, performance facilement réductible à 0,26 grâce à de nouvelles améliorations ;

– dès le début des années 80, une petite société américaine, Sun Frost, fabriquait artisanalement des réfrigérateurs ne consommant que 0,45 à 0,53 kWh/an. Ces modèles étaient plus chers en raison du faible volume de production, mais, fabriqués en série, ils coûteraient en fait moins cher que les modèles classiques, car ils sont beaucoup plus simples ; des versions actuelles avec dégivrage partiel, remplaçant le dégivrage à la main des anciens modèles, consomment de 0,6 à 0,7 kWh/an ;

– depuis 1983, un réfrigérateur Sun Frost en service au RMI ne consomme que 0,19 kWh/an, grâce à un dispositif de refroidissement placé à l'extérieur, à l'ombre, qui rejette la chaleur des aliments dans l'air extérieur, souvent froid.

On pourrait supposer que la réduction de 80 % de la consommation d'énergie entre la moyenne américaine de 1972 et les modèles Sun Frost du début des années 80 est proche du maximum. Loin de là. Il existe beaucoup d'autres options séduisantes :

– au moins cinq types de matériaux d'isolation de pointe peuvent isoler deux à douze fois mieux que les meilleures mousses synthétiques, elles-mêmes deux fois plus isolantes que le verre ou la laine de verre ou de roche. L'élément le plus surprenant de ces nouveaux matériaux est une double couche d'acier inoxydable. Ces couches sont soudées sur les bords pour laisser entre elles un vide de quelques millimètres rempli de petites billes de verre. Les parois intérieures sont recouvertes d'un film qui arrête les rayons infrarouges. Une épaisseur d'isolant équivalente à du carton isole aussi bien que 7 cm de laine de verre. Cet isolant est plus cher, mais isole très efficacement le réfrigérateur avec des parois beaucoup moins épaisses. L'augmentation de volume intérieur compense le surcoût de l'isolation ;

– les compresseurs sont en général trop gros et inefficaces : même ceux de Sun Frost ne sont pas les meilleurs, car l'entreprise ne peut pas se permettre l'achat en gros de modèles plus performants. En revanche, Sun Frost emploie des compresseurs optimisés séparément pour le réfrigérateur et le compartiment de congélation, et les installe sur le dessus de l'appareil. D'autres améliorations sont possibles, notamment des compresseurs qui ajustent la réfrigération aux besoins ;

– de nouveaux compresseurs à moteur Sterling, d'une conception nouvelle, peuvent augmenter le rendement énergétique de 50 à 67 %. On peut en fabriquer de très petits, appropriés aux réfrigérateurs superisolés. Leur fiabilité est meilleure, ils sont moins bruyants et remplacent les réfrigérants chlorés par de l'hélium inerte ;

– la grille peut être améliorée en la reliant à une plaque de métal à l'intérieur du réfrigérateur, doublant presque l'efficacité de celui-ci. A l'origine, les ingénieurs de Gram avaient créé ce dispositif pour alourdir l'arrière du réfrigérateur, afin d'empêcher celui-ci de tomber sur un enfant qui se suspendrait à la porte ;

– une meilleure conception et des matériaux plus performants pourraient réduire les fuites d'air froid par les joints d'étanchéité ;

– des ventilateurs et des lampes plus économiques peuvent diminuer la consommation d'énergie et moins réchauffer les aliments. Les lampes peuvent même fournir uniquement de la lumière – et pas de chaleur – si on utilise des conduits de lumière ou des fibres optiques. Certains modèles, comme ceux de Sun Frost et de Gram, sont conçus de façon à supprimer le ventilateur intérieur, afin d'éviter que les aliments se dessèchent. D'autres modèles ont une grille suffisamment grosse, installée sur le dessus, qui permet de supprimer le ventilateur extérieur ;

– de nouveaux capteurs permettent de détecter le givre et de ne dégivrer qu'en cas de besoin, divisant par dix la consommation d'énergie correspondante ;

– le dégivrage peut être effectué au moyen d'un fluide réchauffé par la chaleur dégagée par le condensateur, plutôt que par des résistances électriques ;

– la chaleur dégagée par le condensateur peut servir à chauffer l'eau de la maison.

Grâce à ces améliorations, les économies d'énergie pourraient passer de 86 à 95 % au moins, sans perte de confort, de fiabilité ni (probablement) d'argent. La révolution des super-réfrigérateurs vient seulement de commencer.

1.11 L'éclairage

Un cinquième de l'électricité consommée aux Etats-Unis est consacrée à l'éclairage, et même un quart si l'on rajoute l'énergie nécessaire à évacuer la chaleur produite par les lampes. Cela représente la production de cent vingt centrales électriques géantes. Dans des pays comme la Russie ou la Chine, environ quinze centrales de 1 000 MW sont entièrement consacrées à faire fonctionner des lampes inefficaces.

Les lampes à incandescence

Aux Etats-Unis, près de la moitié de l'énergie électrique destinée à l'éclairage, et bien plus dans les pays en développement et dans les anciens pays socialistes, est consommée par des ampoules à incandescence ordinaires (ou ampoules à filament), qui ont fait peu de progrès depuis les années 30. Ces ampoules sont des résistances électriques qui ne dégagent que 10 % de l'énergie sous forme de lumière. Elles peuvent être pratiquement toutes remplacées par des ampoules fluocompactes – apparues aux Pays-Bas et en Allemagne, puis en 1981 en Amérique du Nord et au début des années 90 en France. Plus tard, on a commencé à les produire localement en Europe de l'Est et en Chine, et l'on en vend actuellement 200 millions par an dans le monde, avec une progression de 15 à 20 % par an. Les ampoules fluocompactes vendues en 1994 devraient économiser environ 25 milliards de francs d'électricité au cours de leur durée d'utilisation.

Le chiffre des ventes peut paraître faible lorsqu'on sait que 10 milliards d'ampoules à incandescence sont vendues chaque année dans le monde. Mais les ampoules fluocompactes durent environ dix fois plus longtemps : les 200 millions d'unités vendues chaque année équivalent à 2 milliards d'ampoules à incandescence, soit un cinquième du marché mondial de l'éclairage. Cette différence de durée de vie signifie que, lorsque la moitié des lampes de la planète seront équipées d'ampoules fluocompactes, celles-ci ne représenteront pas plus de 5 % des ventes d'ampoules. Dans le cas des entreprises, où l'on prend en compte les frais de remplacement des ampoules et le travail d'installation (généralement au plafond), cette durée de vie plus longue rembourse largement les ampoules. Les économies ainsi réalisées sont plus que gratuites. Même en ne comptant que le prix de remplacement, sans le travail, les ampoules fluocompactes remboursent plusieurs fois leur prix au cours de leur durée d'utilisation.

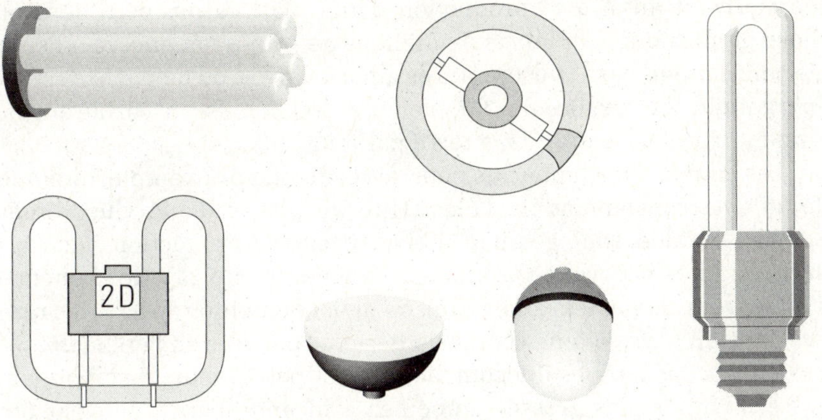

Figure 4. Les ampoules fluocompactes peuvent adopter des formes très variées.

Cet exemple montre également comment prévenir la pollution non en dépensant, mais en gagnant de l'argent, lorsqu'il est moins cher d'économiser l'énergie que de la produire. Une ampoule fluocompacte de 18 W remplaçant une ampoule à incandescence de 75 W peut économiser au cours de sa vie (Lovins, 1990) :

– 1 tonne de dioxyde de carbone (CO_2), 4 kg d'oxyde de soufre et 1 kg d'oxyde d'azote, entre autres émissions d'une centrale à charbon ;

– ou bien 0,5 curie de strontium 90 et de césium 137 (entre autres déchets fortement radioactifs), ainsi que 0,4 tonne équivalent TNT de plutonium ;

– ou encore 200 litres de pétrole dans une centrale au fioul – de quoi permettre à une famille de faire 1 600 km en voiture, ou à une hypervoiture de traverser de une à cinq fois les Etats-Unis.

En d'autres termes, le combustible économisé en remplaçant huit ampoules à incandescence fonctionnant en permanence par huit ampoules fluocompactes, permettrait de satisfaire les besoins en carburant d'une voiture américaine moyenne. Une usine dont la construction a coûté 38 millions de francs produit jusqu'à 5 000 ampoules fluocompactes par jour. L'électricité économisée par les ampoules produites par cette seule usine permettrait d'éviter la construction de centrales électriques coûtant au moins quarante fois plus cher (des centaines de fois plus cher dans un pays comme l'Inde). L'énergie économisée équivaut aussi à la production d'une plate-forme pétrolière offshore de plusieurs centaines de millions de francs, ou encore à l'énergie consommée par 188 000 voitures américaines[9], ou bien à la dépense énergétique de six Bœing 757 pleins et économes en carburant qui feraient trois fois le tour de la terre par jour.

Les lampes fluocompactes pourraient aussi, par exemple, diminuer de 30 % la consommation d'électricité de pointe d'une ville comme Bombay, en Inde, soulageant la faible capacité de production électrique du pays. Elles pourraient également augmenter de 25 % les bénéfices d'un éleveur de poulets américain, ou bien augmenter de 20 % les revenus dans un pays comme Haïti, l'un des plus pauvres de la planète.

Utiliser les lampes fluocompactes n'est pas la seule façon de faire des économies. Les grosses ampoules à incandescence peuvent être remplacées par des ampoules à halogénure de métal ou à sodium à haute pression, dont certaines produisent une lumière blanche pure presque identique à la lumière du jour. Là où un faisceau lumineux intense est nécessaire, comme dans les vitrines des magasins, on peut utiliser des lampes conçues de manière à réfléchir la lumière à partir d'une lampe basse tension – associée à des films minces, semblables à ceux des superfenêtres, qui réfléchissent la chaleur sur le filament, réduisant ainsi la quantité d'énergie nécessaire pour le chauffer à blanc. Avec 60 W, on peut ainsi produire autant de lumière qu'avec 150.

Les tubes au néon

Aux Etats-Unis, la moitié de l'énergie d'éclairage, soit environ 1 800 F par habitant et par an – cette proportion est encore plus grande dans d'autres pays occidentaux – est consommée par des tubes fluorescents au néon et par les « ballasts » qui les régulent. Mais environ 80 à 90 % de l'énergie sont gaspillés, pour produire une lumière désagréable. Les améliorations principales sont les suivantes :

• Laisser passer une plus grande quantité de lumière à travers le cache. Certains matériaux brillants, de forme spéciale, inclus dans le cache, peuvent doubler le rendement de la lampe dans la plupart des cas, tout en contrôlant la diffusion de la lumière (quantité et direction) afin d'améliorer la visibilité et de réduire l'éblouissement.

9. En moyenne moins économiques que les voitures européennes (NDT).

• Concevoir ou modifier la monture afin que les ballasts et le néon soient à la bonne température ; en général, celle-ci est trop élevée : le tube gaspille plus d'énergie et dure moins longtemps.

• Utiliser des tubes qui émettent seulement les longueurs d'ondes (couleurs) qui correspondent aux récepteurs rouges, verts et bleus de la rétine. Les couleurs sont ainsi plus précises et plus jolies, ce qui permet à l'œil de voir mieux avec moins de lumière.

• Utiliser des tubes plus minces qui émettent jusqu'à 25 % de lumière en plus à consommation identique ; en outre, il est alors plus facile de concevoir des dispositifs permettant d'orienter la lumière.

• Faire fonctionner les lampes à haute fréquence, ce qui supprime les tremblements et les bourdonnements qui fatiguent de nombreuses personnes et leur donnent des maux de tête. Les ballasts électroniques fonctionnant à haute fréquence économisent directement 25 % de l'énergie.

• Utiliser des contrôles électroniques qui règlent les lampes en fonction de la lumière du jour, qui les éteignent si elle est suffisante ou si personne n'est dans la pièce, qui règlent l'intensité de l'éclairage en fonction de la partie de la pièce et des besoins des utilisateurs, ou qui compensent le vieillissement de la lampe et les dépôts de poussière (ainsi, il n'est pas nécessaire d'avoir trop de lumière quand la lampe est jeune et propre afin d'être sûr d'en avoir assez lorsqu'elle sera vieille et sale).

• Nettoyer régulièrement le tube et le cache, et remplacer régulièrement les tubes avant qu'ils n'éclairent plus assez.

Comment utiliser efficacement l'éclairage

Ensemble, les mesures décrites plus haut multiplieront au moins par quatre le rendement des néons traditionnels et se rentabiliseront en quelques années. Mais d'autres économies encore plus grandes et moins chères sont souvent possibles en améliorant l'utilisation de la lumière.

• Faciliter le travail de l'œil en faisant réviser votre photocopieur.

• Disposer les lampes afin d'éviter que les pages réfléchissent la lumière dans vos yeux. En effet, ce qui vous permet de voir n'est pas la lumière, mais le contraste, par exemple entre l'encre et le papier ; tout reflet indésirable élimine le contraste. Dans un bureau classique, il est dix fois plus important de supprimer les reflets que d'augmenter l'éclairage.

• Penser à réfléchir la lumière sur le plafond ou les murs, afin qu'elle arrive de tous côtés, éliminant virtuellement les reflets. Avec un éclairage indirect, vous verrez mieux avec cinq fois moins de lumière.

• N'utiliser que la quantité de lumière nécessaire à la tâche que l'on effectue – et pas trop, comme c'est généralement le cas. La luminosité appropriée dépend des yeux et de l'âge des individus, du moment de la journée, de la difficulté et de l'importance de la tâche et d'autres facteurs. Chacun doit pouvoir ajuster la luminosité à ses besoins réels.

• Au lieu d'éclairer tout l'espace, préférer les éclairages « d'ambiance » et n'allumer les lampes de travail qu'en cas de besoin, et seulement là où c'est nécessaire. Par exemple, une lampe de travail peut vous permettre de lire des documents à côté d'un ordinateur sans éclairer excessivement l'écran, ce qui le rendrait illisible, et sans que la différence de luminosité entre le papier et l'écran ne fatigue vos yeux lorsqu'ils vont et viennent de l'un à l'autre.

• Choisir des revêtements et des meubles clairs afin d'améliorer la réflexion de la lumière dans la pièce.

• Réfléchir la lumière du jour à l'intérieur du bâtiment, par des méthodes variées : stores vénitiens argentés sur la face supérieure, ou dispositifs spéciaux qui peuvent diriger la lumière sur les côtés aussi loin qu'on le désire, jusqu'à des dizaines de mètres ; répartir la lumière de façon homogène en évitant les reflets. Des cloisons dont la partie supérieure est en verre peuvent permettre d'isoler des bureaux voisins tout en diffusant mieux la lumière.

• Dans certains cas difficiles, concentrer la lumière du jour audehors, par exemple sur le toit, et la réfléchir à l'intérieur du bâtiment par un atrium ou un puits de lumière, des fibres optiques ou autres techniques modernes. Les architectes japonais parviennent ainsi à distribuer la lumière du jour plusieurs étages sous terre.

1.12 Equipements de bureau

Dans la plupart des pays industrialisés, la principale source d'augmentation de la consommation électrique, dans le secteur ayant la croissance la plus rapide – les immeubles commerciaux –, est représentée par les équipements de bureau. C'est une conséquence naturelle de la croissance de l'information et de la communication. Cela dit, une part importante des équipements de bureau ne se trouve pas dans les entreprises et les administrations, mais dans les commerces, les hôpitaux, les écoles, et partout où les gens ont besoin d'informations.

Les ordinateurs

Allumés, un ordinateur de bureau et un écran inefficaces consomment environ 150 W d'électricité, qu'on les utilise ou non. En moyenne, la moitié de l'électricité est consommée par l'écran couleur, très semblable à un téléviseur. Or, une comparaison minutieuse des postes de télévision nous apprend que les modèles les plus performants consomment quatre fois moins, au minimum, à caractéristiques et prix égaux. Est-ce également le cas avec les ordinateurs ?

Sans aucun doute, et pour la même raison : la conception. Certains types de processeurs et de systèmes d'alimentation consomment beaucoup plus d'énergie que les autres. Des disques durs vieux de cinq ans peuvent consommer facilement cinq à dix fois plus d'énergie que des modèles modernes, plus rapides et moins chers. Les ordinateurs portables, conçus pour faire durer l'énergie fournie par des batteries de faible poids, ne consomment que quelques watts, pour une puissance égale à celle d'un ordinateur de bureau. Par exemple, ces lignes sont écrites sur un portable qui ne consomme que 1,5 W, soit 1 % de la consommation d'une machine de bureau inefficace, non portable et pas plus puissante. Il fonctionne pendant six à neuf heures avec 150 grammes de batteries nickel métal-hydrure ou 100 grammes de batteries au lithium. Certains modèles hyperperformants fonctionnent pendant un mois sur deux petites piles alcalines !

La différence est due en partie à la façon dont l'énergie est utilisée. Des chercheurs canadiens se sont rendu compte que les ordinateurs sont inutilisés pendant 90 % du temps où ils sont allumés. Certains dispositifs ou logiciels permettent de mettre l'ordinateur en veille, jusqu'à ce que la pression d'une touche ou de la souris le « réveille ». Les portables intègrent cette notion de modulation de puissance, éteignant les composants qui ne sont pas immédiatement nécessaires. Certains modèles ralentissent, voire suspendent l'activité du processeur principal lorsque celui-ci n'est pas utilisé – même pour un instant aussi bref que celui qui sépare la frappe de deux touches.

Des composants plus efficaces et la meilleure gestion de l'énergie ne rendent pas un portable plus cher, à l'exception de l'écran plat. Certains portables coûtent maintenant le même prix que les ordinateurs de bureau équivalents, voire moins car ils économisent les matériaux. La plupart des fabricants proposent les deux types d'ordinateurs et, pour simplifier leur production, utilisent de plus en plus souvent les mêmes

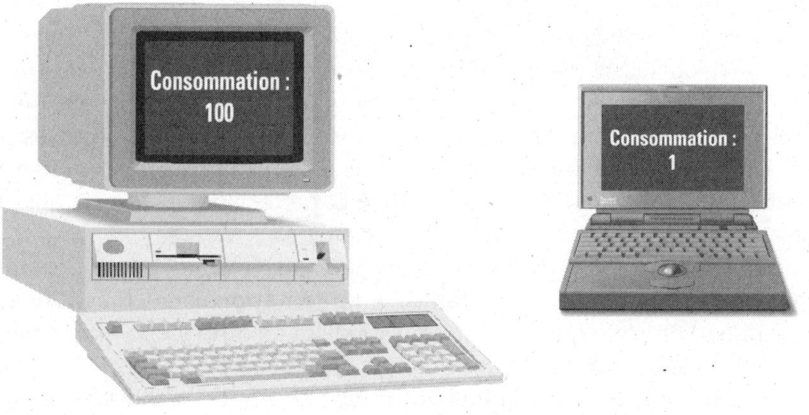

Figure 5. A capacités similaires, un ordinateur portable peut consommer 99 % d'électricité en moins qu'un ordinateur de bureau classique.

composants et les mêmes systèmes dans les deux cas. Tout ce qui diffère réellement est le boîtier, l'espace disponible pour ajouter des extensions et l'écran. Outre leur souplesse, les portables ont un avantage économique : fonctionnant avec des batteries rechargeables, ils ne nécessitent pas d'alimentation continue ni de câblage électrique spécifique afin de fournir le courant à chaque poste de travail – investissement qui représente en général plusieurs centaines de francs par poste.

Vers une conception commune aux deux types d'ordinateurs

Cette idée est apparue évidente il y a quelques années, lorsqu'un des plus grands fabricants décida de fabriquer un ordinateur de bureau possédant les mêmes caractéristiques qu'un portable – boîtier très compact, écran couleur plat, nombreuses fentes pour insérer des accessoires de la taille d'une carte bancaire – pour une efficacité énergétique comparable. Le premier travail fut d'améliorer l'alimentation énergétique. Presque tous les systèmes sont fabriqués par des entreprises asiatiques et sont mal conçus : leur rendement est souvent inférieur à 50 ou 60 % à pleine puissance, et bien pire à faible puissance. Or, ils fonctionnent à faible puissance la plupart du temps, car l'utilisateur n'a pas installé tous les accessoires gourmands qu'ils sont capables de faire fonctionner.

Il apparut donc que, pour un léger surcoût, on pouvait parvenir à un rendement énergétique de 95 % environ, quelle que soit la puissance effectivement utilisée, avec une plus grande puissance totale. Les chipoteurs objectèrent le prix plus élevé. Mais les ingénieurs s'aperçurent qu'ils pouvaient économiser d'argent en supprimant le ventilateur : l'alimentation et les processeurs étaient devenus si efficaces qu'ils s'échauffaient moins et pouvaient être refroidis par convection naturelle. De plus, le système d'alimentation était si miniaturisé, à une taille inégalée jusque-là, que le boîtier pouvait être réduit d'autant, économisant les matériaux. Pour les distributeurs, ce nouveau modèle était une aubaine : ils pouvaient le commercialiser comme le premier ordinateur de bureau silencieux [10], grâce à l'absence de ventilateur ; le premier à prendre si peu de place ; le plus fiable, car, sans ventilateur, aucun courant d'air ne dépose de poussière sur les processeurs, évitant ainsi la surchauffe ; le premier, enfin, à offrir aux utilisateurs la possibilité de l'enfermer dans un tiroir par souci de sécurité.

Des images économes en énergie

Les ordinateurs ne sont pas les seuls appareils de bureau capables d'économiser presque toute leur énergie sans surcoût, voire pour un coût inférieur. Les imprimantes, les photocopieurs, les télécopieurs et autres machines à images consomment en moyenne plus d'électricité que les ordinateurs et leurs écrans. Dans un bureau moderne, la plupart des images sont créées grâce à des machines qui utilisent un laser pour former l'image sur un tambour photosensible, puis, grâce à un procédé xérographique classique (comme celui des photocopieurs), fixent une poudre (toner) sur le papier au moyen d'un tambour chaud. Le chauffage du tambour nécessite plusieurs milliers de watts, contribuant à réchauffer le bureau même si cela n'est pas utile. Les imprimantes laser utilisent également un système électro-optique très précis, incluant souvent des dispositifs complexes.

Mais les imprimantes à jet d'encre modernes ne nécessitent pas de tambour chaud. Elles se servent de microcourants électriques qui cir-

10. Enfin, presque silencieux : pour la première fois, on peut entendre le grincement du disque dur en train de tourner. Mais ce bruit, jusqu'ici masqué par le bruit bien plus fort du ventilateur, peut être à son tour supprimé avec les processeurs et haut-parleurs existants grâce à un « antibruit », sans surcoût. Les réfrigérateurs japonais proposent déjà ce dispositif pour un coût de quelques francs seulement.

culent dans une tête d'impression de la taille d'une noix, portant à l'ébullition et projetant de minuscules gouttelettes d'encre à séchage rapide sur le papier. L'élément sophistiqué est la tête d'impression ; le mécanisme d'impression lui-même est très simple et très peu coûteux : il se contente de faire passer le papier dans l'imprimante. La tête elle-même ne coûte pas très cher, car on la produit en série comme les processeurs et elle est souvent rechargeable. Les imprimantes et les télécopieurs à jet d'encre consomment 1 à 2 % de l'électricité nécessaire à leurs équivalents laser, pour une qualité d'image équivalente et une vitesse comparable pour un même type de travail. Ils sont également plus petits, plus fiables et environ deux fois moins chers.

Considérons le cas des photocopieurs – les plus gros consommateurs d'énergie dans un bureau classique. Il y a quelques années, au RMI, nous avons pu économiser un tiers de l'énergie sur un appareil standard, simplement en le choisissant avec soin. Il était également 15 % moins cher. Plus récemment, nous avons économisé plus de la moitié de l'énergie restante, pour un investissement moindre et une fiabilité plus grande, grâce à un nouveau modèle qui, pour fixer le toner sur le papier, emploie une courroie de caoutchouc au lieu d'un tambour métallique. Au lieu de rester chaude tout le temps, la courroie ne commence à s'échauffer que lorsque le papier arrive. Nous voulions également un appareil plus petit, utilisable à tout instant, sans attendre qu'il chauffe. Nous avons donc fait l'acquisition d'un photocopieur d'occasion, qui presse un toner cireux sur le papier à l'aide d'un rouleau froid ne nécessitant aucune chaleur. Cela nous a permis de réduire la consommation et l'investissement de 90 % ; en outre, ce vieux modèle est plus fiable que les modèles « chauds ».

Ce n'est qu'un début. Bientôt, des toners d'un type nouveau seront fixés par des flashes de lumière ultraviolette, évitant la fixation par la chaleur. Récemment, de nombreux fabricants ont lancé des machines capables d'imprimer de nombreuses copies d'un même document par des procédés non xérographiques – un peu comme les vieilles machines à duplicopier, mais plus attrayantes et entièrement numériques. Ces duplicopieurs ne consomment que 1 % de l'énergie d'un photocopieur.

Rapidement, on commence à ajouter des systèmes de modulation de puissance aux appareils d'impression et de duplication. Presque tous les ordinateurs et imprimantes laser fabriqués aujourd'hui aux Etats-Unis répondent à la norme conseillée de l'Agence américaine de protection de l'environnement (EPA), exigeant que les appareils soient équipés d'un mode «veille» permettant d'économiser l'énergie. Maintenant que la plupart des fabricants se soumettent à cette norme, l'étape suivante consiste à ajuster ces normes aux technologies nouvelles, bien plus performantes. Certains efforts volontaires vont dans ce sens, comme ces ordinateurs qui «se réveillent» en cas d'appel par modem, ce qui évite de les laisser allumés toute la nuit.

Les avantages s'accumulent

Quel est le montant total de toutes ces économies? Adapter des systèmes de modulation de puissance sur des équipements existants et entraîner les utilisateurs à éteindre toute machine qu'ils n'utilisent pas pendant quelque temps peut permettre d'économiser au moins les deux tiers de l'énergie. Acheter les équipements les plus efficaces économiset jusqu'à 96 % de l'énergie, pour un résultat aussi bon, voire meilleur, et un prix identique, voire inférieur. Rien qu'aux Etats-Unis, cela peut permettre d'économiser l'équivalent de dizaines de centrales électriques géantes au cours des prochaines décennies.

Des équipements de bureau plus efficaces, multipliés par des millions d'unités en service, peuvent également économiser des coûts de construction importants aux promoteurs immobiliers, car ce sont autant de frais de raccordement, de climatisation et de ventilation évités. Dans un grand immeuble d'affaires, de tels équipement peuvent économiser 6 à 8 % du coût total de construction – de quoi justifier l'achat d'équipements entièrement neufs, même si le remplacement des anciens n'était pas prévu avant quelques années. Comme l'éclairage, les appareils efficaces permettent d'éviter les frais induits par l'augmentation constante du raccordement et de la climatisation dans les immeubles anciens, non conçus pour ces équipements modernes. Tout compris, un seul ordinateur de bureau performant peu économiser à la société plusieurs milliers de francs – presque autant que le prix de l'ordinateur lui-même (Lovins, 1993)!

1.13 Des panneaux solaires produisant un courant continu de 48 V: Edison revisité

Thomas Edison (1847-1931) fut le plus grand inventeur de son temps. Nous lui devons l'ampoule à incandescence, le micro, une version grandement améliorée du téléphone, une version précoce du gramophone et la première caméra. Ce fut lui qui relia une machine à vapeur à de grands générateurs d'électricité, base de la première centrale électrique publique des Etats-Unis, fondée en 1882 à New York par Edison lui-même.

Après l'invention de la centrale électrique, Edison fit face à un dilemme majeur : le remplacement progressif du courant continu, peu dangereux, efficace et à faible voltage, par le courant alternatif, souvent moins efficace, mortel à 220 V et encore dangereux à 110 V ; à cette époque, Edison ignorait encore tout des ondes électromagnétiques produites par le courant alternatif. La victoire du courant alternatif est due à la volonté de réduire les pertes d'énergie en cours de transport dans les lignes électriques. En effet, le transport efficace de l'énergie sur de grandes distances dans des câbles de diamètre limité nécessite des hautes tensions de plusieurs dizaines de milliers de volts. En bout de ligne, la haute tension doit être transformée en basse tension (110 ou 220 V), opération impossible avec le courant continu.

Mais le courant alternatif est moins économique dans beaucoup d'appareils, pour deux raisons. D'abord, l'inversion de la magnétisation dans les moteurs électriques cent fois par seconde – beaucoup plus que dans un moteur à courant continu – échauffe énormément les parties métalliques. Ensuite, la transformation du courant alternatif en courant continu gaspille beaucoup d'énergie ; pour vous en assurer, essayez seulement de toucher les transformateurs externes bouillants de n'importe quel appareil ménager.

Une pompe à eau de 20 W en courant alternatif peut être remplacée par une pompe de 8 W en courant continu, avec une performance égale et en divisant par deux et demi la consommation d'électricité. Dans le cas des ordinateurs, des magnétoscopes et des ventilateurs, les économies potentielles sont encore plus impressionnantes, avec un rendement énergétique multipliée par six ou dix. Dans le cas des réfrigérateurs et des téléviseurs, l'augmentation d'efficacité est de l'ordre de 60 %, sans les améliorations décrites dans l'exemple 1.9.

Friedrich Lapp, Günter Scharf et Gerd Ermann de l'école professionnelle n°1 de Nuremberg décidèrent qu'il était temps de mettre à profit les avantages du courant continu et de bénéficier de la science du grand Edison, bien que celui-ci eût été incapable d'imaginer leur motivation : ils étaient passionnés par les cellules photovoltaïques qui composent les panneaux solaires. Mais ces cellules sont chères. Pour produire l'électricité d'une famille de quatre personnes avec des cellules photovoltaïques inefficaces en 220 V courant alternatif, il faut au moins 30 m² de panneaux solaires, pour un total de 250 000 F. Avec le courant continu, 8 m² seulement suffisent (prix : 75 000 F), associés à un système solaire passif pour chauffer l'eau.

L'équipe de Nuremberg franchit un pas supplémentaire et rechercha le voltage optimal. A 12 V (soit la tension d'une batterie de voiture), il faudrait un fil de cuivre de 24 mm² pour satisfaire les besoins d'un foyer moyen. Mais un câble aussi gros est cher et a un coût écologique élevé. A 24 V, la section nécessaire n'est plus que de 6 mm², à 48 V de 1,5 mm².

Les chercheurs de Nuremberg semblent donc avoir découvert une stratégie prometteuse pour les panneaux solaires et pour exploiter l'efficacité énergétique du courant continu à faible tension, avec la sécurité qui en résulte pour les jeunes enfants. En termes de réduction des émissions de CO_2, leur idée pourrait aller au-delà du Facteur Quatre. Mais le problème est que personne ne produit d'appareils fonctionnant à 48 V – seulement 12 ou 224 V pour les bateaux, les caravanes, etc. Selon les fabricants, il n'y aurait pas de demande, ce qui n'a rien de surprenant dans des pays où le courant alternatif (110 ou 220 V) est accessible dans toutes les pièces, et où la faible production d'électricité solaire en hiver nécessite une électricité d'appoint fournie par le réseau.

Ce renouveau de la science d'Edison pourrait donc trouver un terrain favorable dans des pays où le réseau est peu développé, mais où l'ensoleillement est suffisant toute l'année, ou encore dans des pays où existent de petites centrales éoliennes ou hydroélectriques. Dans ces pays, l'utilisation du courant continu, plus efficace, semble plus rationnelle que la construction d'infrastructures nationales fonctionnant au courant alternatif.

Mais soyons honnêtes. Si nous, Occidentaux, étions pauvres, et si les riches de ce monde nous montraient en exemple leur mode de vie basé sur de grosses centrales électriques et nous proposaient d'installer les mêmes systèmes chez nous, nul doute que nous succomberions et les imiterions, avec tous les gaspillages que cela implique.

Il y a une chance pour que la « diplomatie climatique » ouvre la voie à la raison écologique et économique avant qu'il ne soit trop tard. En revanche, espérons qu'aucune découverte nouvelle sur les effets des rayonnements électromagnétiques ne nous force à revenir au courant continu avec une précipitation horriblement coûteuse.

1.14 Energies renouvelables en climat froid

Dans leur étude de 1993, Niels Meyer et ses collègues estiment que les pays scandinaves devront réduire de 95 % leurs émissions de CO_2 pour contribuer à la stabilisation du climat de la terre. Selon eux, un développement énergétique durable (ou soutenable) devrait comprendre quatre stratégies :

– des technologies meilleures, ce qui implique la révolution de l'efficacité ;

– des sources d'énergie respectueuses de l'environnement, c'est-à-dire renouvelables ;

– des changements structurels, en particulier dans les transports ;

– une croissance réduite de la fourniture d'énergie.

Ces auteurs partagent à peu de choses près notre analyse sur le potentiel de la révolution de l'efficacité. Ils proposent une diminution de la consommation d'énergie primaire de 79 % pour le Danemark (soit plus qu'un facteur quatre), de 59 % pour la Norvège et 54 % pour la Suède, soit 66 % pour l'ensemble de ces trois pays. Le tableau 1 montre les résultats du scénario envisagé pour la Norvège.

Tableau 1. Consommation d'énergie primaire (en TWh par an) en Norvège en 1987, et prévisions pour 2030 calculées à partir d'un scénario d'efficacité énergétique (d'après Meyer et al., *1993, p. 134).*

Source d'énergie	1987	2030	2030 en % de 1987
Biomasse	11	9	82
Hydroélectricité	104	112	108
Vent	0	12	infini
Marée	0	10	infini
Solaire direct	0	0	-
Gaz naturel	0	3	infini
Pétrole	26	0	0
Essence	22	0,3	1
Gazole	32	1,2	4
Charbon	0	0	-
Electricité importée	3	0	0
Electricité exportée	3	68	2.267
Consommation totale	195	80	41

Ce scénario est remarquable à divers points de vue :

– l'énergie solaire directe (photovoltaïque ou passive) n'est pas prise en compte, parce que, en Norvège, la quasi-totalité du chauffage et de l'eau chaude, tant dans les foyers que dans les services, est assurée par l'électricité, disponible à très faible coût. Dans presque tous les autres pays, l'énergie solaire serait une quantité non négligeable ;

– il n'est pas prévu de diviser par quatre la consommation totale d'énergie, contrairement au Danemark. La raison en est que la Norvège a un potentiel hydroélectrique exceptionnel et peut donc conserver son statut de lieu d'accueil pour des industries très gourmandes en énergie, comme les fonderies d'aluminium. Cela n'empêcherait pas la Norvège d'exporter 60 % de son hydroélectricité ;

– le scénario suppose que la plus grande partie des voitures particulières scandinaves seront des voitures très efficaces, électriques, hybrides ou à piles à combustible ;

– enfin, le scénario suppose que le niveau de services électriques n'augmentera pas en Scandinavie d'ici l'an 2030. Cette hypothèse résulte du postulat selon lequel on atteindra en 2030 un niveau soutenable de consommation d'énergie par habitant. Dans la réalité, il sera extrêmement difficile de réaliser cette ambition.

Bien que la réduction totale de la consommation d'énergie soit inférieure à un facteur quatre dans ce scénario, nous pensons qu'il a sa place dans ce livre pour les raisons suivantes :

– Les énergies renouvelables sont, en un certain sens, équivalentes à des gains de productivité. Si l'on considère le critère « carbone », l'amélioration représente environ un facteur trente.

– Cette étude est peut-être le seul scénario précisément calculé pour l'ensemble des secteurs de l'économie moderne, non seulement pour un pays, mais pour plusieurs pays aux caractéristiques géographiques et démographiques différentes (le Danemark n'a pas de ressources hydroélectriques et sa densité de population est supérieure).

– Si la Scandinavie parvenait, dans les conditions préconisées par le scénario, à exporter environ 30 % de sa production d'énergie, cela aiderait les pays importateurs à atteindre un niveau soutenable d'émissions de CO_2.

– « Facteur Quatre » n'est pas le but explicite de l'étude scandinave. Comme l'exemple danois semble l'indiquer, il aurait été possible d'atteindre cet objectif dans chacun des trois pays.

Bien que cette étude soit très encourageante, elle n'est pas directement transposable aux autres pays. La Scandinavie a une position particulière en raison de son fort potentiel hydroélectrique et de sa faible densité de population. D'une manière générale, les énergies renouvelables ne peuvent pas être considérées comme une panacée.

1.15 Bœuf à faible coût énergétique

L'agriculture est la source d'énergie des êtres humains. Dans les sociétés traditionnelles, environ 80 % des flux d'énergie induits par les humains étaient représentés par les calories contenues dans les aliments. Même si les paysans et les animaux apportaient un peu d'énergie mécanique, le rapport consommation/production d'énergie était de 1/100 environ. Tout a changé avec l'avènement de l'agriculture mécanisée du XXe siècle. Celle-ci est devenue une consommatrice nette d'énergie de plus en plus gourmande. Dans la production moderne de riz et de blé, le rapport s'établit entre 0,1 et 0,4 (1 calorie consommée pour 10 ou 2,5 calories produites, respectivement). Pour les fruits et légumes, le rapport varie de 0,5 à 10 (c'est-à-dire que dans le second cas l'agriculture consomme 10 calories pour en produire une !). Le rapport atteint même 500 pour les légumes produits sous serre en hiver.

Le rapport consommation/production d'énergie est meilleur pour les produits végétaux que pour les produits animaux. Il varie de 0,8 à 8 pour les œufs, de 0,5 à 10 pour le lait, et de 0,5 (poulets en parcours libre) à 35 (production industrielle de bœuf avec des aliments importés) pour la viande. Même la pêche est une consommatrice nette d'énergie, résultat d'autant plus surprenant que les humains n'ont aucun effort à fournir pour s'occuper des poissons. Le rapport varie de 1 (pêche côtière extensive) à 250 (pêche industrielle au large). Tous ces chiffres sont basés sur l'étude maintenant classique d'Immo Lünzer (1979).

Pour augmenter le rendement énergétique de l'agriculture, la tête de pont stratégique est le bœuf. Il s'agit en effet d'un produit de masse qui joue un rôle central dans l'agriculture moderne. La réponse la plus simple est de cesser de subventionner la surproduction européenne de bœuf afin de la réduire. En effet, ce n'est que grâce à des subventions massives, y compris à l'exportation, que les éleveurs européens et nord-américains peuvent élever des bœufs qui se nourrissent principalement de maïs et de soja importés, de farines de poisson et de car-

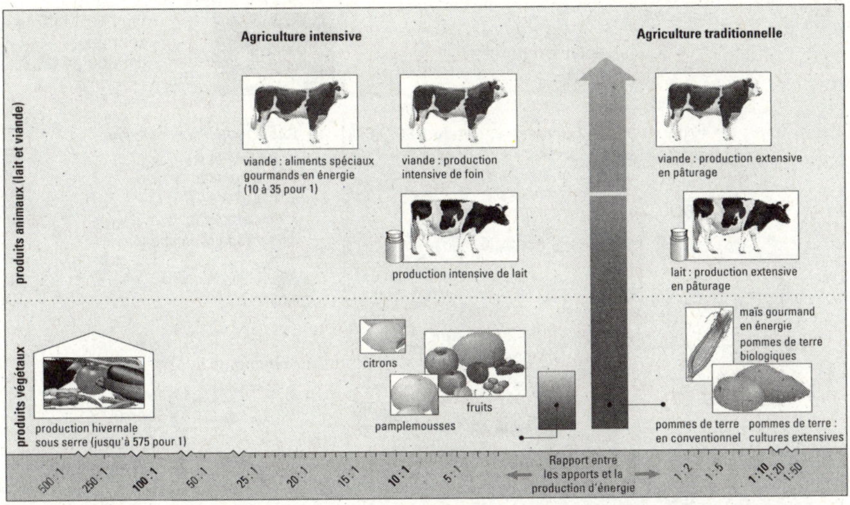

Figure 6. L'agriculture est devenue un consommateur net d'énergie. L'agriculture traditionnelle (à droite) avait un bilan énergétique positif. En Europe, la production intensive de bœuf consomme jusqu'à 35 calories par calorie produite (à gauche) (d'après Lünzer, 1979).

casses et autres aliments plutôt contre nature. La réduction des subventions à l'exportation économiserait l'argent des contribuables et réduirait radicalement la consommation énergétique des exploitations. Les agriculteurs seraient ainsi incités à retrouver des méthodes plus écologiques et à produire environ 50 % de bœuf en moins. Les consommateurs paieraient leur bœuf plus cher, mais achèteraient des quantités plus faibles de viande plus savoureuse et plus saine.

Le *Global 2000 Report* (Barney, 1980) contient un schéma représentant le flux d'énergie pour la production américaine de nourriture. Pour produire environ 3,6 GJ d'énergie dans les aliments humains (par personne), il a fallu dépenser 35 GJ d'énergie (électricité, gazole, production d'engrais et insecticides, etc.), sans compter les 80 GJ de « don solaire » absorbés par les plantes (figure 7). Il est plus que probable que l'on puisse diviser par quatre la « demande » énergétique de l'agriculture et de l'industrie agroalimentaire sans sacrifier notre bien-être.

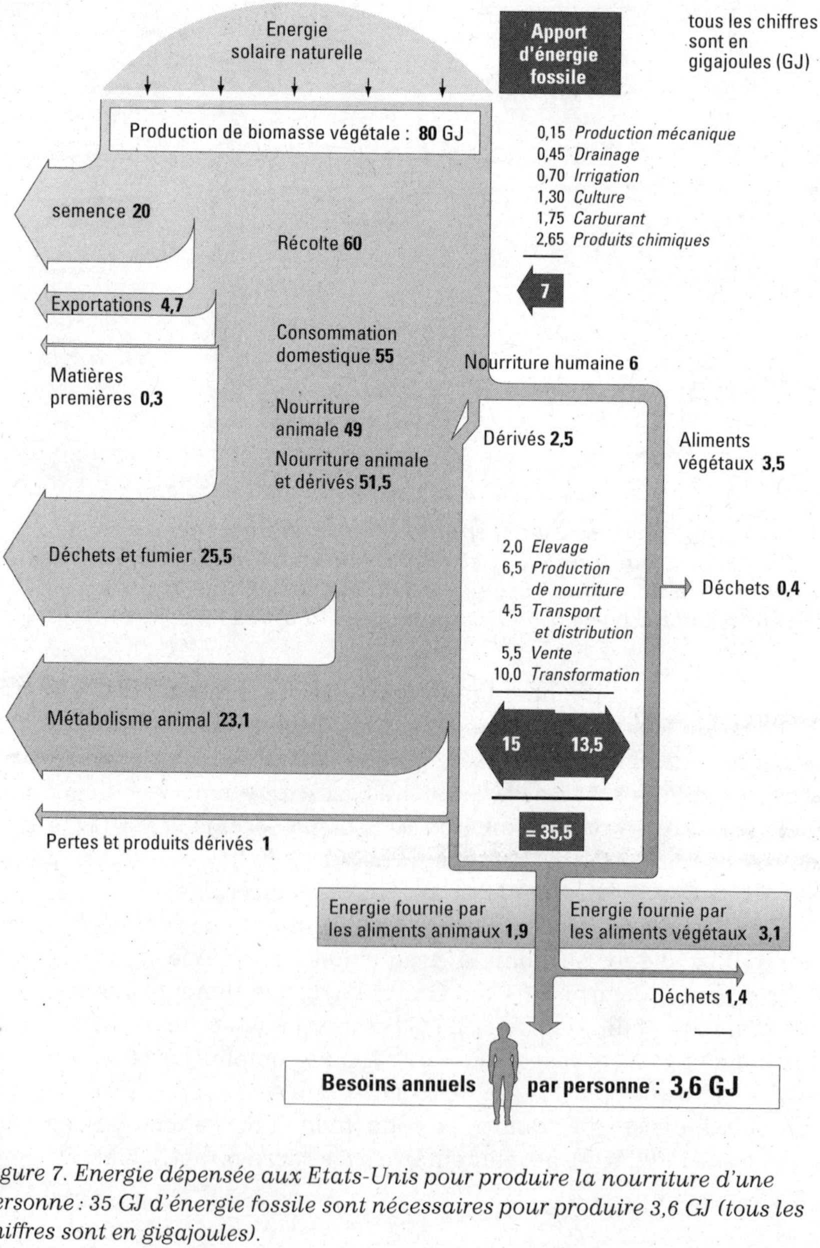

Figure 7. Energie dépensée aux Etats-Unis pour produire la nourriture d'une personne : 35 GJ d'énergie fossile sont nécessaires pour produire 3,6 GJ (tous les chiffres sont en gigajoules).

1.16 Produire des tomates « vertes »

Les Pays-Bas sont devenus l'un des premiers pays exportateurs de tomates du monde. Curieux pour un climat plutôt froid.... La tomate fut introduite en Europe depuis l'Amérique du Sud au début du XVIe siècle, dans un but ornemental. Ce n'est qu'au XXe siècle qu'elle devint un produit alimentaire de masse en Europe du Nord.

Le production en masse aux Pays-Bas a suivi la découverte d'importantes réserves de gaz souterraines et sous-marines. On construisit d'immenses serres chauffées au gaz naturel, autorisant la culture des tomates ainsi que celle de fleurs et autres plantes tout au long de l'année. En 1991, la production de tomates s'éleva à 650 000 tonnes pour une valeur de 3 milliards de francs environ, grâce à 1 600 ha de serres.

Ces quantités gigantesques exigèrent la mise en place d'un réseau de commercialisation spécialisé. Environ 15 % des tomates sont vendues sur le marché hollandais, le reste étant exporté, y compris en Hongrie, pays dont le climat est pourtant plus propice à la culture des tomates. Mais les tomates hollandaises sont en général moins chères.

Selon les écologistes, la raison de ce succès commercial est le faible prix de l'énergie. En effet, seul un prix aussi bas permet de produire des tomates avec un rapport énergétique de 100. Le chauffage des serres absorbe 79 % de l'énergie, alors que la transformation, notamment la conserverie, en utilise 18 %.

Est-il possible de diminuer un tel gaspillage d'énergie ? Sans aucun doute, les serres pourraient être mieux isolées, même sans superfenêtres. Selon Wouter van Dieren et Geert Posma, il est possible d'atteindre l'objectif Facteur Quatre pour produire des tomates en Hollande avec les techniques actuelles. On pourrait obtenir des résultats encore meilleurs en cultivant les fruits dans des pays au climat adéquat, ce qui vaut aussi pour les bananes ou les mangues. Même en transportant les tomates par avion depuis la Sicile jusqu'aux Pays-Bas, on consommerait trois fois moins d'énergie que dans les serres hollandaises !

1.17 Ventilateurs, pompes et moteurs

Dans la zone industrielle de Singapour, un ingénieur chinois [11] conçoit les systèmes de climatisation les plus efficaces du monde. Le

11. Lee Eng Lock, directeur technique, Supersymmetry Services Pte Ltd, Block 73 Ayer Rajah Crescent n° 07/06-09, 0513 Singapour, tél. : 00 65 777 7755, fax : 00 65 779 7608.

climat de Singapour est difficile : 84 % d'humidité toute l'année, et des températures variant de chaud à brûlant. Là-bas, les ingénieurs en climatisation s'estimeraient heureux de ne pas dépasser une consommation de 1,5 kW par tonne de climatisation, et la plupart atteignent 2 ou plus. Pourtant, les systèmes de Lee Eng Lock ne consomment que 0,61 kW/t, soit 65 à 70 % de moins. Il ne s'agit pas d'une estimation mais de calculs minutieux effectués toutes les minutes, grâce à des capteurs réglés à la main qui envoient six signaux à un logiciel de contrôle.

Les systèmes de Lee Eng Lock procurent un meilleur confort et sont généralement mois chers à fabriquer, en raison notamment de leur taille réduite.

Le principe de Lee Eng Lock est d'une élégante sobriété. Energie, argent, temps, métal, toutes les ressources sont utilisées en justes quantités, à leur juste place et d'une façon judicieuse. Aucun effort, aucun mouvement ni aucun investissement n'est gaspillé. Les besoins réels sont calculés, et pas seulement estimés. L'énergie est utilisée et réutilisée jusqu'au dernier watt.

La plupart des ingénieurs penseraient certainement que les plus grandes économies d'énergie dans un climatiseur sont à réaliser dans le groupe réfrigérant qui produit l'eau froide, car il s'agit du plus gros consommateur d'énergie du système. De fait, Lee Eng Lock économise un tiers de cette énergie en utilisant des échangeurs de chaleur trois à dix fois plus gros (les échangeurs normaux sont bien trop petits), et en faisant tourner le groupe réfrigérant à la bonne vitesse. Mais cela ne représente qu'un cinquième de l'économie totale. Deux cinquièmes sont économisés dans les gros ventilateurs qui font circuler l'air frais, et deux autres dans les pompes et dans les ventilateurs de la colonne de refroidissement qui expulsent la chaleur à l'extérieur.

Les ventilateurs assurant la circulation de l'air frais ne consomment que 0,061 kW/t au lieu de 0,60, soit 90 % en moins. Ses pompes à eau réfrigérée consomment 0,018 kW/t au lieu de 0,16 (89 % de réduction). Les pompes qui renvoient l'eau vers le condenseur consomment 0,018 kW/t au lieu de 0,14 (87 % de réduction). Enfin, les colonnes d'évaporation expulsant l'air chaud consomment 0,012 kW/t au lieu de 0,10 (88 % de réduction). D'où proviennent ces réductions considérables, qui augmentent la performance des appareils ?

Du bon sens, d'une conception globale, d'un scepticisme salutaire vis-à-vis des pratiques classiques, et de l'application rigoureuse de certains principes physiques souvent ignorés dans la pratique. Et, par-dessus tout, de l'élimination impitoyable de tous les points de friction.

Les cinq « pourquoi ? »

Taiichi Ohno, connu pour avoir inventé, ou réinventé, la production en flux tendu chez Toyota, partageait l'obsession de Henry Ford pour l'élimination du gaspillage et, comme Frank Bunker Gilbreth, avait l'habitude de creuser les problèmes pour en découvrir les causes. T. Ohno écrit : «Sous la cause apparente d'un problème se trouve la cause réelle. Dans tous les cas, nous la découvrirons en nous demandant pourquoi, pourquoi, pourquoi, pourquoi, pourquoi ?» Joseph Romm cite l'exemple suivant : « Pourquoi la machine s'est-elle arrêtée ? Il y a eu une surcharge et les fusibles ont fondu. Pourquoi y a-t-il eu une surcharge ? Parce que les roulements à billes n'étaient pas suffisamment lubrifiés. Pourquoi étaient-ils insuffisamment lubrifiés ? La pompe à huile ne pompait pas assez. Pourquoi ne pompait-elle pas assez ? Parce que l'arbre de la pompe était usé et vibrait. Pourquoi l'arbre était-il usé ? Parce qu'il n'y avait pas de filtre et que des morceaux de métal avaient pénétré à l'intérieur. » (Romm, 1994, p. 28.)

Les ventilateurs et les pompes doivent brasser l'air et l'eau en luttant contre les frottements. D'où viennent ces derniers ? Sans répit, Lee Eng Lock recherche les causes de friction à l'aide des cinq « pourquoi ? ».

• Le tuyau de raccordement entre le condenseur et le reste de l'installation est trop long et possède trop de courbes. La raison en est que le technicien a d'abord installé l'appareil, puis l'a relié avec des tuyaux devant contourner toutes sortes d'obstacles pour se rendre de A en B. Mieux vaut installer d'abord les tuyaux, puis l'appareil.

• L'intérieur du tuyau est rugueux au lieu d'être lisse. Choisir un bon matériau avec de bonnes finitions permet de diviser les frottements par quarante ou plus.

• Le tuyau est trop petit. La facilité de l'écoulement d'eau dépend du diamètre. En augmentant le diamètre du tuyau de 10 % seulement, la friction diminue de 37 % ; avec un diamètre supérieur de 20 %, le gain est de 59 % ; il est de 86 % avec un diamètre supérieur de 50 %. Un gros tuyau supprime donc presque toute la friction. Cela coûte un peu plus cher, et le premier qui en eut l'idée ne compara ce surcoût qu'aux seules économies d'énergie. Mais il avait oublié que, grâce à un tuyau plus gros, les parties coûteuses de l'appareil peuvent être réduites de moitié, ce qui en diminue le prix. Un tel achat est plus rentable que celui d'un tuyau trop petit.

• Le tuyau comporte de très nombreuses vannes, car l'excès de friction diminue le flux d'eau dans certaines partie de la tuyauterie et en engorge d'autres. Les vannes ont donc pour but d'augmenter la friction afin de mieux répartir l'eau. Pourquoi ne pas utiliser des tuyaux suffisamment gros afin que l'eau circule de façon homogène - de même que, dans une maison, nous utilisons des fils électriques suffisamment gros pour conduire le courant partout de manière égale ?

• Les vannes induisent une friction excessive car elles ne sont pas adaptées, ce que personne n'avait jamais remarqué jusque-là. La friction induite déséquilibre encore un peu plus le flux d'eau, nécessitant des vannes supplémentaires, et ainsi de suite.

La même chose se produit avec les ventilateurs :

– les diffuseurs qui expulsent l'air dans la pièce sont inefficaces, créant du bruit et des frottements ;

– ils sont reliés à des tuyaux qui tournent à 90°, sans courbe douce, à la fois trop petits et trop longs car mal installés ;

– les condenseurs sont mal conçus, si bien qu'ils ne rafraîchissent ou ne déshumidifient pas l'air comme il faudrait. De plus, leur friction est vingt fois trop forte ;

– les filtres sont trop petits, car l'on pensait ainsi économiser de l'argent. A terme, il est en réalité moins cher de fabriquer des filtres plus grands, qui durent plus longtemps. Leur friction est également beaucoup plus faible ;

– pour lutter contre les frottements, le ventilateur doit être très puissant ; il est donc aussi très bruyant et nécessite un silencieux qui augmente encore la friction.

Ces améliorations de base ne sont qu'un début. Premièrement, Lee Eng Lock commence par se demander quel flux d'eau est nécessaire, puis quelles caractéristiques du tuyau (longueur, diamètre, polissage) conviennent à ce flux ; ensuite, il recherche le ventilateur ou la pompe dont la taille et les caractéristiques sont les mieux adaptées au flux à générer. Deuxièmement, il écume la terre entière à la recherche du meilleur ventilateur ou de la meilleure pompe, puis s'en sert de point de départ pour construire l'appareil, adaptant chaque élément (transmission, moteur, inverseur, pièces électriques) aux caractéristiques du précédent. A chaque étape, il intègre les éléments de façon à éviter les pertes résultant de leur assemblage. Les éléments sont ainsi plus petits, plus simples et moins chers. Le principe est simple : il s'agit de faire les choses très soigneusement.

Ici comme ailleurs, la vertu est récompensée. Quand Lee Eng Lock en a terminé avec son climatiseur et ses éléments superefficaces, ceux-ci n'ont presque plus besoin d'éliminer leur propre chaleur (par exemple, la chaleur que le ventilateur transmet à l'air en le brassant). En cessant ainsi de « recycler » indéfiniment l'inefficacité de la climatisation, on économise non seulement de l'énergie, mais on réduit encore plus la taille des composants – un peu comme l'effet boule de neige décrit pour les hypervoitures (p. 30). Plus les composants sont petits et efficaces, et plus on peut les réduire et augmenter leur rendement.

Les moteurs font tourner le monde

Le principe ne se limite pas aux ventilateurs et aux pompes. Ceux-ci sont actionnés par des moteurs électriques. En 1989, le RMI a montré comment combiner trente-cinq améliorations entre le compteur électrique et le ventilateur, la pompe ou tout autre dispositif devant être mû. Ces améliorations concernent le choix, le dimensionnement, l'entretien et la durée de vie des moteurs ; elles comprennent quatre types de systèmes de contrôles, concernent l'alimentation électrique du moteur et la transmission du mouvement vers l'élément mobile, ainsi que la gestion et le contrôle de l'ensemble. Ensemble, ces trente-cinq améliorations peuvent économiser la moitié de l'énergie, même sans améliorer les parties en aval du moteur (Hoxe *et al.*, 1994). Ces économies sont rentabilisées en un peu moins d'un an, car si sept améliorations ont un coût, les vingt-huit autres sont des améliorations dérivées gratuites. Les groupes de réflexion des compagnies énergétiques approuvent ces conclusions (Fickett *et al.*, 1990).

Mais l'enjeu dépasse largement le domaine de Lee Eng Lock : les moteurs consomment la moitié de l'électricité dans le monde. A elles seules, les trente-cinq améliorations proposées pourraient économiser 25 % de l'électricité mondiale – soit cent soixante centrales électriques géantes, pour un prix quatre fois inférieur au coût du combustible d'une seule centrale au charbon.

Mais à quoi sert donc toute cette climatisation ?

Les besoins en climatisation – c'est-à-dire le nombre de tonnes nécessaires – pourraient être considérablement réduits dès le départ en associant superfenêtres, éclairage et appareils efficaces, dans une architecture améliorée. La plupart des bureaux américains nécessitent une tonne de climatisation pour 240 à 400 m^2 de surface au sol. Pourtant, une bonne rénovation des locaux et des équipements permettrait de porter cette surface à 1 000 m^2, et jusqu'à 1 200 m^2 en utilisant les technologies les plus modernes, soit trois à quatre fois moins. Parallèlement, l'immeuble gagne en confort et son coût de construction diminue, en raison de la diminution du nombre de systèmes de climatisation (prix total, incluant la tuyauterie : 15 000 F par tonne).

Les résultats de Lee Eng Lock sont impressionnants. Pourtant, on peut aller encore plus loin. Le sujet suivant nous permettra d'étudier de plus près certains systèmes de climatisation encore plus efficaces, ainsi que des moyens encore plus astucieux pour vivre confortablement.

1.18 Repenser la climatisation

Transformer les fours solaires que sont les bâtiments en réfrigérateurs électriques consomme environ 16 % de l'électricité aux Etats-Unis, pays que beaucoup considèrent comme le plus froid du monde en été - dans les maisons. Pire, la climatisation est responsable de 43 % des pointes de consommation électrique pendant les chauds après-midi d'été, occupant deux cents centrales électriques géantes de plusieurs milliers de mégawatts, dont chacune a coûté une dizaine de milliards de francs.

En 1982, les particuliers et les entreprises de Houston, au Texas, payèrent pour 16 milliards de francs « en air froid, soit l'équivalent du PNB de quarante-deux pays africains [12] ». Or, cette pratique se répand à une vitesse alarmante, en particulier en Extrême-Orient [13]. La demande en climatisation chez ces peuples en forte croissance démographique et à la prospérité nouvelle (qui s'empressent d'abandonner leurs vêtements et leurs méthodes traditionnelles de climatisation), y augmente la

12. B. Burrough, « In Houston, the Ubiquitous Air-Conditioner Makes Tolerable an Otherwise Muggy Life », *Wall Street Journal,* 21 septembre 1983, p. 31.

13. Et, de plus en plus, en Europe (NDT).

consommation de pointe de 25 000 à 50 000 MW par an – de quoi absorber des capitaux nécessaires à d'autres objectifs vitaux pour eux.

Il n'en a pas toujours été ainsi. Pendant plus de 8 000 ans, les hommes ont conçu leur habitat de manière à se débarrasser de la chaleur superflue. De la Turquie à la Tunisie, de Chypre au Mali, de l'Algérie à l'Afrique du Sud, des systèmes élaborés de climatisation passive permettaient d'atteindre des niveaux de confort impressionnants, rarement atteints dans les immeubles « modernes » de ces mêmes pays. Par exemple, dans les pueblos Anasazi des XIe et XIIe siècles, dans le sud-ouest des Etats-Unis, la température varie seulement de 25 %. Sur la côte septentrionale de l'Australie, les maisons tropicales traditionnelles ont une température inférieure de 19°C à la température extérieure. Les habitats grecs ou perses traditionnels sont aussi efficaces, voire plus. Les villes romaines étaient entièrement rafraîchies de façon passive, et les tentes arabes en poils de chèvre sont des merveilles de climatisation passive.

De nos jours, la science et la technologie peuvent faire beaucoup mieux. En mettant systématiquement en pratique les meilleures techniques modernes, ce n'est pas par deux que l'on diviserait la consommation électrique pour la climatisation, ni par dix, mais par cent ou presque. Cela peut se faire en six étapes simples, riches chacune de possibilités variées et passionnantes.

La fraîcheur est avant tout l'absence de chaleur

La première étape consiste à ne pas laisser entrer la chaleur indésirable. Les superfenêtres laissent passer la lumière du jour en arrêtant presque toute la chaleur. La lumière du jour associée à un éclairage plus performant et mieux conçu peut diviser au moins par dix les besoins de refroidissement. De même en ce qui concerne les équipements de bureau. L'éclairage et les équipements de bureau produiraient alors trois fois moins de chaleur que les personnes – cette dernière source de chaleur étant difficile à réduire ! Un même soin doit être apporté à la conception d'appareils tels que les réfrigérateurs, les distributeurs de boissons ou de cigarettes, ou les machines à glaçons ou à café. La plupart de ces améliorations, sinon toutes, peuvent être simplement obtenues en adaptant les machines, ce qui permet de les rentabiliser en trois à huit ans en moyenne, et presque immédiatement si l'on remplace les fenêtres.

Dans le cas des constructions neuves, une bonne architecture est déterminante. Construire un bâtiment de la forme adéquate et l'orienter dans la bonne direction peut économiser un tiers de l'énergie sans surcoût. Dans un immeuble de bureaux à Antioche, en Californie (il s'agit d'un projet ACT2), ce principe a permis d'augmenter de 38 % le rendement énergétique du bâtiment ; le surcoût des investissements ne représente que 83 % des économies réalisées. L'ombrage, la masse du bâtiment ainsi que des dispositifs de réflexion de la lumière, comparables au badigeon blanc des maisons méditerranéennes, peuvent se combiner avec une végétation et des aménagements paysagers procurant un supplément d'ombre : un arbre de belle taille peut remplacer une douzaine de climatiseurs. Enfin, quel que soit le type de bâtiment, il ne faut pas oublier l'isolation et une meilleure étanchéité à l'air.

Améliorer la sensation de confort

La sensation de confort des individus dépend du travail qu'ils effectuent, de la quantité de chaleur qui s'échappe à travers leurs vêtements, de la chaleur irradiée par les objets qui les entourent (y compris murs et planchers), ainsi que de la température, de l'humidité et des courants d'air. Chacune de ces variables nous offre des moyens d'améliorer les conditions de confort dans lesquelles nous travaillons.

Par exemple, des ventilateurs de plafond peuvent nous permettre de travailler à confort égal à des températures supérieures de 5°C. Des fauteuils cannés aèrent le corps et nous réchauffent 10 à 15 % moins que des fauteuils en cuir. Les superfenêtres diminuent considérablement la chaleur radiante. Une circulation d'eau froide dans le plafond peut également tenir lieu de climatisation passive.

Au total, des mesures aussi élémentaires peuvent diminuer de 20 à 30 % les besoins en air frais. De plus, le corps ne réagit pas instantanément à la chaleur : il faut du temps pour réchauffer 70 kg d'eau, et encore du temps avant que le système nerveux ne réagisse. Le gouvernement de l'Etat d'Alberta, au Canada, en a tenu compte et a modifié les instructions des systèmes de contrôle dans les bâtiments officiels, afin que la climatisation ne se mette pas en route à la fin de l'après-midi, car les employés sont rentrés chez eux avant que les bâtiments ne se soient trop réchauffés. Ainsi, les climatiseurs fonctionnent entre quatre et six heures de moins par jour, sans que personne ne se plaigne d'une baisse de confort.

Climatisation passive

La chaleur indésirable qui ne peut être ni évitée, ni ignorée, devrait être évacuée par le fonctionnement normal du bâtiment lui-même. Sous la plupart des climats, une ventilation naturelle, associée à un sol frais sous l'habitation ou à une radiation de chaleur vers le ciel, devrait suffire. Même à Miami, en plein mois d'août, les normes de confort peuvent être atteintes avec seulement quelques ventilateurs de plafond et une couche d'eau installée sur le toit, qui accumule la chaleur pendant la journée et l'évacue la nuit vers l'extérieur.

Il existe des méthodes passives très performantes. Par exemple, le Davis Energy Group, en Californie, a mis au point le système WhiteCap, qui consiste en une couche d'eau peu profonde installée sur le toit sous des panneaux de mousse isolante. Pendant la journée, la chaleur de la maison passe dans l'eau. La nuit, une petite pompe pulvérise l'eau vers l'extérieur afin qu'elle refroidisse (2/3 par radiation et 1/3 par évaporation). Puis l'eau fraîche ruisselle par des fentes entre les panneaux isolants et reprend sa place initiale. L'électricité nécessaire au pompage ne représente qu'un faible pourcentage de l'énergie nécessaire à un climatiseur. Ce dispositif ne crée aucun surcoût, notamment parce que l'étanchéité du toit dure plus longtemps, grâce à l'eau qui le protège de l'ozone, des ultraviolets, des variations de température et du piétinement (il s'agit d'un toit plat). En associant le système WhiteCap à des fenêtres de toit pour créer une climatisation et un éclairage passifs, il est possible d'économiser 90 % de l'énergie dans une maison à toit plat de un ou deux étages en climat chaud, pour un meilleur confort et sans surcoût à la construction.

Il existe également des toits à couche de glace qui stockent le froid hivernal et le restituent en été. Il s'agit parfois simplement de neige fondue conservée au frais sous une couche de paille. L'eau de fonte, dont la température est proche de 0°C, est alors pompée à travers le bâtiment ; la consommation énergétique induite ne représente qu'une mince proportion de la consommation d'un climatiseur. Quand l'espace ne manque pas, ce système peut être rentable même dans des régions qui ne connaissent qu'une ou deux semaines de gelées par an.

Climatisation alternative

Des systèmes alternatifs de climatisation peuvent compléter les dispositifs décrits plus haut, quelle que soit la région du monde. La cli-

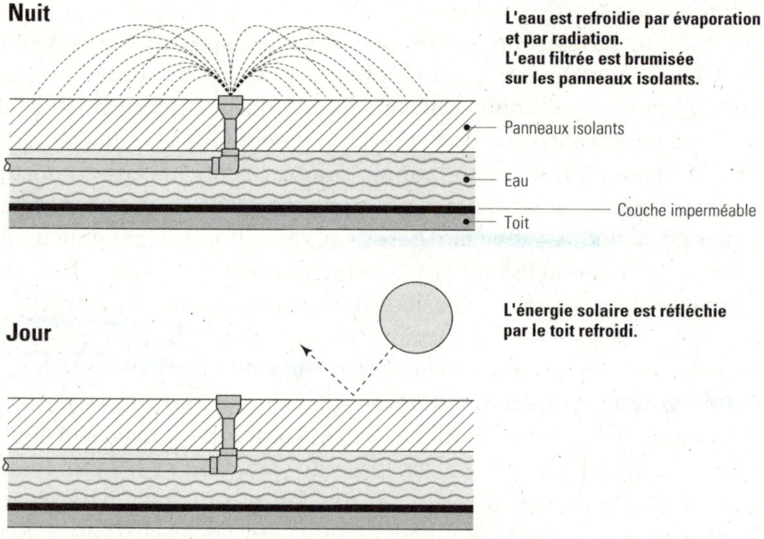

Figure 8. Le système WhiteCap peut économiser 90 % de la consommation électrique. Ce système est installé dans une maison de Davis, en Californie.

matisation par absorption et un système de déshumidification permettent de contrôler l'humidité. Ces systèmes ne sont pas mus par un moteur électrique, mais par de la chaleur produite par une combustion, un générateur électrique, un procédé industriel quelconque ou un capteur solaire. Les rafraîchisseurs par évaporation fournissent de l'air frais, sec ou humide, y compris dans un espace relativement froid. Bien conçu et actionné par un petit ventilateur, ce dispositif consomme de faibles quantités d'eau et très peu d'énergie.

La combinaison de ces trois méthodes est particulièrement efficace. Par exemple, un desséchant peut tout d'abord sécher et réchauffer l'air, même en climat humide. Puis un refroidisseur par évaporation peut rafraîchir l'air. Enfin, un échangeur d'air qui refroidit et humidifie l'air peut aussi produire de l'air frais et sec. Dans un autre type de combinaison, la chaleur perdue par un refroidisseur par absorption fonctionnant au gaz peut permettre de faire fonctionner un desséchant.

Le premier projet ACT2 consista à rénover des bureaux de recherche d'une surface de 1 900 m² à San Ramon, en Californie. On y installa des lampes très efficaces, des équipements de bureaux légèrement améliorés, des fenêtres de meilleure qualité, et l'on améliora quelque peu l'isolation et l'étanchéité à l'air. Cela permit de diviser par deux les besoins en air frais et de remplacer la climatisation par un évaporateur, plus un dispositif d'appoint très petit et spécialement conçu, qui fonctionne entre 5 et 10 % du temps. L'efficacité de l'ensemble constitue probablement un record mondial : seulement 0,14 kW/t, soit vingt-cinq unités de climatisation produites par unité d'électricité consommée. Remplacer le climatiseur de 2 kW/t par ce système représente une économie d'énergie de 93 %. Comme les besoins en climatisation ont été réduits de 50 %, l'économie totale se monte à 97 % environ. A mesure que les anciens équipements sont remplacés par des modèles plus efficaces, la diminution des besoins atteindra 67 %, soit une économie d'énergie totale de 98 %, dans une région où la température dépasse parfois 38°C.

Climatisation classique superefficace

Après ces quatre premières étapes, la climatisation conventionnelle ne devrait plus être nécessaire dans le monde. Mais, si l'on tient à en avoir une, il est possible de multiplier plusieurs fois son efficacité pour un investissement réduit.

En 1994, dans le cadre de l'ACT2, l'Association automobile de Californie construisit à Antioche ce qui est peut-être l'immeuble de bureaux le plus efficace de tout cet Etat : en effet, il économise 75 % de l'énergie autorisée par les normes américaines les plus strictes. Pourtant, le confort et le charme du lieu sont exceptionnels, et c'est aussi le bâtiment le moins cher jamais construit par l'association. Le climatiseur, pourtant conventionnel, est 40 % plus efficace que la moyenne, encore plus en cas de fonctionnement à faible charge. Les besoins en climatisation furent divisés par deux grâce à la lumière du jour, à des superfenêtres, ainsi qu'à des lampes et des équipements de bureau plus efficaces. L'architecte ne voulut pas du système le plus efficace (WhiteCap et fenêtres de toit). Un tel choix aurait probablement permis d'économiser plus de 90 % de l'énergie pour un coût inférieur. Mais le résultat obtenu (72 % et plus) n'est pas mauvais.

Contrôles et stockage

Si le système installé n'est pas entièrement passif, des contrôles sont nécessaires. Des contrôles et des logiciels de gestion plus performants permettent d'économiser 10 à 30 % de la consommation résiduelle. Les grands immeubles sont en effet trop complexes pour être gérés sans aide de ce type. Avec une bonne formation du personnel, les économies réalisées peuvent même atteindre 50 %.

Parfois, le stockage d'eau froide ou de glace peut économiser encore un peu d'énergie, notamment de l'électricité en période de pointe, lorsque le courant est plus cher.

Multiplier les économies

Des économies d'énergie superposées ne s'additionnent pas, elles se multiplient. Toute économie d'énergie signifie moins d'énergie à économiser à l'étape suivante. Supposons, par exemple, que vous économisez :

– 70 % de la climatisation nécessaire grâce à une isolation, un éclairage et des fenêtres plus efficaces, etc. ;

– 20 % des besoins en procurant au personnel des conditions de travail plus confortables, estimation raisonnable, et même plutôt basse ;

– 80 % de l'énergie par tonne de climatisation, grâce à des techniques passives ou alternatives ;

– 50 % de l'énergie par tonne de climatisation classique si celle-ci est encore nécessaire – les chiffres sont en général plus près de 60 à 80 % ;

– 20 % grâce à des systèmes de contrôle plus performants, et rien du fait du stockage de fraîcheur.

En supposant une intégration optimale, l'énergie réellement consommée peut représenter :

$(1-0,7) \times (1-0,2) \times (1-0,8) \times (1-0,5) \times (1-0,2) = 0,0192$

soit 1,9 % de l'énergie de départ (98,1 % d'économie). Ainsi, il n'est pas nécessaire de réaliser de grosses économies à chaque étape pour obtenir un résultat impressionnant.

Pourquoi personne ne fait-il comme cela ? C'est une bonne question. Nous y reviendrons au chapitre 4.

1.19 Quadrupler la productivité énergétique en cinq petites étapes

Vouloir atteindre l'objectif Facteur Quatre en une seule étape peut s'avérer trop difficile. Mais il est possible de progresser par petits pas.

• Commençons par les centrales électriques. Une nouvelle génération de centrales à turbines à gaz permet d'obtenir un rendement énergétique de 50-55 % (contre 34-40 % actuellement dans les centrales à vapeur classiques); les turbines à gaz les plus récentes ont un rendement de 60 % et devraient atteindre 65 % à l'avenir. Cette augmentation signifie qu'il faut brûler 28 % de combustible en moins par kilowattheure produit.

• Avec des chaudières à gaz optimisées générant à la fois de la chaleur et du courant, il est possible de gagner encore 25 % en moyenne.

• Avec une meilleure isolation et des appareils plus efficaces, on peut encore réduire la demande en électricité de 33 % sans tenir compte des techniques d'isolation et des machines ultraperformantes décrites plus haut.

• Nous pensons que les ménages peuvent réduire leur gaspillage de 7 % et accepter une réduction de 3 % des services énergétiques auxquels ils sont habitués, sans perte de confort. Pour cela, il suffit d'un simple ajustement des comportements : éviter de chauffer trop, éteindre les lampes, ventilateurs et radiateurs lorsque l'on quitte une pièce pour plusieurs minutes. On pourrait obtenir ainsi une réduction supplémentaire de 10 %.

• Enfin, nous pensons que les énergies renouvelables peuvent fournir 20 % de l'énergie (chauffage solaire passif, biogaz, microcentrales et éoliennes, panneaux solaires).

Une fois de plus, ces changements ne s'additionnent pas, mais se multiplient pour diminuer la consommation de charbon, d'uranium et d'énergie hydroélectrique :

$0,7 \times 0,75 \times 0,67 \times 0,9 \times 0,8 = 0,25$

soit un quart de la demande actuelle. En supposant que le secteur public et le secteur privé s'engagent dans cette voie avec détermination, cet objectif pourrait être atteint en trente ans environ en Europe de l'Ouest, et vingt-cinq voire vingt ans en Europe de l'Est. Pour les pays en voie de développement, le calcul est différent, car il faut l'ajuster à une demande énergétique en croissance rapide et à des climats plus chauds, et tenir compte de la faible efficacité du parc de centrales électriques ainsi que du potentiel en énergies renouvelables.

1.20 Economies rentables d'énergie et de déchets dans une usine de Louisiane

Ken Nelson est ingénieur. Il était autrefois en charge des économies d'énergie pour la compagnie Dow USA. Pendant longtemps, il a aidé une usine de la Dow Chemical Company, employant 2 400 personnes en Louisiane, à économiser l'énergie et à réduire la production de déchets. Dow est l'une des compagnies chimiques les plus importantes et les plus modernes du monde, leader dans un domaine impitoyable où l'on ne jette pas l'argent par les fenêtres. Pourtant, Dow s'aperçut avec stupéfaction qu'elle dormait sur un tas d'or.

Pendant douze ans, de 1981 à 1993, Ken Nelson organisa un concours annuel impliquant les cadres de l'usine de Louisiane – sans jamais dépasser le niveau du chef de service. Le concours était destiné à susciter des projets visant à économiser l'énergie, à réduire la production de déchets et ils devaient en outre se rentabiliser en un an, avec un investissement inférieur à 1 million de francs (au début). Les projets étaient jugés par les collègues, et les plus prometteurs et les plus rentables étaient réalisés. Après plus de mille projets, dont des audits ultérieurs montrèrent qu'ils avaient économisé les quantités prévues à 1 % près en moyenne, on fit des constatations surprenantes.

• Une année, le rendement des investissements fut de 97 %. Mais, les autres années, il atteignit des nombres à trois chiffres : sur les douze années, la rentabilité moyenne des 575 projets évalués était de 204 % par an (contre 202 prévus), ce qui représente des économies annuelles de 550 millions de francs (Nelson, 1993).

• Ces dernières années, les économies d'énergie furent encore plus importantes et plus rentables. Loin d'épuiser les possibilités, le concours de K. Nelson permit de les multiplier, grâce à la formation et à des technologies plus performantes. C'est comme si on découvrait de nouveaux matelas d'or sous chaque matelas enlevé.

• La première année, la rentabilité moyenne de 27 projets, d'un coût total de 8,5 millions de francs, fut de 173 % ; beaucoup pensèrent qu'il serait impossible d'atteindre de tels niveaux à l'avenir. Ils se trompaient. L'année suivante, la rentabilité de 32 projets, d'un coût total de 11 millions de francs, atteignit 340 %. K. Nelson supprima alors la limite de 1 million de francs par projet, acceptant les projets qui prévoyaient une augmentation de la production. En 1989, 64 projets totalisant 37,5 millions de francs permirent à la compagnie d'économiser 185 millions de francs par an, soit 470 % de rentabilité financière (la meilleure jamais atteinte). En 1992, dixième édition du concours, les 109 projets retenus eurent une rentabilité moyenne de 305 %, contre 298 % en 1993 pour 140 projets.

• Cette manne céleste fut récoltée par de simples employés, sans autre récompense que la reconnaissance de leurs collègues, et sans intervention du directeur général : celui-ci n'était pas au courant et ne risquait donc pas de s'en mêler. Soigneusement évalués et documentés, les projets de K. Nelson ne provenaient pas de théories fumeuses, cercles de qualité, délégations de pouvoir, comités ou autres rituels de ce genre. Au contraire, ils étaient issus des employés eux-mêmes, permettant d'utiliser l'expérience de chacun pour économiser de l'argent. Voici comment les marchés fonctionnent réellement, lorsqu'ils fonctionnent vraiment – mais il y a bien peu de Ken Nelson pour les faire marcher. Combien d'économistes faut-il pour installer une ampoule fluocompacte ? Aucun – le marché le fera à leur place. Mais sans un Ken Nelson et sans le bon sens et le travail de ses employés, la lampe n'aurait jamais franchi la distance séparant le magasin de la douille.

Il n'est pas facile d'estimer le pourcentage total d'énergie et de déchets économisés en douze ans d'efforts, ou par des efforts similaires réalisés ailleurs. On pourrait penser qu'un tel succès fait des émules partout. Curieusement, cela ne semble pas le cas. Même l'usine Dow du Texas restait sourde aux encouragements à imiter l'usine de Louisiane, car elle a sa propre façon de faire et possède une certaine résistance envers les innovations qui ne sont pas siennes. Même en Louisiane, lorsque K. Nelson prit sa retraite en 1993, son comité d'organisation fut dissous à l'occasion d'une restructuration, et la recherche d'innovations prit fin. Il est donc impossible d'évaluer les progrès qui ont été faits depuis, et même de savoir s'il y a en a eu. Ce fait illustre la distance qui existe entre un potentiel démontré – pour ne rien dire d'un potentiel théorique – et la mise en pratique. Nous reviendrons sur cette distance importance dans la deuxième partie, lorsque nous traiterons des défauts du marché et des moyens d'y remédier.

2. Vingt moyens de révolutionner la productivité de la matière

Introduction

La productivité de la matière n'est pas un concept familier. Nous le devons principalement à Friedrich Schmidt-Bleek, directeur du département des flux de matière et d'éco-restructuration de l'Institut Wuppertal. Celui-ci a émis le concept d'apport de matière par unité de service, qui permet de déterminer ou d'estimer la quantité de matière à mobiliser pour fournir une unité de service quelconque. Ainsi, pour un service donné, la matière mobilisée peut comprendre du cuivre provenant des mines du Chili, de l'eau et d'autres matériaux nécessaires à la fabrication au Mexique, l'emballage réalisé à Chicago, auxquels il faut ajouter quelques matériaux utilisés pour la vente. Le chapitre 9 explique ce concept de façon plus détaillée.

La productivité de la matière consiste donc à diminuer la quantité de celle-ci pour le même service. De toute évidence, la longévité des produits y contribue, dans la mesure où les services rendus ne sont pas altérés par le passage du temps. Pensez, par exemple, aux meubles anciens, qui souvent prennent de la valeur avec l'âge. Mais la longévité des produits entre souvent en conflit avec la modernité, la mode et les performances techniques (y compris la productivité). La productivité de la matière dépasse la seule notion de durabilité ; elle prend en compte tout le cycle de vie du produit, « du berceau à la tombe ».

F. Schmidt-Bleek (1994) pense qu'un facteur quatre n'est pas suffisant pour la productivité de la matière. A son avis, un facteur dix (voir chapitre 9) est nécessaire pour les pays de l'OCDE (Organisation de coopération et de développement économique). Nous espérons que notre ami nous pardonnera de présenter ici des exemples qui s'en tiennent au facteur quatre. Il s'agit d'un bon début.

L'Institut de la durée de vie des produits de Genève, dirigé par Walter Stahel, conçoit des stratégies permettant d'optimiser la productivité des ressources. Il se place dans la perspective de l'« économie de service », où c'est le service final qui compte (Giarini et Stahel, 1993). Voici les éléments que l'on peut inclure dans une telle stratégie :

– louer au lieu de vendre, car l'intérêt du fabricant réside alors dans la durabilité ;

– étendre la responsabilité des fabricants, ce qui pourrait les inciter à garantir une faible pollution, ou encore une réutilisation ou un démantèlement facile ;

– posséder ou utiliser en commun les produits (par exemple, véhicules ou appareils), ce qui nécessite moins de produits pour les mêmes services ;

– rénover, c'est-à-dire conserver la structure et ne remplacer que les pièces usagées ;

– concevoir les produits de manière à optimiser la durabilité, la rénovation et le recyclage.

De toute évidence, ces éléments impliquent une stratégie complexe et intégrée. Le flux de matière induit par une tâche à réaliser dépend de l'importance de celle-ci, de l'usage plus ou moins efficace des matériaux, de la quantité de minerai nécessaire, de la distance de transport. Il faut également prendre en compte les mouvements de matériaux impliqués par la construction des infrastructures, des usines et des réseaux de distribution. A chaque maillon de cette chaîne, la productivité de la matière détermine, de manière cumulative, la quantité optimale de matériaux, ou comment faire plus avec moins.

Si chacun d'entre nous possédait un objet, combien d'objets devrions-nous fabriquer chaque année ? La quantité suffisante pour remplacer ceux qui se brisent ou qui s'usent, plus tous ceux dont nous avons besoin pour faire face à l'augmentation de la population. Le facteur clé est donc la durée de vie de l'objet. Pour boire, il suffit d'un petit nombre de pichets en céramique, qui durent presque éternellement, tandis que leurs équivalents éphémères de grande consommation ne servent qu'un petit nombre de fois avant d'être jetés. En revanche, si l'on fait preuve d'un peu de soin, nos arrière-petits-enfants hériteront de nos pichets en céramique. Si chacun de nous possédait un pichet incassable, il suffirait d'en fabriquer un petit nombre chaque année.

2.1 Mobilier de bureau durable

La durabilité est l'une des stratégies les plus évidentes pour diminuer les gaspillages et augmenter la productivité de la matière. Certains pièces s'usent plus vite que d'autres ou perdent plus rapidement leur fonction esthétique, en raison de l'usure, de la mode ou d'un changement de propriétaire. Si ces pièces sont interchangeables, on peut augmenter considérablement la durée de vie de l'objet.

Considérons un instant un fauteuil de bureau, exemple étudié par Walter Stahel, l'un des pionniers de la réflexion sur la durabilité, à qui nous devons une partie importante de ce sous-chapitre. Selon lui, l'approche la plus prometteuse consiste à séparer les « éléments structurels » des « éléments visibles ». En associant une variété d'options pour les éléments visibles à une récupération intégrale du produit par le fabricant, le fauteuil de bureau « éternel » est peut-être pour demain. En effet, Herman Miller, deuxième producteur américain de mobilier de bureau, a ouvert une usine spécialement conçue pour rénover indéfiniment tous les types de meubles qu'il fabrique : ce programme, baptisé « Phœnix », est couronné de succès.

Les éléments visibles et remplaçables peuvent être « dématérialisés », c'est-à-dire produits avec un minimum de matière, et conçus en vue d'une rénovation ou d'un recyclage faciles. Éléments visibles et structurels sont assemblés par des fixations simples et facilement désassemblés si besoin. Les éléments structurels d'un fauteuil de bureau sont ses pieds et les parties mécaniques du siège. Cette structure de base peut-être être optimisée en vue d'obtenir une grande qualité ergonomique, un grand confort, une grande robustesse, une bonne durabilité, et de faciliter les réparations. Cela n'empêche pas la créativité et la mode de s'exprimer dans la garniture. Si le propriétaire change, désire un nouveau style ou s'il souhaite simplement jouir d'un mobilier neuf, le remplacement de la garniture se fera à moindre coût financier et écologique.

De nombreux meubles célèbres sont faits d'éléments structurels et visibles séparés. Les musées sont fiers d'exposer des meubles dessinés par Le Corbusier ou Eames et conçus de cette manière, mais non produits en série. L'idée a été introduite dans la production en série en Allemagne, depuis que la récupération des biens durables est obligatoire. Des fabricants de meubles tels que Sedus, Wilkhahn et Grammer ont commencé à appliquer le principe des éléments séparés à leurs nouvelles collections.

Il n'existe pas de données permettant de dire si un facteur quatre a été atteint de cette façon. Cela dit, une estimation grossière permet d'envisager des facteurs de cinq à vingt, selon les matériaux concernés et la base de comparaison.

Théoriquement, des meubles de bureau durables pourraient devenir le cauchemar des fabricants, car le marché serait rapidement saturé. Le remplacement des coussins et des garnitures occuperait les artisans. plutôt que les fabricants eux-mêmes. La stratégie la plus prometteuse serait alors pour eux de louer plutôt que de vendre. Une innovation aussi insignifiante peut avoir un impact énorme sur la structure de l'économie industrielle – ce serait le signal de départ vers une économie de service centrée sur l'utilisation, et non le remplacement des produits.

2.2 Voitures et hypervoitures économiques en matériaux

Conduire une voiture, c'est déplacer son propre corps ainsi qu'une tonne de matériaux ou plus. A cela, il faut ajouter, conformément à la philosophie de F. Schmidt-Bleek, la quantité de matière déplacée pour fabriquer la voiture. Selon lui, plus de 1 520 tonnes sont mises en mouvement au cours de l'extraction du minerai, du raffinage, du transport, de la fabrication et de l'assemblage des pièces. Le pot catalytique, qui ne pèse que 9 kg mais contient quelques grammes de platine, nécessite à lui seul le déplacement de plus de 2 tonnes de matériaux : c'est le poids de roches qu'il faut extraire pour produire un petit grain de platine. Mais en réétudiant les voitures de façon à en diminuer le poids et la consommation de carburant pour une même qualité de service, on peut diviser par quatre la consommation de matière.

Hypervoitures

Plus radicale, la stratégie des hypervoitures (voir p. 30) consiste à revoir entièrement la conception des véhicules.

Aux Etats-Unis, l'industrie automobile et les secteurs associés représentent directement et indirectement environ 10 % des emplois et de la consommation, et 16 % du PNB (Produit national brut). Il consomment environ 70 % du plomb, 60 % du caoutchouc et des revêtements, 40 % des machines-outils et du platine, 34 % du fer, 20 % de l'aluminium, du zinc, du verre et des semi-conducteurs, 14 % de l'acier et 10 % du cuivre. Cette consommation a peu varié dans les décennies passées : les voitures américaines sont plus lourdes de 1 % en moyenne, et seuls 3 % des matériaux ont été remplacés par d'autres (il s'agit surtout de l'acier, remplacé par des métaux non ferreux et des polymères [1]). Mais, avec l'arrivée des hypervoitures ultralégères-hybrides, le flux de matière gigantesque de l'industrie automobile devrait se modifier rapidement et profondément.

Bientôt, les hypervoitures seront environ trois fois moins lourdes que les voitures actuelles en acier. L'essentiel de la structure sera faite d'autres métaux et de polymères. Selon une étude récente du RMI (Lovins *et al.*, 1996), une hypervoiture de conception ancienne (quatre-cinq places, moteur à combustion externe et refroidissement à eau, batterie nickel-métal-hydrure de 50 kg, vitres en verre, climatisation par refroidissement, etc.) pourrait peser 67 % de moins qu'un modèle américain moyen de 1994, soit 521 kg contre 1 439. En se basant sur les produits et les prototypes existants, le RMI estime qu'une hypervoiture comprendrait :

- deux fois plus de matériaux composites et de polymères ;
- 12 % de cuivre en plus ;
- 92 % de fer et d'acier en moins ;
- 33 % d'aluminium en moins ;
- 60 % de caoutchouc en moins ;
- 80 % de platine et de liquides en moins (hors carburant).

Toutefois, des systèmes alternatifs de stockage et de production d'électricité, qui se généraliseront certainement à la fin des années 90, supprimeraient les deux tiers des métaux restants, notamment le fer, le nickel et les alliages métal-hydrure, la moitié de l'aluminium et presque tout l'acier (soit une diminution de 96 % de la consommation actuelle de fer et d'acier). Avec d'autres améliorations, le poids de la voiture pourrait ainsi descendre à 400 kg. La consommation de cuivre serait modérée et pourrait ne pas dépasser le niveau actuel. En

1. Matières synthétiques, comme les plastiques, produites par réactions chimiques (NDT).

revanche, la consommation de platine ne retrouverait les niveaux actuels que si les générateurs électriques internes utilisent certains types de cellules à combustible. Certains métaux spécialisés, tels que le magnésium et le titane, pourraient y trouver un petit débouché intéressant. Mais, pour l'essentiel, il s'agit de remplacer les métaux par des polymères sophistiqués.

Est-ce que l'augmentation de la consommation de matériaux de pointe – résines plastiques renforcées par de la fibre de carbone – se traduirait par une expansion de l'industrie des matières plastiques ? Aucunement. Aujourd'hui, les voitures absorbent 7 % seulement de la production de polymères de l'OCDE (5 % de la production mondiale). En outre, les polymères et les matériaux composites représentent déjà 9 % du poids des voitures, et 20 à 30 % du volume de matériaux. Mais, à eux seuls, ces 9 % représentent une moyenne de 111 kg, soit plus que le poids probable d'une hypervoiture (à l'exclusion des sièges, de l'aménagement intérieur et du train). Ainsi, même si l'industrie automobile américaine se convertissait entièrement aux hypervoitures, la consommation de polymères aux Etats-Unis n'augmenterait que de 3 %, soit moins que la croissance annuelle normale. En revanche, cela signifie une grande expansion de l'industrie des matériaux composites (chiffre d'affaires annuel de 1993 : 50 milliards de francs) et une multiplication de la production actuelle de fibre de carbone, encore très modeste.

Environ les deux tiers ou les trois quarts du poids d'une hypervoiture seront représentés par les éléments ajoutés à la structure composite (contre 81 % dans les modèles actuels). En effet, la plupart des composants des hypervoitures seront semblables à ceux de maintenant, mais plus petits et plus légers. De plus, de nombreux éléments seront purement et simplement supprimés, comme la direction et le freinage assistés, les essieux, la transmission, l'embrayage, les différentiels, l'alternateur, le starter, etc. Au début, le générateur électrique pourrait être un moteur à combustion dix à vingt-cinq fois plus petit qu'actuellement, mais serait rapidement remplacé par d'autres types de générateurs, légèrement différents (Stirling, turbine à gaz) ou très différents, sans pièces mobiles (cellule à combustible ou thermophotovoltaïque). Le dispositif de stockage de l'électricité sera d'abord une batterie nickel-métal-hydrure, non toxique et recyclable, environ trois fois plus lourde que les batteries acide-plomb actuelles (poids : 14 kg). Il sera probablement remplacé par un dispositif innovant dont il existe de nombreux précurseurs, par exemple une batterie au lithium pesant seulement 5 kg. Quoi qu'il en soit, le nouveau système contiendra peu de métal et en tout cas pas de plomb.

Environ douze ou treize des vingt et une catégories principales de pièces détachées disparaîtraient ou dureraient aussi longtemps que la voiture, tandis que les autres seraient plus petites et remplacées moins souvent. Selon le type de générateur, les éléments suivants seraient éliminés : les courroies de transmission ; les conduites (pour l'air, le liquide de refroidissement, le carburant, l'huile, le réfrigérant de la climatisation) ; les batteries de démarrage ; les éléments de l'embrayage ; les ampoules électriques (une vingtaine par voiture) ; les mâchoires et les disques de freins ; les filtres à air ; les filtres à huile ; les bougies. De plus, la production de pièces détachées serait réduite, car la fréquence et l'étendue des réparations diminuraient, ainsi que la pollution induite.

Plus de 10 millions de voitures sont démantelées chaque année en Amérique du Nord, soit 94 % des voitures mises en décharge. Les trois quarts de ces voitures sont recyclées (représentant 37 % de la ferraille en acier des Etats-Unis), le quart restant étant mis en décharge sous la dénomination de déchets hétérogènes et légèrement toxiques (dont 42 % de fibres et 19 % de polymères). La quantité de métaux recyclés équivaut à la totalité de l'acier et au tiers des métaux non ferreux utilisés pour produire des voitures neuves (cela dit, l'acier recyclé ne sert pas à produire des voitures neuves ; il est dilué avec d'autres ferrailles puis réutilisé principalement pour fabriquer des éléments de structure). Les plastiques issus des voitures ne sont généralement pas recyclables, bien que certains procédés nouveaux, allemands et suédois, soient en train de modifier cette situation en Europe. Toutefois, les hypervoitures supprimeraient l'acier et toutes les parties métalliques dont la valeur commerciale permet de financer le recyclage.

A l'exception du démantèlement, les hypervoitures ne peuvent être utilisées par l'industrie actuelle de recyclage des véhicules. Pour l'instant, cela n'a rien d'inquiétant pour les recycleurs, qui devraient être occupés par les voitures en acier pendant encore une vingtaine d'années.

En revanche, les hypervoitures offrent de nouvelles options de recyclage :

– allongement de la durée de vie, voire « réincarnation » pendant des dizaines d'années sur des marchés différents, en modifiant la couleur, l'équipement embarqué et autres options personnalisées ;

– réutilisation et réexploitation extensives ;

– recyclage primaire permettant de récupérer les précieuses fibres composites ;

– recyclage secondaire en découpant et en broyant les fibres pour d'autres usages ;

– recyclage tertiaire par pyrolyse pour récupérer l'énergie ainsi que les composés chimiques.

Etant donné la valeur élevée des fibres de carbone, le recyclage primaire apparaît comme très rentable. Les recyclages secondaire et tertiaire devraient être évités, voire supprimés, car ils détruisent les fibres.

Pour finir, même si l'on suppose que toutes les voitures en service soient des hypervoitures, qu'elles ne durent pas plus que les voitures en acier, et qu'on les mette toutes en décharge sans rien recycler, la masse de polymères et de matériaux composites perdus resterait inférieure aux 331 kg de déchets hétérogènes par voiture actuellement jetés en Amérique du Nord – mais, contrairement aux déchets hétérogènes, ils seraient essentiellement non toxiques (Lovins *et al.*, 1996).

2.3 Livres et catalogues électroniques

Tout le monde connaît l'*Encyclopédie Universalis*. Il s'agit d'un livre médical de référence ; vingt-quatre volumes et des milliers de pages. Le problème est qu'elle prend de la place et qu'il n'est pas facile de manipuler plusieurs volumes au cours d'une même recherche.

Aujourd'hui, à l'âge électronique, existe une alternative : l'*Encyclopédie* est disponible sur un CD-ROM qui tient dans la main. Avec un ordinateur portable équipé d'un lecteur de CD-ROM, on peut maintenant consulter des ouvrages de référence assis dans son jardin ou à la terrasse d'un café. Quel soulagement, et quelle avancée en termes de productivité de la matière !

De même, *Le Journal de John Hademan : à la Maison-Blanche au temps de Nixon* (700 pages), auquel sont ajoutées 2 000 pages de journal, 700 photos et 45 minutes de séquences filmées par l'ancien président des Etats-Unis, est proposé sur CD-ROM pour un prix de 350 F. Ce prix représente le seul prix de revient du même ouvrage sur papier (papier, impression et transport), à l'exclusion des coûts de commercialisation et des marges des différents intermédiaires. Un tel ouvrage sur papier pèserait 5 kg.

L'édition électronique est intéressante pour d'autres types de documents. Les journaux et revues peuvent vous être adressés par courrier électronique (*via* Internet) et lus sur écran. Les articles et informations intéressantes peuvent être imprimées ou téléchargées. L'archivage électronique ne permet pas seulement d'économiser du papier, il permet aussi de retrouver plus facilement l'information.

Remplacer les catalogues en papier par des bits et des octets

Un bureau typique d'architecte ou d'ingénieur comporte des pièces entières où s'alignent des rayons remplis de catalogues lourds et encombrants. Tous les fabricants d'éléments et de pièces doivent éditer, imprimer et expédier ces monstres, en général une fois par an, avec le coût que cela représente, sans compter la consommation de vastes étendues de forêts et d'énormes quantités de pétrole. De leur côté, les destinataires passent le plus clair de leur temps à feuilleter ces milliers de pages pour découvrir la pièce dont ils ont besoin – puis à les recopier laborieusement pour les inclure dans leurs plans. Selon un article du *Wall Street Journal*, « de nombreux concepteurs passent de seize à vingt heures par mois pour recopier et scanner les dessins de ces catalogues », afin de les transférer dans leurs ordinateurs.

Le plus curieux est que 2,5 millions de ces personnes utilisent déjà le même logiciel, AutoCad, pour dessiner machines et maisons ; plus de 80 % d'entre eux doivent spécifier les éléments dont ils ont besoin aux fabricants, qui possèdent la plupart du temps le même logiciel ! De toute évidence, voici une occasion d'économiser des ressources et du temps.

A la demande de ses clients, AutoDesk, cinquième producteur américain de logiciels et concepteur d'AutoCad, a commencé à publier ces volumineux catalogues sous forme numérique. Ainsi, dessins et spécifications des pièces désirées peuvent être directement transférés sur ordinateur. Par exemple, le CD-ROM PartSpec (prix : 500 F) donne toutes les précisions concernant plus de 200 000 éléments proposés par 16 fabricants. Le CD-ROM MaterialSpec (prix : 1 000 F) propose plus de 25 000 matériaux produits par 300 fabricants.

L'idée peut s'appliquer aux boîtes de vitesses, aux moteurs, aux poulies et aux ventilateurs, comme aux papiers peints et au mobilier, aux portes et aux fenêtres, etc. On peut supposer qu'il n'y aurait alors qu'un petit pas à franchir jusqu'à la commande par courrier électronique, à l'instar des catalogues de VPC sur Internet ou Minitel destinés aux ménages.

Selon un expert cité par le *Wall Street Journal*, « il y a là une réelle possibilité d'amener les professionnels à abandonner les catalogues sur papier ». On voit ainsi apparaître une raison supplémentaire d'économiser les ressources (en l'occurrence : arbres, énergie et eau nécessaires à la fabrication du papier, énergie pour le transport) : les catalogues électroniques sont beaucoup plus faciles à utiliser et beaucoup plus rapides. De plus, la facilité de comparaison des différents produits augmentera la compétitivité – notamment en aidant les utilisateurs à repérer d'un coup d'œil les produits conçus avec une grande sobriété de matériaux (voir Clark, 1995).

2.4 Acier contre béton

Les immeubles, les ponts, les pylônes des lignes à haute tension et beaucoup d'autres structures sont en acier ou autres matériaux, notamment en bois ou en béton. On a longtemps sous-estimé les capacités de résistance du bois (voir p. 135), mais il est plus intéressant de comparer l'acier et le béton pour étudier leur productivités respectives, comme l'a fait le « groupe acier » de l'Institut Wuppertal, dirigé par Christa Liedtke. Peu à peu, le groupe s'est convaincu que l'acier méritait d'être réhabilité.

Au cours d'une première approche, on sélectionna et on compara des pylônes en acier et en béton supportant des lignes de 110 000 V. Leur fonction peut être décrite comme suit : « Eléments supportant une ligne de 100 000 V pendant une durée prévue de quarante ans par exemple. » Avec une définition aussi précise, on a pu estimer l'apport de matière par unité de service (Liedtke *et al.*, 1993).

De ce point de vue, deux différences majeures font de l'acier un matériau plus écologique :

– pour leur fabrication, les pylônes en béton nécessitent trois fois plus de matière. En Europe centrale, la moyenne est de 90 tonnes de matériaux pour un pylône de 45 tonnes. Pour un pylône en acier, ces chiffres sont de 36 tonnes de matériaux pour un poids final de 6 tonnes.

– les pylônes en acier peuvent durer deux fois plus longtemps que les pylônes en béton. Toutefois, un entretien régulier est nécessaire (tous les dix à vingt ans, selon les conditions climatiques).

En outre, les pylônes en acier peuvent être fabriqués à partir d'acier récupéré, ce qui fait pencher encore plus la balance en faveur

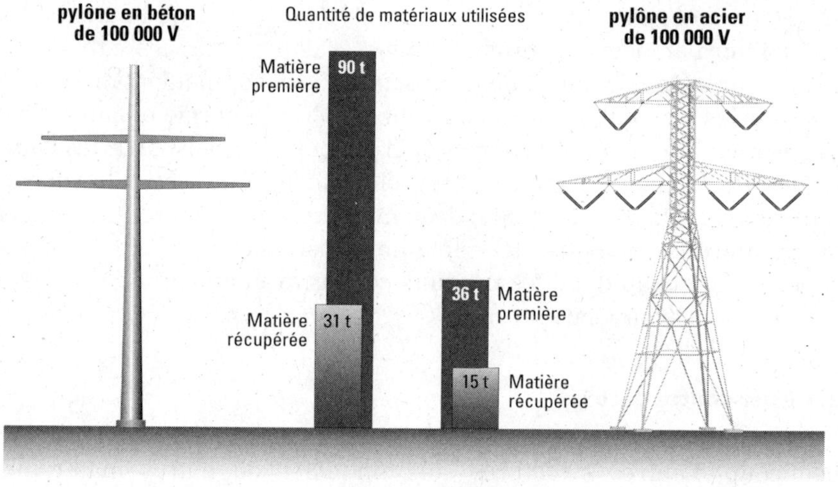

Figure 9. Comparaison entre un pylône en acier et un pylône en béton remplissant la même fonction.

de ce matériau. Un facteur supplémentaire de deux et demi peut ainsi être gagné.

Au total, la productivité de la matière peut être multipliée par six avec des pylônes en acier, comme le montre la figure 9.

Autrefois, seul l'acier était utilisé pour les canalisations, les pylônes, les ponts, etc. Mais après la Seconde Guerre mondiale, le béton est apparu en force dans tous les pays de l'OCDE, y compris ceux qui disposaient d'une puissante industrie métallurgique. Selon une étude historico-économique réalisée par C. Liedtke et son équipe, ce changement doit moins à des raisons économiques qu'à un effet de mode : le béton paraissait plus moderne et plus « élégant ». Mais, avec l'avalanche de réparations qui s'annonce, il est possible que le béton perde de son aura au profit de l'acier, plus durable. La philosophie Facteur Quatre pourrait accélérer cette tendance.

La position de l'acier pourrait encore s'améliorer si l'on optimisait la production. De nos jours, l'acier est toujours produit dans des aciéries à oxygène. Cette technique gaspille de l'énergie, de l'eau et de la matière. Plus moderne, la fusion au four électrique est loin d'avoir remplacé les vieilles méthodes. Ce procédé nécessite beaucoup moins de matière : pour produire 1 tonne d'acier, elle économise 90 % du carburant, 88 % de l'eau et plus de 75 % des matériaux. En revanche, la consommation électrique augmente de 30 %. Si l'on tient compte du bilan écologique de la production électrique en Allemagne, l'avantage n'est plus si net. Malgré cela, l'aciérie électrique permet d'augmenter la productivité des matériaux d'un facteur quatre.

L'intérêt commercial de structures durables, et donc de l'acier, pourrait être considérable si pylônes, ponts et autres étaient loués au lieu d'être vendus. Avec la location, le constructeur trouverait son intérêt commercial dans la durabilité et des coûts de maintenance réduits. L'époque est peut-être idéale pour lancer l'idée de la location de ponts. De nombreuses communes d'Allemagne et d'ailleurs sont lourdement endettées, et la construction d'un nouveau pont implique de nouveaux emprunts. Des contrats de crédit-bail, incluant l'investissement initial et les frais d'entretien, peuvent s'avérer intéressants, sauf, bien sûr, si les fibres de carbone, de moins en moins chères à mesure que se généraliseront les hypervoitures (voir p. 99), se révèlent encore plus intéressantes grâce à leur grande résistance à la corrosion et à la fatigue, et grâce à leur potentiel de multiplication des gains de poids.

2.5 Procédés industriels économes en eau

Papier et carton

En 1900, les papetiers européens utilisaient en moyenne 1 000 litres d'eau pour produire 1 kg de papier. En 1990, cette proportion était divisée par quinze, soit 64 l/kg, dont 34 litres pour la production de pâte et 30 litres pour la fabrication du papier et du carton à partir de la pâte (Liedtke, 1993). Plus récemment, en Allemagne, on a pu réduire cette quantité à 20-30 litres, principalement en augmentant les redevances d'assainissement. Certains papetiers sont allés aussi loin que possible. Ainsi, un papetier du nord de l'Allemagne est parvenu à éviter tout rejet d'eaux usées pour la production de papiers d'emballage. La totalité de l'eau usée est recueillie et filtrée en vue de sa réutilisation. Elle est complétée par de petites quantités d'eau « neuve », pour compenser l'eau absorbée par le papier ou perdue par évaporation. Au bout de compte, l'usine ne consomme que 1,5 litre d'eau par kilo de papier. La figure 10 illustre les progrès en matière d'économies d'eau dans l'industrie papetière. Le recyclage total de l'eau est obtenu par décantation et filtration des particules en suspension dans l'eau.

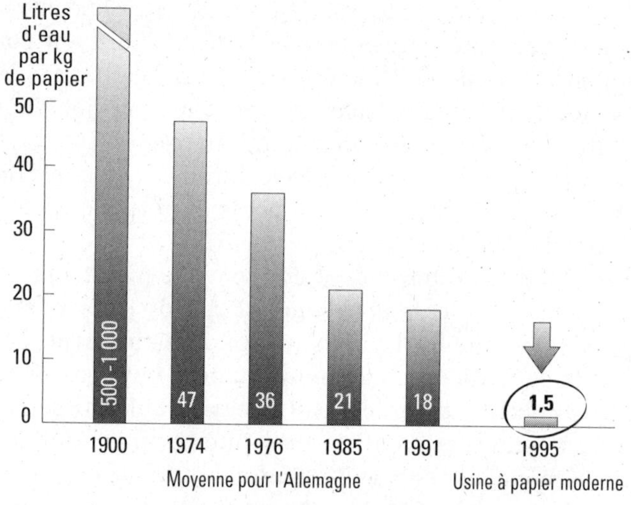

Figure 10. Les progrès impressionnants en termes d'économies d'eau dans l'industrie papetière, entre 1900 et 1995. La consommation d'eau a été divisée par quarante durant cette période (et même par six cents dans le cas de papiers d'emballage).

Les résultats obtenus par cette entreprise représentent un facteur vingt par rapport à la moyenne européenne actuelle. En ce qui concerne le papier d'emballage, il s'agit d'un facteur huit par rapport aux résultats antérieurs de cette même entreprise. Ce résultat marque sans aucun doute le bout de la route : le papier doit contenir de l'eau, et la récupération d'eau à partir de la vapeur induirait des dépenses excessives.

Lames de rasoirs, stylos et microprocesseurs [2]

Pour produire une lame de rasoir, Gillette, l'un des géants mondiaux des appareils de rasage, a réduit sa consommation d'eau de 93 % entre 1972 et 1993 dans son usine de Boston. L'économie est de 90 % (entre 1974 et 1993) pour produire un stylo à l'usine de Santa Monica.

2. Nous remercions Wendy Pratt, de California Futures à Sacramento (Etats-Unis), pour ses données utilisées dans ce sous-chapitre. Ces données proviennent de Gillette USA et Mitsubishi Semiconducteurs USA.

Ces économies considérables répondent-elles à des objectifs quantifiés établis par les dirigeants ? Non. Les dirigeants avaient simplement décidé que la productivité des ressources était une priorité. Cela encouragea les employés à rechercher sans arrêt des moyens d'améliorer les procédés de fabrication. Dans toutes les usines Gillette, des équipes s'efforcèrent de trouver et de mettre en pratique des idées qui, mises bout à bout, donnèrent des résultats qu'aucun individu, seul, n'aurait pu obtenir.

Dans une usine, un employé suggéra de recycler l'eau, mais cela aurait nécessité la mise en place d'un nouveau système de refroidissement. Un autre employé suggéra alors d'utiliser la piscine à cette fin. Ces idées furent communiquées aux usines européennes de Gillette, dont les employés suggérèrent de nouvelles améliorations. Au bout du compte, l'usine de Boston finit par réutiliser la chaleur dont elle se débarrassait auparavant.

A ces économies de ressources furent ajoutées des améliorations des procédés, qui permirent de réduire les pollutions au-delà des attentes de l'Agence américaine pour la protection de l'environnement. Par exemple, les rejets de trichloréthane, de trichloréthylène et de méthyl-éthyl-cétone, trois solvants courants mais polluants, furent réduits de 98 % par rapport à 1991, grâce au remplacement de ces solvants par l'eau pour laver les lames. En 1993, Gillette avait réduit ses rejets toxiques de 97 % par rapport à 1987.

Ces progrès considérables sont possibles même dans le cas des technologies les plus sophistiquées, où l'on pourrait penser que les possibilités de remplacement des matériaux sont des plus limitées. Ainsi, à partir de 1991, Mitsubishi Semiconducteurs USA entreprit de diminuer la consommation d'eau et la production de déchets dans son usine de circuits intégrés, en Caroline du Nord. Alors que la production augmentait de 30 %, la consommation d'eau baissait de 70 %, tandis que le volume des boues provenant de l'épuration des eaux usées diminuait de 75 % par rapport à 1992. Cela permit de diminuer les traitements chimiques, d'augmenter la qualité de l'eau et d'accroître la production. Les deux innovations principales – déionisation et osmose inverse –, d'un montant de 6 millions de francs, furent rentabilisés en deux ans. En fait, la première phase coûta 200 000 F et permit d'économiser 1,2 millions de francs la première année, elle s'est donc remboursée en neuf semaines.

Enfin, la production de déchets dangereux a diminué de 75 % depuis 1991, avec notamment la suppression complète des CFC et la diminution de 96 % de certaines boues d'épuration, obtenue en modifiant les procédés chimiques sans modifier la production. Par exemple, un procédé électrique a permis de réduire de 97 % la concentration de plomb dans ces boues, permettant en retour de diminuer la consommation de réactifs chimiques et, par contrecoup, le volume des boues.

2.6 Économies d'eau domestique [3]

Les ménages américains consomment en moyenne 303 litres d'eau par personne et par jour sans compter les usages extérieurs comme l'arrosage ou le lavage des voitures. Rien qu'en remplaçant les chasses d'eau et les pommes de douche par des modèles plus économes (6 litres pour les toilettes et 10 l/mn pour la douche), on pourrait diminuer la consommation de 35 %, jusqu'à 200 litres environ. Avec des lave-linge et des lave-vaisselle plus efficaces et en utilisant des eaux grises [4] pour les toilettes, on pourrait atteindre 100 litres par jour (soit 50 % d'économie supplémentaire et 69 % d'économie totale) et fournir 120 litres d'eaux grises pour les usages extérieurs.

Ces techniques sont semblables aux techniques classiques, sont au moins aussi performantes et ne sont pas forcément plus chères. Les chasses d'eau à économiseur australiennes représentent une économie de 80 % par rapport aux anciennes chasses de 20 litres, fonctionnent mieux et coûtent moins cher. Au RMI, un modèle suédois de 3,2 litres, utilisé par nos visiteurs depuis 1983, a fait les preuves de sa fiabilité. Le passage de l'eau est plus efficace car celle-ci, au lieu de tourbillonner inutilement, est concentrée en un jet puissant et précis.

Grâce à des équipements spécialement conçus, on pourrait réaliser des économies encore plus grandes [5]. Ainsi, vers 1980, un inventeur américain lança sur le marché une douche Min-Use d'une puissance de 2 l/mn, dans laquelle l'eau est propulsée par une détente d'air chaud à basse pression – idée dérivée des douches utilisées dans les sous-

3. Nous devons ce sous-chapitre à Scott Chaplin du RMI.

4. Il s'agit des eaux usées, sauf celles qui proviennent des WC (NDT).

5. Sans oublier les toilettes à compost, qui ne consomment pas d'eau et fournissent du compost pour les plates-bandes (NDT).

marins. La Min-Use consomme quatre à cinq fois moins d'eau qu'une pomme de douche classique (et huit à quinze fois moins qu'un modèle antérieur à 1992). L'énergie qu'elle consomme ne représente que 1 ou 2 % de l'énergie économisée grâce à la diminution du volume d'eau à chauffer (0,43 kW contre 20 à 75 kW). Le prix de l'appareil est largement compensé par un coût d'installation inférieur : l'eau chaude est en effet conduite dans un petit tuyau flexible – au lieu du gros tuyau rigide nécessitant l'intervention d'un plombier.

On peut aussi mettre à profit d'autres sources d'eau. Ainsi, récupérer l'eau de pluie pour tous les usages – excepté l'eau de boisson – réduirait de 90 % la consommation d'eau du réseau public, économiserait la lessive (l'eau de pluie est si « douce » qu'il faut peu de lessive pour laver), et fournirait des quantités appréciables d'eaux grises pour les usages extérieurs.

La récupération de l'eau de pluie et des eaux grises peut paraître extrême à beaucoup de personnes, pourtant elle est pratiquée dans de nombreux systèmes modernes dans le monde entier. Dans de nombreuses régions des îles Hawaii, des Antilles, d'Australie et du Texas, la population couvre ainsi une grande partie, voire la totalité de ses besoins en eau. En Allemagne, les systèmes de collecte de l'eau de pluie sont présentés comme un moyen de diminuer l'engorgement des égouts en cas de fortes pluies. A Tokyo, de nombreux immeubles ainsi que les stades de base-ball sont équipés de ces systèmes pour alimenter les toilettes et les tours de refroidissement. Quant aux eaux grises, leur succès va croissant en Californie depuis que la loi autorise leur utilisation pour l'irrigation souterraine ou les chasses d'eau.

Il est également possible de diminuer significativement la quantité d'eau à usage extérieur. Dans de nombreuses régions des Etats-Unis, la consommation extérieure est équivalente ou supérieure à la consommation intérieure pendant les mois d'été. Les possibilités d'économies sont illimitées, selon les types de jardins. Des systèmes d'irrigation efficaces, des surfaces de gazon modestes et des plantes peu gourmandes en eau peuvent diminuer les besoins de 50 % ou plus dans de nombreuses régions. Une fois de plus, les eaux grises et l'eau de pluie permettent de réduire la consommation d'eau potable. Toutes ces techniques induisent souvent des économies de carburant, d'engrais, d'herbicides et de travail. Pour ne rien gâcher, des jardins économes en eau bien conçus peuvent procurer un plaisir esthétique, une climatisation naturelle et une protection contre le feu, tout en attirant oiseaux et autres animaux.

Le projet pilote *Casa del Agua* (« *Maison de l'Eau* ») à Tucson, en Arizona, était une maison très plaisante, d'aspect habituel et complètement équipée. Mais sa consommation d'eau fournie par le réseau était inférieure de 67 % à celle des autres maisons du quartier. Des systèmes de récupération de l'eau de pluie et des eaux grises, associés à un jardin, à des appareils et à des arrivées d'eau économiques, permirent de ramener la consommation d'eau potable à 200 litres par personne et par jour[6]. Un projet similaire, appelé *Maison du Désert*, est actuellement en cours dans la ville de Phœnix, en Arizona. L'économie attendue est de 50 %. Ces deux projets sont conduits par le bureau d'étude des terres arides de l'école d'architecture de l'université de l'Arizona (Martin M. Karpisack *et al.*, 1990).

Les économies d'eau ne se limitent pas aux maisons individuelles, mais peuvent concerner des collectivités entières. Lorsque, lors d'une sécheresse, la ville de Goleta, en Californie, se trouva confrontée au coût élevé d'une nouvelle adduction d'eau, la compagnie de distribution aida ses 74 000 habitants à s'équiper de 17 000 toilettes économiques (dont 14 700 firent l'objet d'une ristourne), donna 35 000 pommes de douches très performantes, suggéra des systèmes d'arrosage plus efficaces à des centaines de ménages, et aligna ses tarifs sur ses coûts marginaux, afin que chacun sache ce que sa consommation d'eau coûtait réellement à la collectivité. De mai 1989 à avril 1990, la consommation par habitant diminua de 50 % par rapport à la moyenne des cinq années précédentes. La consommation totale diminua de 30 % (de 520 à 360 litres par personne et par jour, soit deux fois l'objectif initial de 15 %). Le programme, d'un montant de 7,5 millions de francs, permit de réduire le volume des effluents de 27 000 à 16 000 m^3 par jour en juin 1990 et d'annuler l'extension prévue de la station d'épuration, auparavant saturée (RMI, 1994).

Grâce à des techniques de recyclage initialement mises au point pour les vols spatiaux, certains expérimentateurs américains ont réussi à alimenter leurs familles en eau sans aucun apport extérieur, en recyclant jusqu'à la dernière goutte. Après tout, c'est ce que la terre fait

---

6. Cela peut paraître encore beaucoup, mais l'Arizona possède un climat très aride (NDT).

chaque jour ; il suffit d'un équipement spécial pour réaliser la même chose à petite échelle. Dans le même ordre d'idées, Ted Bakewell III, de Ladue dans l'Etat du Missouri, a conçu des maisons mobiles[7] qu'il n'est pas nécessaire de raccorder aux différents réseaux : elles recyclent l'eau et les déchets, produisent leur énergie à l'aide de panneaux solaires et d'une petite éolienne, et sont équipées de téléphones hertziens ou par satellite. Enfin, on peut les livrer par avion ou par voie d'eau (elles sont amphibies), voire les parachuter à l'emplacement désiré. Bien entendu, si vous ne voulez pas produire de déchets, il vous faudra être aussi attentif dans vos achats, aussi soigneux dans votre recyclage et dans votre compostage que cet ingénieur californien qui n'avait pas sorti sa poubelle de chez lui depuis des années : sa production nette de déchets solides était inférieure à 40 grammes par mois !

Certains se demandent quelle est la limite ultime au recyclage des déchets ménagers. En 1987, Barry Commoner, du centre de biologie des systèmes naturels de Queens College (université de New York), mena un projet pilote de recyclage intensif, dans le but de déterminer la proportion d'ordures ménagères revalorisables. Les ordures, ramassées chez des volontaires, étaient séparées en matériaux compostables, recyclables et non recyclables. Seuls 2,4 % des déchets des premières catégories furent refusés. Au bout du compte, 84,4 % des ordures ménagères purent être revalorisées.

2.7 Production de coton moins gourmande en eau

Nous avons tous besoin de vêtements. Le textile est l'une des principales productions humaines, quelle que soit la civilisation. En 1990, la production mondiale de textile s'élevait à 37 millions de tonnes. La même année, on vendit 20 kg de textile par personne dans les pays industrialisés, contre 1 kg par personne dans les pays en développement.

L'industrie textile est la cause de nombreux problèmes d'environnement bien connus : pollution de l'eau, colorants, pesticides (pour protéger la laine) et produits chimiques problématiques pour la production de fibres synthétiques.

Les problèmes causés par le flux de matière généré par cette même industrie sont moins connus. L'un d'eux est particulièrement

7. Maisons que l'on place sur un camion pour déménager (NDT).

inquiétant : il s'agit de la consommation d'eau par les plantations de coton et de l'érosion qui en découle[8]. Pour produire 1 kg de coton, il faut en moyenne 5 m^3 d'eau. On peut donc estimer que la production mondiale de coton (18 millions de tonnes par an) nécessite 100 milliards de mètres cubes d'eau. Bien entendu, une grande partie de cette eau s'écoulerait même sans production de coton. Mais, à cause du coton, elle dégrade les couches superficielles du sol au lieu de les améliorer. Dans les régions où il pleut beaucoup, l'eau emporte environ 44 kg de sol par kilo de coton produit.

Un certain nombre d'industriels s'inquiètent ouvertement de ces conséquences écologiques, comme les usines Brinkhaus à Warendorf, en Allemagne. L'entreprise accepta de bon gré les recherches sur ses flux de matériaux menées par Christiane Richard-Elsner, de l'Institut Wuppertal. L'approche la plus simple consista à les étudier sur place.

En 1987, la consommation d'eau de l'usine Brinkhaus était évaluée à 165 l/kg d'articles en coton, à quoi il fallait ajouter 2,4 kg de matériaux divers et 6,3 kWh d'électricité. Depuis, la consommation d'eau a diminué de 80 %, le volume d'eaux usées de 92 %, et la consommation d'énergie de 13 %. Si la chaleur en excès était récupérée pour chauffer les bâtiments annexes, on pourrait encore économiser 60 % de l'énergie.

On pourrait aller plus loin en tenant compte de la consommation d'eau depuis le champ de coton. En important du coton produit dans des régions semi-arides au lieu de coton produit dans des régions humides, on diviserait par quinze l'érosion du sol. Une autre possibilité, encore peu étudiée, consiste à associer le coton à des cultures protectrices dans les régions à pluviométrie élevée[9].

2.8 Réduire les flux de matière dans l'industrie

Les exemples d'industries ayant considérablement réduit, voire supprimé le gaspillage de divers matériaux sont légion. De nombreux chefs d'entreprise sont maintenant conscients que les déchets sont simplement des ressources inexploitées – symptôme d'une mauvaise gestion qui nuit au bilan de l'entreprise.

---

8. L'assèchement de la mer d'Aral en étant l'exemple le plus extrême (NDT).

9. Une autre solution, encore plus écologique, consisterait, dans les pays tempérés, à remplacer le coton par le lin, voire par le chanvre, avec lequel on sait aujourd'hui faire des tissus d'une grande finesse (NDT).

La suppression des déchets et la transformation de produits secondaires indésirables, souvent dangereux, en coproduits valorisables est aujourd'hui une façon courante et lucrative d'augmenter les bénéfices. Ainsi, aux Etats-Unis, « un bilan sur soixante-quinze cas choisis dans des domaines industriels variés a permis de constater que la durée moyenne de rentabilisation des investissements visant à réduire la production de déchets était de 1,58 année, soit un rendement annuel de 63 % » (Romm, 1994, p. 4). Les résultats obtenus par certaines compagnies – 3M, Dow, Du Pont de Nemours et bien d'autres – sont presque légendaires. Ainsi, la société Xerox devrait parvenir à une réduction de 90 % de ses déchets en 1997 (Romm, 1994, p. 145). AT&T, le géant américain des télécommunications, a déjà diminué ses émissions de fumées toxiques de 95 % et ses émissions de CFC de 98 %.

Dans les lignes qui suivent, nous présentons quelques exemples de réduction des déchets et de prévention des pollutions qui ont un effet sur les flux de matière dans diverses industries.

L'hôtel-casino Harrah de Las Vegas décida de demander à ses clients s'ils souhaitaient que l'on change leurs draps tous les jours. Contre toute attente, 95 % des gens apprécièrent qu'on leur pose la question, et la grande majorité répondit non. Les dépenses d'énergie et d'eau nécessaires au lavage de 1 800 paires de draps par jour – en plein milieu d'un désert torride – ont diminué de 350 000 F par an (Romm, 1994, pp. 3-5). Les draps s'usent moins vite et la pollution est réduite.

« En 1992, Baxter Healthcare recyclait 99,9 % de ses déchets en plastique, ce qui représente une économie de 45 millions de francs sur dix ans. » (Romm, 1994, pp. 159-60.) La société était en bonne voie de supprimer tous ses déchets ultimes entre 1991 et 1995, et avait éliminé sa production de CFC et d'huiles usagées (6 tonnes par an). Ces économies représentent 50 000 F par an, tandis que les efforts de recyclage permirent de dégager un bénéfice annuel net de 8,5 millions de francs.

Dans l'usine principale de Republic Steel, dans l'Etat de l'Ohio, des améliorations proposées par les employés permirent de réduire la consommation d'eau de 80 % en deux ans, soit une économie de 250 000 F par an (Romm, 1994, pp. 52-53). Rien ne fut oublié : les deux jets d'eau potable furent remplacés par un rafraîchisseur d'eau, les fuites des grosses canalisations furent réparées et l'eau de rinçage recyclée.

Dans une usine de Ciba-Geigy, située dans le New Jersey, deux améliorations des procédés de fabrication de colorants permirent d'augmenter le rendement de 40 %, de supprimer les déchets ferreux, de réduire les déchets carbonés de 80 % et d'économiser 3,7 millions de francs par an (Romm, 1994, p.131). On constata ultérieurement une augmentation supplémentaire de rendement de 15 %.

On peut faire mieux que produire efficacement des colorants : le plus simple est de s'en passer. La société Natural Cotton Colours, en Arizona, a atteint un chiffre d'affaires de 25 millions de francs en moins de cinq ans, grâce à la sélection d'une variété de coton de couleur variable et de qualité égale à celle du coton blanc. Ce coton, produit biologiquement et nommé Foxfibres, est moins cher que le coton blanc teinté. En plus de supprimer les procédés de coloration coûteux, polluants et gourmands en énergie, Foxfibres possède des qualités uniques : il est ininflammable et la couleur s'intensifie au lavage.

Le fabricant de meubles Haworth utilisait autrefois 120 litres de solvants par jour, soit une dépense de 150 000 F par an, plus 45 000 F pour leur élimination. En installant deux alambics, l'entreprise put récupérer des solvants d'une grande pureté. Cela permit de diviser par quatre les quantités de l'un (temps de rentabilisation : un an) et par dix les quantités de l'autre (temps de rentabilisation : un an et demi) (Romm, 1994, p.159).

Coors, fabricant américain de bière, a supprimé l'acide citrique qui servait à neutraliser les produits destinés à décoller les étiquettes des bouteilles à recycler. Les employés de l'usine et d'une usine voisine avaient suggéré de le remplacer par l'acide sulfurique, considéré jusque-là comme déchet inutile. Cette mesure a coûté 10 000 F à la compagnie et lui a permis d'économiser 1 million de francs, tout en diminuant l'exposition des ouvriers à l'acide. Des mesures semblables dans une usine d'emballage de Coors supprimèrent l'acide phosphorique grâce à une meilleure gestion des matériaux, pour un coût nul et une économie de 60 000 F par an.

Coors a également réduit ses quantités de déchets dangereux de plus de 75 % depuis 1987, malgré l'augmentation de la production. Les concentrations d'argent et de mercure dans les eaux usées ont été diminuées dans les mêmes proportions. Cela a permis à la société de fermer son usine de traitement des déchets dangereux. Coors a également réduit ses rejets de substances toxiques de plus de 57 % depuis 1989.

Dans l'Etat du Wisconsin, la société Kleen Test, fabricant de serviettes de toilette humides, fut contactée par une équipe de DowBrands Contract Operations basée en Caroline du Sud, afin de mettre en place un programme de réduction des déchets concernant essentiellement les PVC et le polypropylène. La société est parvenue à une diminution de 77 % et poursuit son effort. En outre, plus de 85 % des déchets produits sont recyclés, le reste étant incinéré. Le recyclage consiste à revendre les déchets en plastique à des récupérateurs locaux qui en tirent des produits variés, comme des poteaux de clôture. Ce projet faisait partie d'un programme de diminution des déchets de Dow Chemical (baptisé « La diminution des déchets paie toujours »).

2.9 La chambre froide FRIA

Ursula Tischner vient de l'université de Wuppertal. Elle a obtenu son diplôme en concevant les fonctions et les éléments d'un nouveau procédé de réfrigération inspiré des idées de Friedrich Schmidt-Bleek.

Figure 11. La chambre froide FRIA inventée par Ursula Tischner.

Comment réduire considérablement la consommation d'énergie et de matière sans compromettre les besoins de réfrigération des ménages ? Tel était le thème central de sa recherche.

Le résultat est étonnant. Le système s'appelle FRIA. Il s'inspire des anciens celliers. Le cellier était une pièce de la maison, bien isolée de la chaleur et généralement placée contre le mur nord. Dans des pays comme l'Allemagne ou la France, le cellier reste aussi frais qu'un réfrigérateur pendant trois à cinq mois. D'une certaine manière, le FRIA est un réfrigérateur à plusieurs compartiments inspiré du cellier. Mais il fait aussi appel à des techniques de réfrigération très sophistiquées et à une isolation plus efficace que celle des réfrigérateurs conventionnels. Sa durée de vie est très longue et les compartiments peuvent être réparés ou remplacés séparément. Il existe aussi des compartiments de congélation. La figure 11 montre un modèle standard. Il est commode, fonctionnel et élégant.

Selon le dispositif de réfrigération installé, les économies d'énergie peuvent être considérables. En 1994, le modèle standard ne consommait pas plus de 0,40 kWh par 24 heures (contre 0,85 pour un appareil allemand conventionnel). Si l'unité de réfrigération provenait des établissements Gram (voir p. 60), la consommation baisserait à 0,26 kWh par 24 heures. Une troisième option consiste à coupler le FRIA avec un chauffe-eau Zeolith. Ce dispositif, mis au point par Zeotech, une société basée à Munich, chauffe l'eau avec une efficacité supérieure de 30 % à celle des chauffe-eau classiques, avec un avantage supplémentaire : il représente un potentiel de réfrigération substantiel. Étant donné que le FRIA peut durer aussi longtemps que huit ou dix réfrigérateurs classiques et qu'il consomme au minimum deux fois moins d'énergie, la productivité totale des ressources est quatre à huit fois supérieure.

2.10 Machines à laver collectives et ascenseurs [10]

Dans les immeubles, on peut optimiser de nombreux biens et équipements. Grâce à des systèmes incitatifs permettant de passer d'un grand nombre de biens de courte durée à un petit nombre de biens de longue durée, il est possible de « dématérialiser » considérablement les services rendus par ces biens. Illustrons cela par deux exemples : les machines à laver et les ascenseurs.

Machines à laver collectives contre machines à laver familiales

En Europe du Nord, ainsi que sur les côtes est et ouest des Etats-Unis, les immeubles d'habitation modernes possèdent des lavomatics afin de dissuader les occupants d'utiliser des machines à laver dans leurs appartements (Stahel et Gomringer, 1993). A service identique, le gain énergétique estimé correspond à peu près à un facteur quatre. Les gains de productivité de la matière sont encore plus importants, proches d'un facteur dix environ. La stratégie d'économie des ressources consiste à partager quelques machines plutôt qu'à acheter un grand nombre de machines familiales.

---

10. Nous devons le contenu de cette partie à Walter Stahel.

Les économies d'énergie dépendent largement de la source d'énergie choisie. Les machines familiales fonctionnent presque toutes à l'électricité. Souvent, la facture est alourdie par des sèche-linge électriques. En revanche, de nombreuses machines à laver collectives utilisent le gaz naturel pour chauffer l'eau (le chauffage électrique étant la moins économique et la moins efficace des méthodes). Grâce à une fréquence plus élevée de lavage, ces machines réutilisent une partie de l'eau chaude ou de la chaleur. Enfin, la chaleur perdue peut servir pour les sèche-linge.

La meilleure productivité de la matière résulte de l'usage intensif des machines à laver collectives. Robustes, ces machines font en moyenne 30 000 lavages au cours de leur vie, contre 23 000 pour les machines familiales, pour une consommation identique de matériaux.

Le peu d'attrait des machines à laver collectives est généralement dû à leur emplacement, dans des lieux froids et isolés, à la cave ou dans les combles. En Californie, le problème a été résolu en les plaçant près de la piscine ou de l'aire à barbecue.

Nombreux sont les services domestiques que l'on peut « dématérialiser » en construisant des machines durables, en les partageant, ou en passant d'une économie de consommation à une économie de services (Giarini et Stahel, 1993).

Ascenseurs

Pour illustrer un peu plus cette notion de service, intéressons-nous aux ascenseurs. Les grands immeubles, économes en surface au sol, sont inconcevables sans moyens de transport verticaux efficaces. Un ascenseur comporte essentiellement un jeu de rails, une cabine, un contrepoids, un moteur avec boîtier de vitesses, un mécanisme de commande et un système de freinage d'urgence. En raison de leur construction modulaire et du fait que la plupart des dispositifs sont cachés, les ascenseurs sont des biens durables aisément améliorables et faciles à remettre au goût du jour (remplacement du panneau de commande, décoration ou modification de la cabine) (Stahel et Gomringer, 1993).

Le numéro deux mondial des fabricants d'ascenseurs, la compagnie Schindler AG d'Ebikon, en Suisse, décida de mettre à profit la longévité de ses appareils. La société se mit donc à vendre du « transport vertical », c'est-à-dire à louer ses ascenseurs. Le contrat de crédit-bail inclut l'entretien et les services, évitant aux clients le désagrément de se retrouver avec un ascenseur en panne. En 1992, 70 % du chiffre d'affaires de Schindler AG provenaient de ces services.

2.11 Rénover les bâtiments au lieu de les démolir

Les vieux bâtiments sont souvent sans intérêt pour un nouveau propriétaire, ou bien ils ne sont plus rentables en raison des modifications des lois ou des plans d'occupation des sols intervenues depuis leur construction. En conséquence, ces bâtiments sont souvent démolis et remplacés par des constructions neuves. En modernisant les vieux bâtiments, ou peut en moyenne économiser les trois quarts de l'énergie et des matériaux. Par la même occasion, on préserve les valeurs sociales et affectives du bâtiment, ainsi que l'héritage culturel qu'il représente.

Le facteur quatre résulte principalement de la conservation de l'« énergie grise » contenue dans la structure du bâtiment, c'est-à-dire les briques et le ciment. Même en remplaçant toutes les installations de chauffage et de climatisation, le réseau électrique, les ascenseurs et les fenêtres, on n'en préserve pas moins 75 % des matériaux et de l'énergie investis à l'origine.

En revanche, cela n'économise pas le travail, bien au contraire. La rénovation d'un bâtiment peut demander autant de travail que sa démolition suivie d'une construction neuve. Le bilan financier penchera en faveur de la rénovation, et donc de la productivité des ressources, quand les charges salariales seront en partie remplacées par des taxes sur les ressources (voir chapitre 7).

Récupération des matériaux de démolition

Quand un bâtiment est démoli, que deviennent les matériaux ? La plupart d'entre eux finissent dans des décharges qui se remplissent rapidement. Le district de Vancouver, en Colombie-Britannique (Canada), produit chaque année 1,4 million de tonnes de déchets municipaux. Les gravats de construction et de démolition, en quantités à peu près égales, représentent entre 300 000 et 600 000 tonnes supplémentaires. Comme il est prévu que 60 % des décharges de Colombie-Britannique ferment d'ici l'an 2000, le ministre de l'Environnement en appelle à une diminution de 50 % du volume de déchets municipaux solides. En conséquence, les frais de mise en décharge ont doublé entre 1989 et 1992, et un nouveau doublement était prévu avant la fin de 1995.

De telles augmentations sont un merveilleux moyen de stimuler la matière grise des entrepreneurs. Un projet pilote mené par la British Columbia Buildings Corporation – une compagnie qui construit et gère des immeubles pour le secteur public – avait pour but de tester cette idée nouvelle : des démolitions écologiquement responsables. Le bâtiment choisi fut l'annexe Westgate de la vieille prison Oakalla, construite en 1963. Il s'agit d'un bâtiment de 24 mètres sur 46, avec un plancher et des murs en béton, des poutres et une charpente en bois, des murs intérieurs recouverts de bois ou de pierres sèches et des fenêtres à barreaux.

Après l'enlèvement des plaques d'amiante, le projet commença par un appel d'offres à des entrepreneurs intéressés et compétents, dans le but explicite « d'éviter la mise en décharge des gravats en vue de leur réutilisation ou de leur recyclage, tout en s'assurant de la compatibilité économique du projet avec les méthodes normales de démolition ». Les offres devaient préciser, pour chaque type de matériau, la quantité, le prix de mise en décharge, le coût d'un autre mode de gestion des gravats, ainsi que les sociétés susceptibles d'accepter ces matériaux en vue de leur réutilisation et de leur recyclage. Elles devaient également présenter deux prix : celui d'une démolition normale et celui d'une démolition optimisant les possibilités de récupération. L'offre gagnante proposait une option de récupération 24 % moins chère qu'une démolition classique.

L'opération eut lieu en 1991 et fut couronnée de succès, avec des méthodes de travail employant de nombreuses personnes quand cela se justifiait. Les trois quarts des murs en béton servirent à construire un bâtiment pour un club de jeunes, le reste fut broyé pour produire des agrégats. Les poutres et autres bois de charpente furent récupérés à 97 % et revendus, ainsi que les métaux, les équipements divers, les pierres sèches, les fenêtres, les barreaux et autres éléments. Le gravier du toit plat fut récupéré par un paysagiste, qui en recouvrit une allée. Les piliers de soutènement truffés de câbles électriques, impropres pour des agrégats, furent envoyés en décharge en vue de leur réutilisation en soubassement de chaussée. Les seules quantités significatives de matériaux ultimes furent les débris du toit (61 m^3 de fibre de verre imprégnée de goudron, ce qui rendait sa récupération impossible) et des éclats de bois trop abîmés pour resservir (46 m^3) mais qui, ailleurs, auraient pu être utilisés comme combustible.

Les matériaux de démolition se répartissaient ainsi : 64 % de bois, 30 % de béton, 2 % de métaux et 3 % de gravier et de goudron. Avec une démolition classique, 92 % de ces matériaux auraient fini en décharge. La proportion est inversée dans ce projet pilote : 5 % aboutirent en décharge et 95 % furent réutilisés ou recyclés. Le mois et demi de travail supplémentaire fut compensé par la revente des matériaux. Le bâtiment comportait une proportion inhabituelle de bois, dont la valeur marchande est plus grande, mais l'entrepreneur pense que l'opération serait profitable avec d'autres bâtiments, du moment qu'il existe des débouchés pour les matériaux.

2.12 Polyculture vivace

Réinventer l'agriculture

L'agriculture est le souci de Wes Jackson ; non les pratiques, mais l'agriculture en soi. Au risque d'être accusé de vouloir retourner à l'âge de pierre, il remet en question l'agriculture telle que nous la connaissons, qui nécessite de labourer le sol. La pratique de retourner le sol a profondément bouleversé la terre. Il explique : « D'un point de vue géologique, la labour est certainement l'événement le plus explosif jamais apparu sur terre, transformant celle-ci plus radicalement que l'apparition de la vie. » (Jackson, 1980, p. 3.)

Le labour provoque un dérèglement écologique profond. Pourtant, il est si familier aux Occidentaux que l'on se sent mal à l'aise en écoutant W. Jackson, quand il raconte l'histoire d'un Indien d'Amérique observant un immigrant fraîchement débarqué en train de retourner la prairie vierge avec son attelage de chevaux. Le visage dénué d'expression, l'Indien fixe la charrue qui ouvre un sillon à travers la prairie et la retourne sens dessus dessous, toutes racines dehors. Au bout d'un moment, le fermier s'arrête et demande : « Alors, qu'en penses-tu ? – Tu as mis la terre dans le mauvais sens », répond l'Indien avant de s'en aller.

De nos jours, la terre est toujours dans le mauvais sens. En quelques milliers d'années, le labourage a transformé de vastes surfaces, véritables symphonies végétales d'une grande diversité, en damiers de monocultures. Pire, l'érosion du sol qui accompagne cette pratique – rapide en certains endroits, lente mais inexorable dans d'autres – ne peut continuer indéfiniment. Ces dernières années, l'équivalent d'un camion de terre arable passe toutes les secondes dans le Mississippi au niveau de La Nouvelle-Orléans. A ce rythme, l'Etat de l'Iowa aura épuisé ses sols arables – il en a déjà perdu la moitié– avant que l'Etat du Nebraska n'épuise ses nappes phréatiques. Selon W. Jackson, l'agriculture a besoin d'une « réparation biotechnique ».

Wes Jackson veut développer la polyculture vivace. Généticien, il rassemble autour de lui des chercheurs innovants à l'institut agricole de Salinas, dans l'Etat du Kansas. Ensemble, ils apprennent à connaître la prairie américaine, écosystème varié comprenant des centaines d'espèces de plantes vivaces partout où le sol n'a pas été perturbé. Grâce à des croisements expérimentaux, l'institut cherche à mettre au point des cultures vivaces qui remplaceraient les cultures annuelles, base de notre agriculture. Les cultures vivaces éliminent virtuellement la nécessité de labourer, et donc l'érosion du sol. La polyculture favorisera une flore et une faune variées, ainsi que la microflore et la microfaune indispensables aux processus de décomposition nécessaires à la fertilité du sol [11].

Selon les manuels agricoles, les plantes vivaces n'ont pas de gros rendements. Mais les manuels se trompent. Il n'a fallu que deux ans aux chercheurs de l'institut pour montrer – et dix ans pour prouver scientifiquement – que des variétés de graminées sauvages, même choisies au coup d'œil, produisaient autant, voire plus de protéines à l'hectare que les céréales hybrides actuelles, génétiquement vulnérables et exigeantes en intrants (engrais et pesticides) ; ces céréales, issues de cent ans de sélection, sont en effet très sensibles aux intempéries, aux ravageurs et aux maladies. Considérer la nature comme un modèle et un mentor, et non comme nuisance à combattre, est le meilleur moyen de respecter et de mettre à profit des milliards d'années d'expérimentation naturelle, au cours desquelles tout ce qui ne « marchait » pas était éliminé, processus qui continue de nos jours.

Loin de se contenter des graminées vivaces de la prairie du Kansas (là où elle subsiste encore), les chercheurs se mirent à croiser des espèces très éloignées géographiquement, provenant de l'Illinois (Etats-Unis) comme de la Sibérie. Toutes les espèces testées donnèrent des récoltes vigoureuses, aux caractères variés et aux rendements élevés, pour un effort minime. Comme leurs ancêtres sauvages, les graines de ces nouvelles cultures, mélangées ou séparées par des tech-

11. Et que les pratiques agricoles intensives mettent à mal (NDT).

niques classiques, font un pain délicieux. Cultivées en association, ces plantes s'entraident, l'une fixant l'azote, l'autre évitant l'usage des pesticides, la troisième protégeant la récolte des insectes. Selon un principe écologique bien connu, les polycultures sont moins sensibles que les monocultures aux attaques des ravageurs et des maladies.

Le résultat final de cette forme d'agriculture inspirée de la nature sera des champs fertiles ressemblant plutôt à des prairies. Les nombreuses plantes mélangées poussent chaque année sans labour, sans semis ni érosion. Elles ne nécessitent ni arrosage, ni engrais, ni pesticide. On les récolte soit mécaniquement, avec une moissonneuse-batteuse, soit par l'intermédiaire de bisons et de pronghorns, magnifiquement adaptés à cette nourriture.

Facteur dix, facteur cent : quelle est l'ampleur des économies d'énergie, d'eau et de produits chimiques ? Les économies sont presque infinies : à part l'énergie nécessaire à la récolte et à un minimum de surveillance, les besoins sont nuls.

Il faudra peut-être encore un demi-siècle avant que la polyculture vivace ne prenne son essor. Mais nous possédons déjà les connaissances de base et sa faisabilité a été démontrée.

W. Jackson regarde vers l'avenir, mais il s'inquiète également du court terme. « Avant que nous ne parvenions à maîtriser tous les facteurs d'un tel système, les agriculteurs devront employer une batterie de mesures préventives pour conserver les sols arables[12] » (Jackson, 1980, p.131.) C'est dans ce but que l'institut agricole de Salinas expérimente des techniques innovantes en matière d'agriculture conventionnelle. La ferme Sunshine en est une manifestation. Les chercheurs qui y travaillent veulent créer une ferme autosuffisante en énergie, grâce à de faibles intrants, des techniques de labour efficaces, des éoliennes et des panneaux solaires. La question à résoudre est la suivante : quelle quantité de graines oléagineuses faut-il produire pour fabriquer le carburant dont le tracteur a besoin, afin de produire de la nourriture sans consommer de carburants fossiles[13] ?

Plus tard, la ferme Sunshine sera intégrée au programme de recherches sur les polycultures vivaces. W. Jackson et ses collègues

---

12. Le sol est notre ressource la plus précieuse avec l'eau, et pourtant il en est rarement question lorsque l'on parle d'épuisement de nos ressources (NDT).

13. The Land Institute *Annual Report 1993*, Salinas, KS 67401, USA. Tél. : 00 1 913 823 5376.

pensent qu'il est possible de remplacer une agriculture consommatrice d'énergie et destructrice de sols par une agriculture productrice d'énergie et de terre arable. Au cours de cette seconde révolution agricole, celui qui arrêtera la guerre entre l'homme et la terre et rétablira les relations diplomatiques entre la sagesse de la nature et l'intelligence humaine tiendra entre ses mains l'avenir alimentaire de nos descendants.

2.13 Minicultures bio-intensives

Récemment, la tendance mondiale à l'augmentation des gains de productivité agricole a commencé à vaciller. Nous voici entrés dans une période de ralentissement de cette tendance, voire de diminution des rendements (*L'état de la planète 1994* et *Signes vitaux 1994*, par le Worldwatch Institute, Washington). L'érosion des sols, la diminution de leur fertilité et les quantités toujours plus grandes d'intrants pour simplement maintenir les rendements font de l'agriculture conventionnelle un système non durable. Pourtant, les solutions pourraient provenir des lieux les plus inattendus.

Sur les pentes abruptes d'une colline du nord de la Californie, John Jeavons et ses collègues d'Ecology Action mettent au point un système agricole très productif et soutenable, sur des sols que beaucoup considéreraient comme incultes (Jeavons, 1991 ; Jeavons et Cox, 1993). Cette équipe expérimente ce que J. Jeavons appelle des « minicultures bio-intensives ». Ce système repose sur quatre principes de base : travail profond du sol pour fournir des conditions de croissance optimales aux racines ; production d'engrais verts pour nourrir le sol ; faible écartement des plants sur des planches larges afin de créer un microclimat favorable ; cultures associées pour combattre les ravageurs et les maladies. Le système n'est pas mécanisé ; pourtant, il demande peu de travail. La création des planches bio-intensives demande un certain travail, mais, par la suite, elles nécessitent peu d'entretien car la nature s'en charge pour l'essentiel.

Les chercheurs d'Ecology Action ne cherchent pas seulement à faire pousser plus de légumes. Leur but est de mettre au point des techniques qui permettent de subvenir aux besoins nutritionnels et caloriques d'une personne sur une surface aussi petite que possible. Pour cela, ils expérimentent la production intensive de céréales, de légumes et d'autres cultures à forte teneur calorique. Une grande partie de leurs travaux est consacrée aux engrais verts – essentiels pour reconstituer le sol au lieu de le détruire.

Selon Ecology Action, l'agriculture mécanisée, grosse consommatrice d'énergie, d'engrais et de pesticides a besoin, pour nourrir une personne, de 4,5 ha pour un régime à base de viande, et de 1 ha pour un régime végétarien. Mais, dans les pays en voie de développement, on ne disposera que de 0,9 ha par personne en l'an 2000. Cette moyenne ne fera que baisser, car la population augmente, tandis que la désertification, l'érosion, l'urbanisation et autres problèmes ne cessent de diminuer les surfaces de terres arables. Heureusement, les techniques bio-intensives peuvent produire la nourriture d'une personne végétarienne, plus les engrais verts, sur une surface de 0,2 à 0,4 ha. De plus, comparées à l'agriculture conventionnelle, elles réduisent la consommation d'eau de 88 % et la consommation d'énergie de 99 % par unité produite, tout en doublant le revenu agricole par unité de surface [14]. En dehors du terrain et des outils manuels, l'investissement initial est à peu près nul, et aucun produit chimique n'est nécessaire.

Plusieurs techniques d'agriculture miniaturisée et bio-intensive sont connues depuis des milliers d'années en Chine et ailleurs. En Extrême-Orient, des systèmes de production associant l'agriculture et l'aquaculture obtiennent des rendements encore plus élevés, parfois incroyables, sur des surfaces très petites. Classiquement, ils intègrent plusieurs systèmes : par exemple, les excréments des lapins tombent dans une mare à poissons et à canards qu'ils fertilisent ; la mare est reliée à des rizières et des potagers, dont les déchets nourrissent les lapins. Dans d'autres cas, on associe deux rizières, remplies et vidées en alternance. On peut ainsi alterner riz et poisson, canards et fruits de mer.

Ecology Action expérimente ces pratiques depuis les début des années 70, notant soigneusement les réussites et les échecs, les intrants et les rendements. Ces dernières années, l'équipe a développé des programmes actifs et volontaristes pour enseigner ses techniques. Des centres de démonstration existent maintenant au Mexique, en Inde, aux Philippines, en Russie et au Kenya. De nombreuses fermes et équipes de recherche communiquent leurs résultats à Ecology Action.

---

14. *Annual Report 1993*, Ecology Action, 5798 Ridgewood Road, Willits, CA 95490-9730, USA. Tél. : 00 1 707 459 0150, fax : 00 1 707 459 5409.

2.14 Louer des produits chimiques [15]

Solvants chlorés

Les composés chlorés sont des solvants très utiles. On peut dire sans exagérer qu'ils contribuent à la qualité de la vie moderne. Nous les utilisons comme agents dégraissants, comme adhésifs, et comme solvants dans les industries textile, pharmaceutique, plastique et métallurgique. Ce sont des produits chimiquement très stables, ininflammables et insolubles dans l'eau – autant de qualités parfaitement adaptées à leurs utilisations.

On en produit plus de 1,2 million de tonnes par an, raison pour laquelle ils ont attiré l'attention des écologistes. Car les mêmes propriétés qui en font des produits si utiles pour l'industrie les rendent dangereux pour la santé et l'environnement. Leur facilité de liaison avec les graisses et leur stabilité chimique facilite leur fixation dans les graisses humaines et animales. On a prouvé qu'ils sont toxiques pour le foie et on les soupçonne d'être cancérigènes. Sur les 900 000 tonnes de solvants chlorés vendus en Europe en 1992, seules 90 000 tonnes (soit 15 %) furent recyclées. Environ 450 000 tonnes s'évaporèrent, contribuant à la pollution atmosphérique, 20 000 tonnes furent incinérées (dans des incinérateurs modernes empêchant les émissions de dioxine, du moins nous l'espérons) et 40 000 tonnes « disparurent » – probablement pour aller rejoindre les nappes phréatiques dans de nombreux cas. La décontamination de l'eau après un déversement accidentel de solvants chlorés est une affaire complexe et extrêmement coûteuse.

Tous ces problèmes d'environnement ont amené les législateurs allemands à adopter des normes limitant l'évaporation et rendant obligatoire la récupération des solvants par leurs producteurs. L'une des conséquences désagréables – pour les producteurs – de la phobie anti-solvants chlorés fut la baisse des ventes.

La location de produits chimiques est un nouveau concept qui pourrait apporter une solution aux producteurs tout en bénéficiant à l'environnement. Cette idée a été émise par Dow Allemagne dans le cadre de la société SafeChem [16], créée en partenariat avec une société de

15. Nous devons le contenu de ce sous-chapitre à Sascha Kranendonk de l'Institut Wuppertal. Ses renseignements proviennent essentiellement de Dow Chemicals Europe.

16. SafeChem pour *safe chemical*, « produit chimique sans danger » (NDT).

recyclage allemande, RCN. Selon ce concept, le producteur, en l'occurrence Dow, garde la maîtrise du produit pendant tout son cycle de vie. C'est également un moyen d'appliquer le principe de responsabilité du produit total (Fussler et James, 1996).

SafeChem stocke les solvants dans des conteneurs spéciaux, conçus pour une sûreté maximale ; un système de pompage hermétique empêche l'évaporation, qui n'est plus autorisée par les nouvelles normes allemandes de pollution atmosphérique. Cette méthode élimine également les risques pour la santé des opérateurs. En contrôlant comment les produits chimiques sont manipulés et utilisés, SafeChem permet à ses clients de récupérer un certain pourcentage des solvants usagés. De plus, il devient possible de les recycler de nombreuses fois. SafeChem fournit au client un stabilisateur et un kit pour tester les solvants, afin de conserver la qualité des produits à tous les stades de leur cycle, aussi longtemps que possible.

De cette manière, les solvants peuvent être récupérés et réutilisés plus de cent fois. En ce qui concerne l'emballage, la productivité de la matière est plus faible, car la fabrication du système de sécurité nécessite des apports de matériaux. Mais, au total, il est facile d'atteindre un facteur dix. Rappelons que la préoccupation première n'était pas la productivité de la matière, mais la prévention de la pollution, tout en conservant l'usage de produits très utiles mais dangereux.

Lorsque SafeChem proposa son système, ses clients et ses concurrents restèrent d'abord sceptiques. Mais le système fonctionne bien, et, depuis le début de 1995, les concurrents se dépêchent de prendre le train en marche. Déjà, Dow recherche d'autres produits qui pourraient se prêter à ce mode de fonctionnement.

Le pas suivant est à l'étude. Il s'agit, dans la ligne de l'Institut de la durée de vie des produits, de proposer un service à la place du produit. La production de solvant perdrait de son intérêt, au profit de la prévention des pertes, de la satisfaction du client et de la protection de l'environnement.

2.15 Utiliser moins de béton pour consolider les murs

Imaginez que vous envisagez de construire votre maison très près de la maison de votre voisin, voire attenante à celle-ci, comme c'est souvent le cas dans les villes d'Europe, densément peuplées. Pour tirer parti de l'espace, il est probable que vous voudrez une cave. L'entrepreneur devra donc creuser un trou profond. Si rien n'est fait pour stabiliser le mur de votre voisin, celui-ci a de fortes chances de s'affaiblir, voire de s'effondrer pendant l'excavation ou la construction.

Il existe plusieurs moyens de stabiliser le mur de votre voisin. Deux types de consolidation sont le plus souvent utilisés : sous le mur ou faciale. Le professeur Diederichs, de l'université technologique de Wuppertal, demanda à deux étudiants, F.J. Follmann et T. Schröder, d'étudier les différences entre ces deux méthodes en termes de consommation de matière. En utilisant le système de calcul de F. Schmidt-Bleek (voir chapitre 9), ils conclurent que la consolidation sous le mur, plus classique (injection sous pression ou système de piliers), nécessite environ quatre fois plus de matière que la seconde méthode, plus moderne (agrafage au sol ou murs profilés).

2.16 Recycler les emballages plastique : le plastique Belland

Les plastiques sont un casse-tête pour la filière des déchets. Ils ne se décomposent pas et donnent une laideur telle aux décharges qu'ils sont régulièrement la cible des caméras accusatrices des écologistes. Mais les brûler n'est pas mieux. Le feu convertit le chlore et autres composés halogènes en dioxines et autres substances très toxiques. Les incinérateurs à très haute température parviennent à détruire les dioxines, tandis que les laveurs modernes purifient les fumées de combustion. Mais la méthode n'est pas entièrement efficace, elle coûte cher et n'est pas du tout satisfaisante en termes de productivité des ressources.

Les collectivités se tournent donc de plus en plus vers le recyclage des plastiques. Mais le mélange de plastiques différents conduit à la dégradation de leurs propriétés. Il est en fait difficile d'obtenir des plastiques purs à partir des ordures ménagères. Il est possible de séparer les différents plastiques par des procédés mécano-chimiques, mais ce n'est pas efficace à 100 % et cela coûte très cher. Dans certains Etats américains, comme le Vermont, on oblige les ménages à déposer leurs déchets en plastique dans sept conteneurs différents. Mais cette solution est-elle applicable partout dans le monde ? Combien de ménages disposent-ils de l'espace nécessaire pour loger sept poubelles pour les plastiques et trois autres pour les déchets organiques, le papier et les métaux ou le verre ?

L'Allemagne a adopté une approche plus simple. Tous les emballages, quelle que soit leur nature (en métal, en plastique, ou composés), doivent porter un logo vert qui certifie que le producteur a payé une taxe de recyclage. Tous les emballages ainsi identifiés vont dans une poubelle jaune. Les emballages papier portent un logo bleu, et les autres déchets vont dans une poubelle noire, le verre étant apporté directement dans des conteneurs disposés sur la voie publique.

Mais les plastiques ainsi collectés sont une source infinie de problèmes. Ils sont parfois exportés dans les pays pauvres, par exemple en Afrique ou en Indonésie [17]. Ils sont parfois brûlés ou mis en décharge, contrairement à la réglementation, ou recyclés pour faire des murs antibruit (mais les débouchés sont limités). Finalement, il fallut construire des installations coûteuses pour décomposer chimiquement les plastiques en « pétrole brut recyclé », que l'on peut brûler. A cause de ces déboires, le logo vert est devenu un sujet de raillerie [18]. Quant aux producteurs étrangers qui souhaitent exporter des biens de consommation emballés vers l'Allemagne, ils estiment que cette taxe constitue une barrière commerciale.

Que faire ? Se passer de plastique, comme certains fondamentalistes « verts » le suggèrent ? Certainement pas. Les supermarchés ont besoin d'emballages hygiéniques et transparents. Pour beaucoup d'entre eux, il n'existe pas d'alternative réaliste aux films plastique.

Toutefois, il existe une alternative aux PVC, au polyéthylène et autres emballages plastiques traditionnels : le plastique Belland, inventé par Roland Belz, un ingénieur allemand qui vit et travaille en Suisse. Ce plastique possède une propriété précieuse : il est soluble dans l'eau dès que le pH est supérieur à 7. Il présente presque toutes les qualités des autres plastiques : transparence, élasticité et rigidité variable, de mou à très dur.

Si le plastique Belland était généralisé pour des usages variés, y compris l'emballage, toutes les poubelles en contiendraient. Pour récupérer le plastique, il suffit de rincer à l'eau les ordures collectées. Le

17. Trafic dénoncé par le Parlement européen. Des mesures ont été prises, mais elles restent insuffisantes (NDT).

18. Il est arrivé la même chose en France, où les ménages ne disposent même pas d'une poubelle spéciale pour les emballages à logo vert (mis au point par Ecoemballages) : ceux-ci finissent directement en décharge ou à l'incinérateur (NDT).

plastique se dissout dans l'eau de rinçage. Quelques gouttes d'acide citrique ou autre substance inoffensive légèrement acide provoquent sa coagulation. Il est alors facile de le récupérer et de le transformer en granules chimiquement purs en vue de sa réutilisation.

Dans un pays ou dans une commune qui récupèrent le papier, le plastique Belland peut aller dans la poubelle à papier. Au moment où l'on ajoute de l'eau pour transformer le papier récupéré en pâte, on récupère le plastique Belland pour un surcoût minime. Un premier débouché pour ce plastique pourrait être les couverts en plastique destinés à la restauration rapide. Ceux-ci seraient récupérés après usage et traités de manière à ne conserver aucune trace de déchets organiques. Ce système a été testé avec succès au cours de l'édition 1995 du plus grand salon mondial des plastiques, à Düsseldorf.

Comme dans le cas de l'aluminium, le matériau recyclé a les mêmes propriétés que le matériau d'origine, mais sa production requiert beaucoup moins d'énergie et de matière. En considérant toute la durée de vie du plastique, le remplacement du PVC par le plastique Belland permettrait de multiplier par dix la productivité du matériau.

2.17 Réutiliser les bouteilles, boîtes de conserve et grands conteneurs

Au lieu de recycler la matière des récipients, on peut éviter de les détruire. En Europe du Nord, le système des bouteilles consignées est généralisé [19]. En moyenne, les bouteilles servent une vingtaine de fois, parfois jusqu'à cinquante fois, avant leur destruction accidentelle ou volontaire (à cause de rayures trop nombreuses, ou parce que la capsule n'est plus étanche). On peut ainsi multiplier par quatre la productivité des ressources par rapport aux récipients jetables (bouteilles non consignées, boîtes en aluminium ou récipients en plastique). Toutefois, il existe deux exceptions majeures.

La première concerne les emballages contenant du lait ou autres protéines alimentaires, qui requièrent un lavage très poussé afin d'éviter toute contamination microbienne. Les inconvénients du chauffage de l'eau et de l'usage de détergents peuvent facilement dépasser les avantages d'une réutilisation. L'autre exception concerne la distance. Le transport de bouteilles en verre au-delà de 250 km n'est pas écologi-

19. Il s'est malheureusement beaucoup perdu en France (NDT).

quement satisfaisant. C'est pourquoi il vaut mieux que les consignes soient organisées à l'échelle régionale. Mais l'industrie alimentaire, très concentrée, est mal adaptée à ce système.

Il ne faut pas pour autant abandonner la réutilisation des récipients. Les militants de Das Bessere Müllkonzept (« Le Meilleur Concept pour les déchets »), organisation basée à Munich, s'attaquent de front à la concentration des industries alimentaires. Ils demandent, dans la mesure du possible, la régionalisation des réseaux de distribution, et proposent de standardiser tous les récipients contenant de la nourriture ou des boissons. Ils appellent les consommateurs à se servir de paniers et de sacs en tissu pour leurs courses quotidiennes, et encouragent les agriculteurs locaux et les industries de transformation à vendre des produits frais plutôt que des conserves. Dans les cas où la conservation à long terme s'avère nécessaire, les boîtes de conserve ou autres récipients devraient être récupérés grâce à un système de consigne. Ces militants du déchet affirment que c'est techniquement faisable et que l'on peut systématiquement collecter, laver et réutiliser les boîtes de conserve tout en respectant les exigences d'hygiène.

Les programmes de réutilisation des récipients présentent toujours une certaine dose de protectionnisme. Lorsque, en 1987, le Danemark rendit obligatoire l'usage de bouteilles récupérables, la Commission européenne, à la suite d'une intervention des producteurs français d'eau minérale[20], poursuivit le Danemark pour violation des règles du libre-échange à l'intérieur de la Communauté européenne. Mais la Cour européenne de justice trancha en faveur du Danemark, ce qui constitue un précédent important donnant la priorité aux lois nationales de protection de l'environnement, quitte à bousculer un peu les lois du marché.

Caisses pour pièces détachées réutilisables

A l'origine, les usines Ford possédaient une unité de récupération des caisses et palettes, en vue de leur réutilisation. Mais, de nos jours, l'industrie automobile, qui expédie des quantités considérables de pièces détachées aux quatre coins du monde, a une meilleure idée : des caisses en acier réutilisables.

20. Contrairement à ses voisins, la France donne la priorité au plastique (difficilement recyclable) pour embouteiller ses eaux minérales (NDT).

En avril 1994, Mitsubishi Motors Corporation – le premier constructeur automobile japonais à mettre en place sa propre équipe d'étude des questions d'environnement global – collabora avec son distributeur allemand, MMC Auto Deutschland GmbH (MADG), pour remplacer les emballages en bois ou en carton par des caisses en acier. Tous les mois, Mitsubishi expédie environ 2 800 caisses de pièces détachées vers l'Allemagne. Après un mois de transport maritime, les caisses sont déballées chez MADG. Autrefois, les emballages en bois et en carton étaient simplement jetés. Maintenant, les caisses sont vidées, dépliées et réexpédiées au Japon ; durée d'utilisation escomptée : dix ans.

Suivant le même principe, Diamond-Star Motors espère réutiliser 95 % de ses conteneurs d'ici quelques années. La société réutilise également les fonds de caisse, qu'elle renvoie au Japon pour trois ou quatre utilisations successives. De plus, elle précise dans un guide spécial que ses fournisseurs doivent utiliser des emballages réutilisables chaque fois que c'est possible.

2.18 Constructions en bois pour ouvrages de grandes dimensions

Le bois est un matériau de construction étonnant. Il est léger, agréable et naturel. Soigneusement choisi, traité et entretenu, il est plus sûr et plus durable que le béton pour les utilisations les plus courantes. Sa production requiert quatre fois moins d'énergie que celle du béton. De plus, il est renouvelable, à condition de l'exploiter de manière soutenable.

Les objections généralement soulevées sont que le bois est moins performant pour les ouvrages de grandes dimensions, qu'il est démodé, et que son usage généralisé nuirait aux forêts.

« Faux, faux, faux », martèle Julius Natterer, un Bavarois qui enseigne les techniques de construction en bois à l'institut fédéral de technologie de Lausanne. « Ces inconvénients n'existent pas. » J. Natterer réalise d'impressionnantes constructions en bois, dont la figure 12 donne un exemple.

Mais il ne se limite pas à des prototypes. Il propose également des immeubles en bois d'un prix abordable. Leur construction consomme beaucoup moins d'énergie que celle des immeubles en béton ou en briques. Et tous les objectifs énergétiques évoqués au chapitre 1 peuvent être atteints.

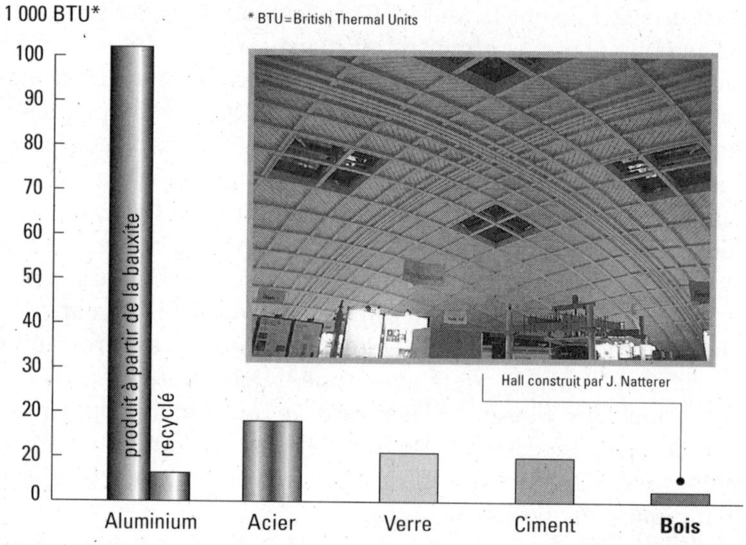

Figure 12. Le bois est un matériau de construction très utile qui se prête à de nombreux usages. En terme de consommation d'énergie, le bois est plus avantageux que l'aluminium, l'acier, le verre et le béton (Browning et Barnett, 1995). La photo en médaillon montre qu'il est possible de construire des bâtiments de grand volume en bois (palais de la foire d'Ecublens, au bord du lac de Genève, par J. Natterer).

Si l'on compare le bois à la maçonnerie sous l'angle des ressources renouvelables, la balance penche encore plus en faveur du bois : on peut sans aucun doute parvenir à un facteur dix.

Qu'adviendrait-il des forêts si l'industrie du bâtiment se tournait massivement vers le bois ? J. Natterer a réfléchi à ce problème et, pour toute réponse, il mentionne la position des autorités suisses, connues pour leur sévérité en matière d'environnement. Selon Pierre Aguet, député national du canton de Vaud, « avec une exploitation soutenable, nous pourrions extraire 7 ou 8 millions de mètres cubes de bois des forêts suisses, et cela leur ferait le plus grand bien. Cela financerait toutes les mesures nécessaires à la protection des forêts. Ce volume de bois suffirait à construire chaque année 250 000 appartements à la manière Natterer, beaucoup plus que les besoins de la Suisse ». Cinquante députés nationaux, toutes tendances confondues, se sont ralliés à la position de P. Aguet.

D'autres pays européens pourraient en faire autant. Même l'usage de bois tropicaux n'est pas une mauvaise chose en soi, à condition d'adopter des pratiques sylvicoles réellement soutenables.

2.19 Le bois dans les maisons

Environ 90 % des maisons américaines sont construites suivant une méthode traditionnelle exigeante en travail et, par de nombreux côtés, plutôt primitive. Les murs extérieurs sont renforcés par de longs madriers verticaux (5 x 10 cm de section), placés tous les 40 cm. Avec 10 à 15 % de bois, le mur est suffisamment solide.

Dans la pratique, les proportions diffèrent : les murs contiennent de 30 à 35 % de bois, deux à trois fois plus que nécessaire. Les charpentiers sont payés à l'heure et rien ne les incite à économiser le bois. En outre, ils ont un proverbe : « Mieux vaut construire solide en cas de doute. » Ils mettent du bois partout : appuis de fenêtres, coins de murs, traverses, ainsi de suite. Pour finir, beaucoup de bois est perdu car la longueur standard des madriers est rarement un multiple des dimensions de la maison, rarement prévues pour économiser le bois. D'autre part, avec la disparition des vieilles forêts, les madriers ne sont plus d'aussi bonne qualité. A peine la charpente est-elle terminée qu'il faut scier environ 10 % des madriers : le bois a tellement travaillé qu'ils ne sont plus bons à rien.

A cause de cet excès de bois, la laine de verre ou de roche destinée à remplir les espaces entre les madriers recouvre moins de surface que prévu, tandis que le bois en trop, qui conduit la chaleur trois à quatre fois mieux, constitue de véritables « ponts thermiques » par lesquels la chaleur s'échappe. La valeur isolante d'un tel mur peut diminuer de 20 à 25 %, de k–0,29 à k–0,40.

La maison de Davis – il s'agit d'un projet ACT2 présenté au chapitre 1, p. 41 – a permis de tester une innovation importante mise au point par le groupe énergie de Davis : un mur conçu pour faire plus avec moins. Au lieu de bois entier, il s'agit d'un nouveau matériau en bois fabriqué par une entreprise de l'Etat de l'Idaho, TrusJoist MacMillan. Ce produit est extrait par chauffage et pression de bois légers tels le tremble ou le peuplier. Il sert à former des panneaux de 20 cm d'épaisseur et de plusieurs mètres de large. Dans la pratique, il s'agit d'un « bois dur synthétique », mais dont la solidité, l'uniformité, la prévisibilité et l'absence de nœuds et de défauts sont inconnus dans le bois dur.

Ce dérivé du bois donne des madriers plus solides. La proportion de bois dans le mur tombe à 9 %, soit une économie de 70 à 74 % qui fait plus que compenser le surcoût du matériau.

Comme le nombre de pièces à assembler et de clous à planter est inférieur, le bois et le travail économisés remboursent largement le doublement de l'isolation entre les madriers. L'isolation de haute qualité est faite de mousse polyisocyanurate renforcée par de la fibre de verre [21], qui remplit l'espace plus efficacement, arrête la vapeur, économise le travail, renforce le mur et contribue à l'insonorisation. L'isolation double et la diminution des ponts thermiques augmente de 85 % la valeur isolante du mur, jusqu'à k-0,21. L'étanchéité à l'air est considérablement augmentée. Résultat : un mur plus compact, plus solide, plus durable, plus rapide à monter, qui consomme quatre fois moins de bois, isole presque deux fois mieux et coûte 10 000 F de moins que celui d'une maison américaine standard.

Le potentiel d'économies ne se limite pas à un facteur quatre. Certaines entreprises intercalent des fibres de carbone ou de Kelvar entre les couches de bois transformé. Ce dispositif double la solidité du matériau, ce qui permet d'utiliser des épaisseurs de bois plus faibles ou des bois moins durs. BellComb, une société de Minneapolis, a mis au point une structure de carton préfabriquée en « nid d'abeilles », éventuellement recyclable, insérée entre deux couches de bois et découpée aux dimensions désirées. Les panneaux s'assemblent comme les pièces d'un jeu de construction pour enfants. Deux adultes inexpérimentés peuvent monter une structure de la taille d'une maison en vingt minutes et la démonter en dix minutes. La maison est hermétique, ininflammable et facile à isoler grâce à des couches de mousse ajoutées aux panneaux. L'économie de bois est de 75 à 85 %, davantage dans un proche avenir.

---

21. Ces isolants, critiquables quant à leurs effets sur la santé humaine, pourraient être remplacés par des matériaux naturels ayant les mêmes propriétés isolantes (ouate de cellulose, coton, laine, liège, etc.) (NDE).

3. Dix moyens de révolutionner la productivité des transports

Nous consacrons un chapitre particulier à la productivité des transports, car si chaque déplacement de biens ou de personnes implique une consommation d'énergie et de matière, l'impact écologique des transports ne n'arrête pas là. La destruction de milieux naturels, le bruit, le tourisme de masse et l'accès croissant aux ressources naturelles dépassent les seuls enjeux des ressources et nécessitent d'être traités séparément. Il ne fait aucun doute que le conflit transports-environnement est un enjeu majeur, et tout gain d'efficacité sera chaleureusement accueilli. D'autre part, la description de moyens permettant de quadrupler la productivité des transports nous donnera un aperçu de la civilisation nouvelle que nous devrons mettre en place, pour des raisons qui vont au-delà de la seule révolution de l'efficacité.

3.1 Visioconférences

Les autoroutes de l'information sont devenues l'un des symboles les plus forts du progrès technologique. Le best-seller du vice-président américain Al Gore, paru en 1992 et intitulé *Sauver la planète*, a permis d'éveiller la conscience du public sur le rôle important que les autoroutes de l'information peuvent jouer pour harmoniser les enjeux économiques et écologiques. Dans ce sous-chapitre, nous étudierons en termes quantitatifs comment la communication électronique à longue distance peut contribuer à multiplier la productivité des ressources.

Ce potentiel dépasse largement le facteur quatre. Nous avons réalisé deux estimations grossières dans deux cas différents :

– le remplacement du courrier postal par le courrier électronique (voir p. 141) ;

– le remplacement des réunions par des vidéoconférences (ou visioconférences).

Le Rocky Mountain Institute fut l'un des premiers à adopter le transfert de données à longue distance. Au RMI, nous possédons un système de visioconférence qui comprime numériquement images et sons pour les transmettre par une ligne téléphonique de haute qualité. A cela, il faut ajouter le courrier électronique (*via* Internet) et la transmission de texte et d'images par modem. Tous ces instruments économisent de nombreux déplacements. Peu après son installation, en 1993, le système de visioconférence évita à l'un d'entre nous un voyage de quatre jours en Australie, pour un coût équivalent à un infime pourcentage du prix du billet d'avion, sans parler de la fatigue épargnée. Il put ainsi prendre la parole au cours d'une conférence importante, graphiques à l'appui, depuis un fauteuil au RMI, en face d'une caméra vidéo. Il lui suffisait d'appuyer sur quelques boutons et de parler normalement.

Des microcircuits, programmés à l'aide d'algorithmes de compression des données mis au point en Israël, transmettaient en continu les images mobiles (lèvres, sourcils, etc.), mais ne transmettaient qu'une fois les images immobiles (oreilles, arrière-plan, etc.). Le signal circulait dans une ligne téléphonique classique jusqu'à la ville de Basalt, dans le Colorado, puis par fibre optique jusqu'à Denver. De là, il était transmis par une série de satellites jusqu'à Perth, dans l'ouest de l'Australie, puis par fibre optique jusqu'à Fremantle. Une liaison hertzienne improvisée l'envoyait du toit de l'immeuble des télécoms jusqu'au toit de l'hôtel où se tenait la conférence ; il empruntait ensuite un câble coaxial jusqu'à la salle, où des microprocesseurs similaires reconstituaient une image en couleur de haute qualité et la transmettaient à l'écran vidéo. Moins d'un quart de seconde s'écoulait entre le moment où les mots étaient prononcés dans le Colorado et celui où ils parvenaient aux oreilles des auditeurs de Fremantle.

Ventes de voitures « en ligne »

Les concessionnaires automobiles américains se rendent en moyenne une fois par mois à des ventes aux enchères, où ils peuvent examiner et acheter les voitures qu'ils revendront. Mitsubishi Motor

Sales America organise pour ses concessionnaires des enchères en six points des Etats-Unis. Mais les concessionnaires étant dispersés sur tout le territoire, parfois dans des régions reculées, certains doivent effectuer un voyage de trois jours pour chaque vente. Maintenant, un système de télévision interactive, qui fonctionne depuis dix ans, devrait pouvoir supprimer ces voyages fastidieux.

Un système d'enchères en ligne, baptisé Aucu-Net et basé à Atlanta, en Géorgie, a passé des contrats avec 70 à 80 % des 115 concessionnaires contactés ; le système permet de participer aux enchères sans se déplacer, réduit les coûts de distribution et améliore le contrôle des stocks. Les concessionnaires acceptent que l'on installe chez eux un ordinateur et un récepteur numérique, un télécopieur réservé à cet usage et une parabole. Tous les jeudis, pendant une heure et demie, le concessionnaire peut ainsi visionner des voitures et leurs caractéristiques et renchérit sur les offres d'autres concessionnaires en ligne. Le concessionnaire reste chez lui. Les voitures en font autant, jusqu'à ce que quelqu'un les achète. La méfiance initiale – certains acheteurs disaient au début qu'ils ne pouvaient pas acheter une voiture sans la voir ni la toucher – a fait place à un besoin pressant de tirer parti des grandes économies de carburant, de temps et d'argent. Le programme est en train de s'étendre au-delà des trois régions initiales. Enfin, les concessionnaires économisent du papier grâce à un système de courrier électronique qui les relie à la maison mère, où un bureau « sans papier » existe depuis 1985.

Facteur cent ou facteur quatre ?

Pour revenir au thème de ce livre, nous pouvons nous demander quelles quantités de ressources les communications pourraient économiser. Des questions méthodologiques surgissent alors : que compter, et que comparer ? Nous avons opté pour la méthode de Frederik Schmidt-Bleek, en calculant les apports de matière par unité de service (voir le chapitre 9 et l'introduction du chapitre 2). Hartmut Stiller, de l'Institut Wuppertal, et Thomas Egner, de l'Institut de recherches pour le traitement appliqué des connaissances, basé à Ulm, ont obtenu les résultats provisoires suivants.

Dans le cas d'un voyage d'affaires transatlantique, il faut prendre en compte le coût écologique de la consommation de carburant par personne, du séjour à l'hôtel et autres éléments secondaires nécessaires au voyage. Le coût écologique total estimé est de 1 tonne de matière. En revanche, une visioconférence de six heures ne représente pas plus de 10 kg de matière. Cela signifie qu'une visioconférence d'une demi-journée réduirait la consommation de matière d'un facteur cent avec toutefois une grande marge d'incertitude.

Il est clair que ces résultats doivent être considérés avec prudence. Tous les voyages d'affaires ne pourront pas être remplacés par des visioconférences. L'intérêt principal des grandes conférences réside dans les conversations à la pause-café, les discussions impromptues et les dîners conviviaux, ainsi que dans les manifestations associées et dans l'établissement ou le maintien de relations personnelles. Rien de tout cela ne peut se transmettre par liaison électronique. En outre, le courrier électronique et les visioconférences créent leur propre demande, et peuvent même inciter les participants à entreprendre des déplacements nouveaux. Ainsi, quels que soient les résultats mathématiques obtenus par la comparaison entre déplacement réel et déplacement virtuel, la diminution effective de la consommation de ressources pourrait s'avérer modeste, plus proche d'un facteur quatre.

Inversement, cette diminution pourrait être plus importante si l'on imposait de prendre en compte les coûts écologiques dans le prix des transports, ce qui induirait une augmentation significative des tarifs (voir les chapitres 6 et 7). Dans ce cas, de nombreuses personnes renonceraient à certains voyages, et se consoleraient en comprenant qu'une grande partie des déplacements n'est pas due à la nécessité, mais à un manque de rigueur et d'organisation.

Les applications des visioconférences sont nombreuses et enthousiasmantes. Certains produits, y compris les œuvres d'art, peuvent être vendus par vidéocommunication. Une chaîne américaine d'officines de photocopie est en train d'installer rapidement des équipements qui permettront à n'importe qui, dans n'importe quelle ville des Etats-Unis, de tenir une visioconférence sans formalités préalables. Il existe également des dizaines de milliers d'installations privées. Par exemple, nous avons récemment discuté par vidéo avec un collègue, grâce à une galerie d'art dont l'équipement sert normalement à montrer des objets d'art à d'éventuels acheteurs. Si votre correspondant ne possède pas d'équipement adéquat, vous pouvez toujours enregistrer votre intervention sur cassette vidéo et la lui envoyer. Il pourra la lire sur son magnétoscope, et la discussion pourra se faire par conférence téléphonique. Enfin, plus simple mais de moindre qualité (acceptable dans de nombreux cas), des cartes de visioconférence qui s'adaptent à votre ordinateur et fonctionnent avec des lignes de téléphone ordinaires ; ces cartes sont de moins en moins chères et elles sont faciles à utiliser.

L'un des plus gros marchés à venir pour les télécommunications est le télétravail, qui concerne généralement des échanges de données, mais peut être appliqué aux visioconférences. De nombreux travaux de bureau peuvent être exécutés à distance. Des parents avec de jeunes enfants continuent ainsi de travailler sans quitter la maison. De même, l'entretien et la réparation ne requièrent pas toujours la présence physique d'un spécialiste : beaucoup d'interventions pourraient être faites par visioconférence. Lorsque le RMI eut besoin de remplacer un circuit électronique fabriqué au Japon, les barrières géographiques et linguistiques furent instantanément surmontées en plaçant la pièce défaillante sous l'objectif de la caméra, permettant ainsi au fournisseur de détecter directement la panne [1].

3.2 Courrier électronique

Au moment de la rédaction de ce livre, le premier échange de manuscrit eut lieu par courrier électronique (*e-mail* en langage Internet). Des passages du livre étaient transmis à travers l'Atlantique depuis Snowmass, dans le Colorado, jusqu'à Wuppertal et Bonn, en Allemagne. Des recherches documentaires furent faites à Singapour, au Brésil, au Japon et dans d'autres endroits par télécopie, par courrier électronique et par téléphone. Imaginez le temps perdu et la quantité de ressources consommées si ces échanges avaient eu lieu par la poste aérienne. Peut-être que le premier jet de ce livre aurait pris deux ans au lieu de deux mois. Il aurait sans aucun doute paru plus « achevé », mais il aurait été dépassé dans plusieurs domaines au moment de sa publication.

Quelle quantité de ressources économise-t-on en télécopiant un texte au lieu de l'expédier par la poste ? Au Japon, Haruki Tsuchiya a étudié cette question (1994) : le réseau téléphonique du pays consomme

1. C'est également l'esprit de l'assistance téléphonique proposée par de nombreux fabricants ou revendeurs informatiques : on peut ainsi régler les problèmes simples sans déplacer un spécialiste (NDT).

environ 553 W d'énergie par appel. En 1991, les 56 millions de téléphones japonais passèrent 74 milliards d'appels pour un total de 3,4 milliards d'heures, soit une moyenne de 1 316 appels par téléphone et 2,28 minutes par appel. La consommation d'énergie est donc de 0,026 kWh par appel, soit l'électricité produite en brûlant 12 grammes de charbon. En supposant que chaque appel remplace un déplacement, la quantité d'énergie économisée est énorme. Dans le cas d'une lettre, l'économie est beaucoup plus modeste : au Japon, où le courrier est transporté par voie de surface plutôt que par avion, il faut deux fois plus d'énergie pour transmettre une lettre par la poste que par un télécopieur qui ne sert que cinq fois par jour (l'énergie consommée en mode « veille » doit en effet être répartie sur ces rares appels). En revanche, si le même télécopieur sert cinquante fois par jour, l'économie est de 92 %.

De même, H. Stiller et T. Egner ont estimé la consommation moyenne représentée par l'envoi d'une lettre de Wuppertal à Snowmass. Le poids de « matière » consommée est d'environ 500 grammes. Cette quantité, grossièrement estimée, représente les matériaux nécessaires à la fabrication du papier et au transport de la lettre. En revanche, le courrier électronique ne provoque aucune consommation directe, mais a néanmoins nécessité la fabrication de l'ordinateur, des câbles et des satellites. En divisant cet investissement préalable par la durée de vie moyenne des équipements, on obtient une estimation grossière de 5 grammes de matière par lettre de 10 kilooctets (10 KO). L'augmentation de productivité serait donc de cent. En fonction des présupposés de départ et du type de courrier, le facteur peut varier de vingt à mille.

3.3 Les pérégrinations du yaourt aux fraises

Les Allemands raffolent de yaourt aux fraises : environ 3 milliards de pots sont vendus chaque année. Jusqu'à l'hiver 1992-1993, tout le monde considérait cela comme un plaisir innocent, jusqu'à ce qu'une étude de Stefanie Böge fasse la une des journaux. Elle mettait en évidence le volume de transport considérable, pour ne pas dire ridicule, généré par ce produit. Chaque yaourt, ses ingrédients et le pot en verre représentent une accumulation de voyages totalisant 3 500 km, auxquels il faut ajouter 4 500 km pour les fournitures des fournisseurs du fabricant. S. Böge établit une carte des déplacements qui fut publiée dans toute l'Allemagne. En une nuit, elle devint le chercheur le plus célèbre de l'Institut Wuppertal, où elle travaille au département des transports avec Rudolf Petersen.

Cette célébrité soudaine fut une surprise pour tous ceux qui ont une compréhension minimale du fonctionnement de l'industrie moderne. Personne n'ignore que les minerais, les métaux, le plastique et les fruits voyagent d'un bout à l'autre du monde. Mais, les Allemands cultivaient l'illusion que le yaourt aux fraises provenait du coin de la rue, car l'Allemagne est un gros producteur de lait et de fraises. Voilà certainement pourquoi les travaux de S. Böge ont rencontré un tel écho.

Mais revenons au Facteur Quatre. Est-il possible, dans les conditions actuelles du marché, de produire un pot de délicieux yaourt aux fraises en « consommant » beaucoup moins de kilomètres ?

La réponse est oui. Les fraises, le lait, le sucre et autres ingrédients peuvent être produits et transformés localement. Les pots de verre peuvent être récupérés à une échelle locale ou régionale. En revanche, cela n'aurait pas beaucoup de sens de réduire les distances en ce qui concerne les couvercles en aluminium, car délocaliser la production nécessiterait des investissements énormes sans pour autant économiser beaucoup de trajets.

Des laiteries décentralisées représenteraient des économies plus importantes. Les consommateurs étant de plus en plus sensibles à la question des transports et préférant de plus en plus les productions locales, des marchés locaux sont recréés ou maintenus (voir l'histoire des champignons, ci-après). L'une des contraintes de cette délocalisation est la nécessité d'installer, dans chaque unité de production, des équipements pour l'hygiène, le remplissage et le stockage automatiques des pots, l'emballage et ainsi de suite. Cette multiplication des équipements aurait un coût économique et écologique.

L'investissement serait moindre si l'on remettait à l'honneur la production familiale. C'est techniquement faisable, et les yaourts seraient certainement plus savoureux. Malgré son inefficacité technologique, la production familiale serait économiquement intéressante, en particulier pour ceux qui préfèrent avoir plus de temps libre et réduire leur participation à l'économie monétaire (voir chapitre 14). La production familiale leur apparaîtrait plus comme un passe-temps agréable que comme une activité à optimiser.

Il semblerait que, dans ce cas, le Facteur Quatre ne soit pas un problème technique. En fait, les suggestions avancées pour réduire le volume de transport impliquent plutôt moins de machines et de techniques sophistiquées, et plus de main-d'œuvre. Quant à la production familiale, elle demande surtout une certaine persévérance.

Toutefois, l'objectif Facteur Quatre ne peut pas être atteint dans les conditions de l'économie de marché qui prévalent dans les pays de l'OCDE – économie caractérisée par une main-d'œuvre coûteuse et des transports bon marché. Il n'est tout simplement pas rentable d'économiser sur les tonnages transportés. Pourtant, dans des pays qui connaissent un fort taux de chômage et doivent importer beaucoup de pétrole pour alimenter leur frénésie de transports, la diminution du nombre de trajets combinée à une augmentation de la main-d'œuvre ne pourrait qu'être profitable.

Vendre des produits consommant peu de transports : l'histoire des champignons

Lorsque Stefanie Böge acquit une certaine célébrité en Allemagne, les industries alimentaires devinrent nerveuses : quand leurs produits feraient-ils l'objet à leur tour d'une publicité aussi indésirable ? L'association allemande des producteurs de champignons décida de prendre le taureau par les cornes et demanda une étude à S. Böge.

En moyenne, la production de 500 grammes de champignons représente un trajet de 65 mètres pour un camion de 10 tonnes. Ce transport est grande partie consacré au fumier de cheval. Il faut environ 10 tonnes de fumier pour produire 1 tonne de champignons. La production allemande de champignons s'élève à 58 000 tonnes par an.

Le fumier est recouvert par une couche superficielle de substrat noir, en général de la tourbe transportée sur de longues distances. Les producteurs de champignons ont donc tenté de mettre au point un substrat à base de vieux papiers. Jan Lelleey, de Krefeld, est ainsi parvenu à produire un substrat appelé « Champyros » (80 % de papier récupéré), qui convient parfaitement et ne nécessite pas de longs trajets.

Après cet audit, les producteurs allemands firent connaître les faibles distances parcourues par leurs champignons. Il s'agit peut-être du premier cas d'entreprises mettant en valeur leur faible consommation de transports afin d'attirer les consommateurs sensibles aux questions d'environnement.

3.4 Sirop de cassis local ou jus d'orange importé ?

Les Allemands sont les champions du monde de la consommation de jus d'orange. C'est un produit bon marché et recommandé pour la santé : pourquoi ne pas en boire 1,5 milliard de litres par an, soit 20 litres par personne ? Mais nous voulons montrer qu'il existe des alternatives moins gourmandes en transports.

La surface nécessaire pour produire 1,5 milliard de litres d'orange est équivalente à celle du département des Yvelines. La consommation de jus d'orange contribue ainsi fortement au « poids écologique » de l'Allemagne. Le transport du concentré de jus d'orange consomme environ 40 millions de litres de carburant et relâche plus de 100 000 tonnes de CO_2 dans l'atmosphère.

La consommation de jus d'orange en Allemagne a été multipliée par cent depuis 1950. Parallèlement, les boissons locales comme le sirop de cassis – qui contient plus de vitamines que le jus d'orange – n'ont cessé de perdre des parts de marché. En 1965, on consommait trois fois plus de sirop de cassis, sans compter la production familiale. En redonnant la préférence à celui-ci, on pourrait facilement multiplier par dix la productivité des transports, tout en augmentant considérablement (peut-être de 100 %) la « productivité des surfaces », c'est-à-dire la quantité de boisson produite par unité de surface.

Cet exemple n'implique aucune révolution de l'efficacité technologique. Il souligne simplement qu'un certain degré d'autosuffisance est nécessaire pour redécouvrir les délices d'une production locale.

3.5 Quadrupler la capacité des voies ferrées existantes

Il existe quantité de scénarios catastrophes quant à l'augmentation de la circulation sur les autoroutes européennes. Le Marché unique, élargi à quinze membres en 1995, devrait, selon les prévisions, entraîner un doublement des transports transfrontaliers entre 1990 et 2010. La chute du « rideau de fer » a ajouté une dimension Est-Ouest aux échanges économiques, aggravant la congestion du réseau routier. Pour les chauffeurs routiers, la circulation Est-Ouest est un cauchemar : il attendent des heures entières, parfois plus d'un jour, à la frontière germano-polonaise. La construction de nouveaux axes routiers est coûteuse, lente, et se heurte à une opposition compréhensible, notamment dans les pays très densément peuplés de l'Ouest.

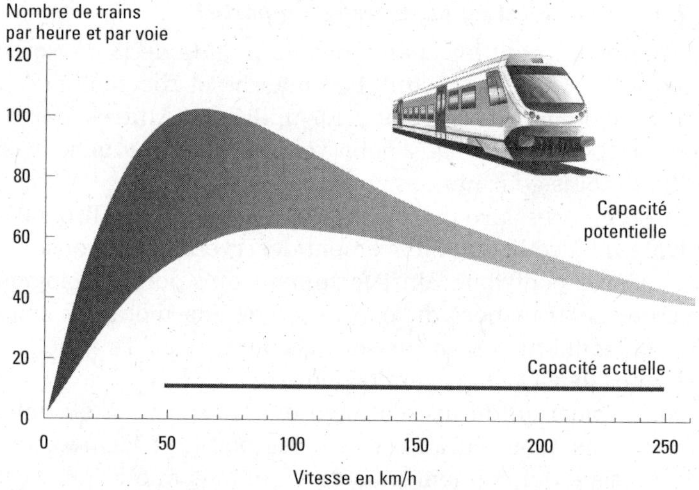

Figure 13. Potentiel théorique d'augmentation de la fréquence des trains sans perte de sécurité sur une seule voie. La ligne horizontale montre la capacité actuelle. La courbe pleine montre l'augmentation de capacité qu'il est possible d'atteindre sur les voies existantes (en fonction de la vitesse).

Le rail peut-il apporter la solution ? Les voies nouvelles nécessitent quinze ans d'études et de travaux, pour un coût considérable, y compris écologique. Leur capacité est inférieure de moitié à celle d'une route à quatre voies. Est-il possible de révolutionner la capacité de transport des voies ferrées ? Oui, répond le professeur Rolf Kracke, de l'université de Hanovre. Il est le maître d'œuvre du concept « rail intelligent », élaboré en 1990 (Kracke, 1990). Actuellement, il réalise une étude majeure pour le compte de Bahn AG, société allemande de chemins de fer privatisée.

L'élément principal de ses propositions est d'augmenter la fréquence des trains sans perte de sécurité et d'augmenter la capacité de transport de chaque train. Actuellement, la distance moyenne entre deux trains en circulation est de 3 km et varie avec leur vitesse. Il s'agit d'une mesure de sécurité, car la distance d'arrêt d'urgence est de 3,5 km dans les pires hypothèses. R. Kracke et ses collègues proposent de nouvelles techniques de conduite électronique pour réduire cette distance sans perte de sécurité. La figure 13 montre l'augmentation potentielle théorique de la capacité de transport des voies ferrées existantes pour différentes vitesses.

La capacité de transport ne dépend pas seulement des voies elles-mêmes, mais aussi des terminaux, qui doivent être améliorés sans agrandissement. En fait, les gares de triage conçues au XIXe siècle sont beaucoup trop grandes. Elle sont dépassées en termes de surface et de progrès technologique. Le transfert de marchandises peut se faire simplement en transbordant des conteneurs d'une plate-forme à l'autre, sans déplacer les wagons. On peut ainsi transborder plus de vingt conteneurs simultanément dans un grand hangar. Grâce à cette méthode, il est possible de reconstituer un train entier de marchandises en quinze minutes.

3.6 Train pendulaire et CyberTran : les versions « douces » des trains à grande vitesse

Le rail est généralement préférable à la route et à l'avion en termes de consommation de ressources par passager ou par tonne transportés. D'autre part, les passagers disposent d'un espace de travail confortable, de voitures-lits ou de voitures-restaurants – autant d'avantages dont on ne bénéficie pas en voiture. En revanche, l'inconvénient du train réside dans son manque de souplesse pour les déplacements locaux. Le train est compétitif avec la voiture à partir de 50 ou 100 km. Il n'est plus compétitif avec l'avion au-delà de 400 km environ. Cette distance est plus grande pour les trains à grande vitesse. Ainsi, le TGV français, le Shinkansen japonais et l'ICE allemand sont le moyen de transport favori pour les voyages d'affaires ou privés jusqu'à 800 km. L'Allemagne prévoit de construire le Transrapid, un train à propulsion magnétique capable de « voler » à 500 km/h. Mais le Transrapid est très cher et sera horriblement bruyant à grande vitesse. Les écologistes ne sont pas convaincus que le Transrapid sera plus valable que l'avion ou la route du point de vue de l'environnement. Ils ne jugent pas le TGV ou l'ICE plus favorablement, car ces trains nécessitent des voies spéciales très coûteuses qui coupent brutalement le paysage.

Heureusement, il existe une solution meilleure pour les trains à grande vitesse. Il s'agit du train pendulaire[2], inventé par des ingénieurs italiens. Dans les courbes, il s'incline de façon à pouvoir conserver sa vitesse. La vitesse moyenne est de 150 km/h même dans les

2. Appelé Pendolino (NDT).

courbes serrées. L'investissement est donc plus faible que dans le cas du TGV ou de l'ICE, pour ne rien dire du Transrapid, tandis que la distance de compétitivité est presque doublée. Plusieurs sociétés de chemins de fer européennes, dont les chemins de fer italiens, allemands et plus récemment français, investissent dans la technologie pendulaire, qui devrait pouvoir atteindre facilement l'objectif Facteur Quatre par rapport à la route ou à l'avion.

Le CyberTran

Si un nouveau système devait voir le jour, sa productivité des ressources devrait être beaucoup plus élevée que celle des systèmes existants. Une innovation de ce type est en cours d'élaboration aux Etats-Unis. Le groupe des systèmes de transport modernes, du Laboratoire national d'ingénierie de l'Idaho (ou INEL, basé à Idaho Falls), a mis au point un prototype qui consomme 90 % d'énergie de moins que la voiture ou l'avion par personne transportée. Sa construction coûte entre cinq et dix fois moins cher que celle d'une autoroute ou d'une voie ferrée, et le prix du trajet serait très réduit par rapport au bus, à l'avion, au train ou à la voiture. Cette innovation remarquable s'appelle le CyberTran (Darren et Plum, 1993), que l'on voit sur la figure 14.

Le CyberTran est un véhicule sur rails entièrement automatisé (sans conducteur), ultraléger et transportant peu de personnes à la fois. Chaque véhicule pèse 5 tonnes (soit 10 % du poids d'un wagon normal) avec ses quatorze passagers (en rapprochant les sièges, on peut embarquer trente-deux personnes). Le CyberTran est propulsé par deux moteurs électriques de 75 kW et peut atteindre 240 km/h sur une voie aérienne. Ses roues reposent sur deux tuyaux en acier soudés à une plaque d'acier horizontale. Les frottements sur une aussi petite surface de contact est suffisante pour grimper de fortes pentes. La voie aérienne est si étroite qu'on peut l'installer dans la partie médiane d'une route. S'il faut l'installer en site vierge, aucune route d'accès n'est nécessaire à sa construction.

Peut-être plus intéressant encore, le CyberTran est un système « à la demande », c'est-à-dire qu'il ne fonctionne que si quelqu'un en a besoin à la manière d'une voiture ou d'un ascenseur, et se rend aussi directement que possible à la destination désirée. Qu'il faille transporter beaucoup ou peu de passagers, le nombre de CyberTrans en circulation correspond aux besoins. Pendant les heures creuses, les véhi-

Figure 14. La prochaine génération de trains pourrait venir du pays qui a le plus négligé le rail, les États-Unis. Le CyberTran est un train à grande vitesse utlraléger qui circule sur une voie aérienne que l'on pourrait installer sur les routes existantes.

cules en surnombre sont garés tout le long de la ligne (tous les 500 mètres par exemple), prêts à se mettre en route. Comparés aux transports en commun à horaires fixes, qui fonctionnent même lorsque les passagers sont peu nombreux, le CyberTran consomme dix fois moins d'énergie sans perte de service. Il est également plus économique qu'un système de bus à la demande, car il se passe d'opérateur humain.

La taille et le poids modérés du CyberTran expliquent en grande partie son coût inférieur et sa consommation d'énergie réduite. Dans un nouveau réseau ferré, 70 à 80 % de l'investissement sont consacrés à l'infrastructure (voie, ponts et électrification), qui doit supporter des wagons de 50 tonnes, ce qui génère des coûts importants. Avec leur poids inférieur de 90 %, les véhicules CyberTran divisent l'investissement total par plus de dix. Ainsi, le coût d'une ligne CyberTran, estimé à 10 millions de francs au kilomètre, est inférieur de 87 % au coût d'une nouvelle ligne à grande vitesse et de 80 % au coût d'une autoroute de plaine (30 millions de francs le kilomètre).

La légèreté des véhicules CyberTran leur confère une efficacité énergétique supérieure à celle des autres moyens de transports. Le CyberTran consomme dix fois moins de carburant par personne qu'une voiture transportant un seul passager, et seize fois moins qu'un Bœing 737 rempli à 60 % (moyenne de remplissage aux États-Unis). Le CyberTran consomme également beaucoup moins d'énergie qu'un train à grande vitesse tel que le TGV. En effet, une rame de TGV consomme plus d'énergie par passager que le CyberTran, à moins d'être complète (cinq cents passagers).

L'efficacité énergétique et le faible coût du CyberTran ne se font pas au détriment de la commodité ou du service. Pour des distances de 100 à 300 km, le CyberTran est aussi rapide que l'avion, en tenant compte du temps de trajet jusqu'à l'aéroport et des formalités d'embarquement, et trois à cinq fois plus rapide que la voiture. Enfin, le mauvais temps n'entrave pas son fonctionnement.

Les concepteurs du CyberTran pensent que le meilleur créneau pour leur invention est représenté par les déplacements intercités compris entre 150 et 800 km. Comme nous venons de le voir, le CyberTran est aussi rapide que l'avion et plus rapide que la voiture sur ces distances, pour un coût économique et écologique inférieur. Mais les experts de l'INEL pensent que le CyberTran sera également plus efficace et plus économique que la plupart des transports urbains sur rails. A deux exceptions près : le métro et certains trains à grande vitesse qui circulent en permanence à pleine charge.

Qui profitera le premier de cette innovation très efficace et très économique ? La ville de Boise, dans l'Etat de l'Idaho, envisage d'installer un prototype, et plusieurs autres communes seraient intéressées.

3.7 Le métro de surface de Curitiba

Curitiba est la capitale de l'Etat du Paraná, dans le sud du Brésil, à 200 km de São Paulo. Sa population (1,6 million d'habitants) a plus que triplé en vingt-cinq ans : c'est l'expansion la plus rapide du Brésil. Malgré cette croissance phénoménale, c'est l'une des villes les plus vivables du pays, et peut-être même du continent.

Le succès de Curitiba repose sur son « plan de développement urbain ». Mis en place en 1964, il s'agit d'un plan d'occupation des sols et de développement des transports qui structure la ville autour de deux axes, le long desquels on encouragea l'installation de quartiers résidentiels et commerciaux. Chaque axe est constitué de trois couloirs parallèles. Le couloir central est réservé aux transports en commun, tandis que les deux autres sont à sens unique et réservés à la circulation générale. Avant que le plan ne soit approuvé, la ville acheta de grandes surfaces de terrain le long des ces deux axes et y construisit des logements sociaux, afin d'assurer l'accès de tous au centre-ville. Depuis, trois axes supplémentaires ont été ajoutés.

La planification intégrée est le maître mot du développement de la ville depuis le lancement du plan. Les approches innovantes de la municipalité en matière d'occupation des sols, de collecte des déchets, de santé, d'éducation, de transport et de gestion des crues ont rencontré un succès certain.

L'une ces clefs de voûte de ce succès est le réseau de transport en commun, mis en place par l'ancien maire Jaime Lerner, maintenant gouverneur de la province. En 1971, lorsque J. Lerner devint maire et rassembla un groupe exceptionnel, composé principalement d'architectes, pour repenser les besoins et les possibilités de la ville en fonction des principes établis en 1964, la voiture était en train de devenir le moyen de transport prédominant, en dépit du plan de développement urbain. Le nouveau maire comprit que cette tendance était en train de limiter la facilité d'accès au centre-ville et prit des mesures décisives pour contrecarrer l'hégémonie de la voiture. Construire un métro souterrain n'était pas dans les moyens de la commune. J. Lerner mit donc en place un autre système, qu'il espérait aussi performant, pour un investissement cinq cents fois plus faible.

Jaime Lerner créa un réseau de bus empruntant le couloir central et permettant aux habitants des autres quartiers de se rendre sur les axes. Depuis la création du réseau, la fréquentation est montée en flèche, de 50 000 passagers par jour en 1974 à 800 000 en 1994. Cette progression a permis d'améliorer le système, qui peut maintenant transporter quatre fois plus de personnes par unité de temps que les réseaux de bus classiques (Rabinovitch et Leitman, 1996).

Le premier facteur qui permit d'augmenter le « débit » des bus fut le couloir réservé : on put ainsi doubler la capacité de transport. Avec l'augmentation de la fréquentation, les gestionnaires du réseau optèrent pour des bus articulés à soufflet central. Cela multiplia le débit initial par deux et demi.

La seconde amélioration est unique. Pour permettre aux bus de transporter les gens plus rapidement, on créa des stations de bus spéciales. Il s'agit de stations cylindriques de verre et d'acier, placées sur le trottoir et équipées de plates-formes d'embarquement. Les passagers paient leur billets en entrant dans la station ; cela accélère l'embarquement, car le passager ne perd pas de temps à payer à l'intérieur, et toutes les portes peuvent être ouvertes en même temps. Lorsque le bus s'arrête, les portes du bus et celles de la station qui lui font face s'ouvrent en même temps, et les passagers embarquent aussi vite que dans une rame de métro – aux heures de pointes, les bus se succèdent toutes les minutes. La plate-forme facilite l'entrée dans le bus et permet l'accès aux handicapés. Le débit a ainsi été multiplié par 3,2.

La dernière innovation est l'acquisition de bus biarticulés ; le résultat final est un débit quatre fois plus élevé.

Les gestionnaires du réseau ont également amélioré celui-ci en ajoutant des bus express et en construisant vingt stations de correspondance pour connecter les axes aux lignes transversales et aux lignes de banlieue. Ils ont également mis en place un « tarif social » unique de 1 F environ, avec un nombre illimité de correspondances afin de ne pas défavoriser les habitants des banlieues les plus pauvres.

Ce tarif paraîtra très faible à quiconque a pris le métro dans les pays « développés », et c'est bien le cas. Pourtant, aussi étonnant que cela puisse sembler, le réseau de transports en commun de Curitiba n'est pas subventionné. La vente des tickets couvre entièrement les frais de fonctionnement du réseau, géré conjointement par des sociétés privées et par la ville. La ville construit et entretient les infrastructures (routes, stations, correspondances) tandis que les entreprises, propriétaires des bus, gèrent le système sous licence. Elles sont rétribuées en fonction de la longueur des lignes qu'elles gèrent, et non en fonction du nombre de passagers. Ce système a encouragé la densité du réseau : la ville et ses environs sont parcourus par plus de 500 km de lignes.

Au-delà de son caractère unique et de son efficacité, l'importance réelle du réseau de Curitiba est son succès auprès des habitants et le nombre de bénéfices en chaîne qu'il produit. Près de 70 % de la population utilise quotidiennement le bus. Parmi les avantages induits : une réduction de 30 % de la consommation de carburant par rapport aux villes brésiliennes de taille comparable, l'air le plus propre de toutes les villes du pays, l'utilisation de la voiture la plus faible du Brésil. Le réseau a également permis à la ville d'offrir 52 m^2 d'espace libre par habitant, plus que dans aucune ville de la planète. Si l'on considère également les autres initiatives de la ville en matière d'éducation (les vieux bus servent de salles de classe, de cliniques ou de bibliothèques spécialisées) et de gestion des déchets (intégrée à des programmes de recyclage et nutritionnels), la ville démontre son savoir-faire croissant en matière de solutions intégrées dont toutes les villes du monde devraient s'inspirer.

3.8 Voitures collectives à Berlin

Dans nos villes, certaines personnes n'ont pas les moyens d'acheter une voiture, d'autres ne sauraient pas où la garer. D'autres encore ne veulent pas de voiture, pour des raisons écologiques. Enfin, certains ont un esprit pratique et pensent qu'une voiture est une source d'ennuis qu'il vaut mieux éviter quand il existe d'autres moyens de se déplacer quotidiennement. De nos jours, ce moyen existe dans un nombre croissant de villes européennes : la voiture collective. Quelques centaines de personnes se regroupent pour acheter quelques dizaines de voitures qui appartiennent à tous et sont disponibles pour tous.

Pour adhérer au groupe, chaque membre paie un droit d'entrée de 3 500 F et achète une part sociale du même montant, puis paie une cotisation annuelle de 420 F environ. Les voitures sont mises à disposition au tarif de 1,70 F/km (carburant et usure), plus 14 F de l'heure. Cela permet de payer le parc de voitures et son entretien, sans bénéfice.

Markus Petersen (1994) a étudié les effets de ce système à Berlin, où il porte le nom de Stattauto (*statt* signifie « au lieu de », mais c'est aussi un jeu de mot avec *Stadt*, « ville »). Stattauto est très populaire dans cette ville, la plus grande et la plus peuplée d'Allemagne. M. Petersen voulut d'abord savoir combien de personnes possédaient une voiture avant d'adhérer à Stattauto : elles n'étaient que 21 %. Les autres n'avaient jamais eu de voiture (7 %) ou en partageaient une avec des amis ou des parents (25 %), ou bien ne possédaient plus de voiture depuis quelque temps (43 %). L'usage de la bicyclette et des transports en commun a augmenté parallèlement. La figure 15 montre la diminution de l'usage de la voiture par type de trajet.

Pour notre sujet, il est important de connaître les économies réalisées de cette manière. Selon M. Petersen, la création de Stattauto a diminué de 105 le nombre de voitures possédées (51 personnes revendirent la leur et 54 renoncèrent à un achat prévu). En revanche, 27 voitures furent achetées par le groupe : le nombre total de voitures a baissé de 105 à 27, nous ne sommes pas loin d'un facteur quatre.

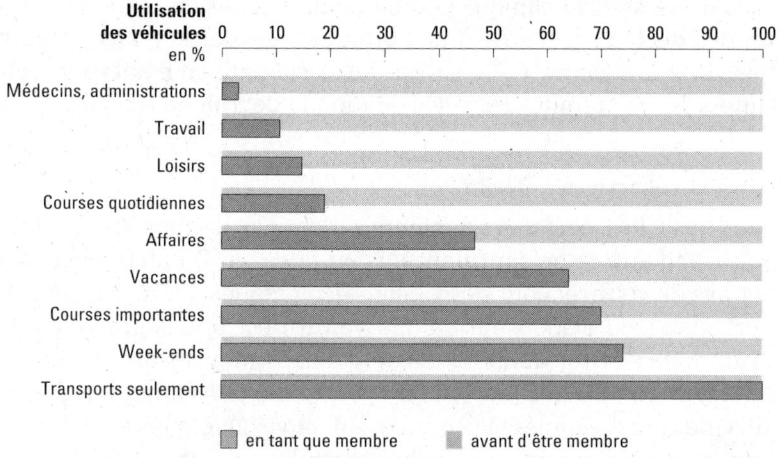

Figure 15. Les utilisateurs de voitures collectives se servent moins de leurs voitures que les possesseurs de voitures particulières. La diminution du kilométrage varie selon la fonction envisagée. Le graphique montre la modification de l'utilisation de la voiture par les membres de Stattauto pour neuf fonctions différentes. Les trajets pour se rendre sur le lieu de travail ont diminué de près de 90 % (d'après Petersen, 1994, p. 192).

Le kilométrage total a également diminué, mais de 50 % seulement, ce qui signifie que les voitures collectives servent plus que les voitures particulières.

On peut supposer que la diminution du kilométrage n'est pas sans rapport avec le tarif kilométrique. En général, on ne « voit » le coût d'une voiture qu'au moment de l'achat. Le seul coût supplémentaire visible est le carburant. Or, le carburant ne représente que 20 % du coût kilométrique réel d'une voiture, qui comprend également sa dépréciation, l'assurance, les taxes et l'entretien. Tous ces frais fixes sont partagés entre les membres du groupe et « visualisés » dans le tarif kilométrique.

Les propriétaires d'automobiles auraient une idée plus réaliste de leurs dépenses s'ils payaient leur voiture sur une base kilométrique. En théorie, c'est possible. Si les constructeurs automobiles louaient leurs voitures au lieu de les vendre, et si le crédit-bail était payé sur une base kilométrique, on obtiendrait un tarif voisin de 3,50 F/km. En conséquence, l'utilisateur serait incité à ne se servir de sa voiture qu'en cas de réel besoin. Imaginons qu'un tel système se généralise : dans une ville comme Berlin (3,5 millions d'habitants), cela pourrait créer 1 million d'usagers supplémentaires pour les transports en commun (publics ou privés). Ceux-ci recevraient un véritable coup de fouet qui leur permettrait de s'étendre, de se moderniser et même de faire des bénéfices.

3.9 Se déplacer sans voiture

Beaucoup de gens se précipiteraient volontiers sur des voitures superefficaces pour des raisons personnelles ou écologiques. Mais il existe des possibilités encore plus intéressantes pour ceux qui veulent vivre d'une manière plus soutenable. Pourquoi ne pas vivre sans voiture du tout ? C'est le projet de deux cents familles de Brême, dans le nord de l'Allemagne (540 000 habitants).

La municipalité de Brême a pris l'initiative courageuse de créer un quartier interdit aux voitures (Krämer-Badoni, 1994). En 1995, on commença à construire un nouvel ensemble de maisons et d'appartements dans le quartier de Brême-Hollerland, réservé uniquement aux familles qui renoncent à la voiture.

L'idée de se déplacer sans voiture provient moins de considérations écologiques que de la recherche d'une certaine qualité de vie. Lorsque les conditions sont favorables, une vie sans voiture est souvent très agréable pour ceux qui en font l'expérience, même lorsqu'il ne s'agit pas d'un choix mais de l'impossibilité matérielle d'acquérir une voiture. Les conditions favorables à ce mode de vie sont la proximité d'une crèche, d'une école, de magasins, la desserte par les transports en commun et les possibilités de loisirs dans les environs.

Mais les personnes non motorisées ont rarement l'occasion de se retrouver pour échanger leur expérience et parler des conditions nécessaires à une vie sans voiture. Quant aux urbanistes et aux responsables locaux, ils ont tendance à considérer l'absence de voiture comme un handicap grave. Les règles d'urbanisme prévoient de grands espaces pour la voiture, des rues suffisamment larges pour se garer sur les côtés et pour absorber une circulation importante. Pourquoi se préoccuper d'un mode de vie excentrique et dépassé ?

La majorité sociale-démocrate et verte du conseil municipal de Brême pensait qu'il fallait s'intéresser à l'expérience de ces personnes. Ils estimèrent qu'il fallait rendre la ville plus facile aux habitants qui coûtent le moins cher à la collectivité, en termes d'espace, de construction et d'entretien des routes. En conséquence, les futurs habitants de Hollerland furent invités à participer à l'élaboration du projet.

Mais, en définitive, les personnes qui répondirent à l'invitation d'habiter dans ce quartier ne furent pas assez nombreuses. Les causes de ce manque d'enthousiasme étaient multiples : le prix des appartements supérieur à la moyenne, l'offre des logements supérieure à la demande, la faiblesse de l'économie et l'emplacement peu attrayant du nouvel ensemble. Mais l'obstacle principal était le suivant : les candidats potentiels craignaient que l'obligation de renoncer à la voiture décourage les locataires ou repreneurs éventuels de leurs appartements. Le fait que cette contraiante apparaisse dans le cahier des charges diminuait la valeur commerciale des appartements et rendait leur achat peu intéressant. Même si les propriétaires initiaux souhaitaient vivre sans voiture, ils ne voulaient pas perdre d'argent au moment de revendre leurs appartements. Le règlement devrait être adouci à l'avenir, afin d'attirer un nombre d'acheteurs suffisant pour le projet soit viable.

Bien sûr, la voiture n'est pas complètement exclue du quartier. Il n'est pas interdit de faire venir un taxi. Les voitures de location sont autorisées pour les vacances ou des déplacements hors de la ville. Les véhicules de livraison, les camions de pompiers et les ambulances sont aussi autorisés, et les voitures des visiteurs ne sont pas exclues. Néanmoins, le flux de circulation à Hollerland devrait être divisé par plus de quatre.

Lorsque le projet Hollerland commença à être connu, plus de quarante communes allemandes se déclarèrent intéressées et commencèrent à étudier des projets similaires, notamment les villes de Nuremberg et de Fribourg. Une des motivations est d'aider les foyers qui n'ont pas les moyens d'acheter une voiture. La circulation dans ces quartiers devrait être divisée par plus de quatre. L'augmentation de la fréquentation des lignes de tramways, de trolleys ou de bus consommera beaucoup moins de carburant que les voitures supprimées.

La ville de Bielefeld a adopté une approche plus complète – et plus réussie – qui multiplie la productivité des ressources par plus de quatre et diminue considérablement les déplacements. Ce projet va bien audelà d'une vie urbaine sans voiture particulière. Les habitants des cent trente nouveaux appartements du quartier de Bielefeld-Waldquelle consommeront 70 % d'eau en moins que la moyenne, composteront tous leurs déchets organiques, y compris les déchets humains, vivront dans des maisons construites avec des matériaux locaux, principalement du bois, des briques et des tuiles de terre cuite, et achèteront leurs aliments à des producteurs biologiques locaux. Hans-Friedrich Bültmann, initiateur du projet, prévoit également la création d'un centre commercial dans le « village » de Waldquelle. La création de deux cents à trois cents emplois dans des commerces variés permettra à de nombreux habitants de se rendre à pied à leur travail. Enfin, des espaces de loisirs, dont un petit lac artificiel, seront mis en place dans le quartier ou à proximité.

3.10 Rendre à la ville l'ambiance des villages

Dans son livre paru en 1989, *A Vision of Britain,* le prince de Galles écrit : « Je souhaite que nous puissions encourager le développement de "villages urbains" afin de redonner à la ville une échelle humaine, une intimité et des rues vivantes [...] qui pourront aider les gens à retrouver un sens d'appartenance et de fierté là où ils habitent. » C'est exactement ce que fait un petit groupe d'urbanistes – réduisant par la même occasion les besoins de déplacements motorisés.

Après plus d'un demi-siècle d'urbanisme, pendant lequel on a créé des voisinages où les gens se sentent si peu voisins – quartiers conçus pour la voiture, non pour leurs habitants –, nous voyons reparaître des logements humains. Les architectes et les urbanistes s'aperçoivent que des habitations rapprochées, des rues moins larges (pour diminuer la vitesse et le bruit), des espaces libres utilisables, ainsi que des espaces naturels protégés ou réhabilités n'ajoutent pas seulement une valeur esthétique, mais également une valeur économique à ces logements. Cette approche est souvent appelée « néotraditionnelle » ou « piétonnière ». On la considère comme la plus économique d'un point de vue énergétique, contribuant à créer une véritable communauté sociale. Des urbanistes soucieux de l'environnement et du marché créent de plus en plus souvent des logements ou des ensembles qui intègrent logements et lieux de travail, production alimentaire et environnement naturel, proches les uns des autres et souvent entremêlés.

Le moteur principal de ces innovations est le coût exorbitant des infrastructures routières et des surfaces qu'elles occupent. Aux Etats-Unis, une étude fédérale, *The Costs of Sprawl* (« *Les coûts des faibles densités* »), compare les habitats en fonction de leur densité. Selon cette étude, un habitat très dense permettrait d'utiliser la moitié de la surface comme espace libre et de réduire considérablement les investissements routiers, comparé aux banlieues résidentielles classiques. La diminution de la surface étanche (routes, parkings, etc.) diminuerait les inondations, tandis que les distances plus courtes réduiraient la consommation de carburant et la pollution atmosphérique – des maisons mitoyennes permettent de réduire la surface de murs extérieurs et donc la consommation d'énergie. L'étude conclut à une diminution de 35 % (soit 23 000 F par maison) du coût de préparation du terrain, de la construction des routes (larges de six mètres au lieu de neuf), de la plantation des arbres, de l'installation des réseaux d'égout, de la distribution d'eau et de l'évacuation des eaux de pluie.

Ces résultats ont été largement mis en pratique, même dans un pays aussi individualiste que les Etats-Unis, par des urbanistes comme Michael Corbett. Son projet Village Homes (« Maisons de village ») dans la ville de Davis, prenant en compte les questions d'environnement, a été réalisé entre le milieu des années 70 et le début des années 80. Deux cents bâtiments furent construits sur 336 ha. Les logements disposés le long de rues étroites, les ceintures vertes avec des vergers, les zones agricoles entre les maisons, l'évacuation naturelle des eaux de pluie, l'orientation vers le sud et les grands espaces libres créent une ambiance agréable. Deux réseaux d'accès desservent chaque maison : un accès piéton depuis la ceinture verte sur le devant, et un accès routier sur l'arrière (la route, large de sept ou huit mètres, est ombragée par des arbres). Des voies réservées aux piétons et aux véhicules d'urgence sont protégées de chaque côté par une bande large de 1 mètre, sur laquelle on ne peut rien construire ni planter (au-delà de 15 cm de haut). Avec l'augmentation des relations sociales, le taux de criminalité est inférieur de 90 % à celui des quartiers voisins.

La plupart des déplacements se font à pied ou à vélo dans les ceintures vertes, où les voitures sont interdites. Les pistes cyclables des ceintures sont reliées aux voies cyclables des rues. Les habitants ont le droit d'utiliser leurs maisons pour leur travail, ce qui est interdit dans la plupart des villes américaines. Mais ce premier projet laissait peu de place à d'autres possibilités de travailler près de chez soi et ne comprend qu'un seul bâtiment commercial. Toutefois, l'importance accordée à l'agriculture et à l'arboriculture suburbaines fait de ce quartier le seul quartier américain connu pour la qualité de ses produits biologiques et capable de financer l'entretien de ses espaces verts par la vente d'amandes.

Les rues étroites ralentissent la circulation, économisent la surface, l'argent et les matériaux ; elles améliorent le microclimat en été, car les arbres procurent de l'ombre tandis que les faibles surfaces goudronnées limitent les radiations de chaleur pendant la nuit. Selon les estimations de Mott-Smith (1982), des rues plus étroites et ombragées pourraient diminuer de 6 à 8°C la température ambiante dans les villes de la Grande Vallée californienne, réduisant du même coup la consommation d'énergie par les climatiseurs.

L'évacuation naturelle des eaux de pluie, qui remplace les collecteurs souterrains en béton, permet d'économiser 4000 F par maison, presque assez pour payer l'entretien des parcs et de la ceinture verte. Mais le plus grand bénéfice économique du projet fut l'accueil favorable du marché immobilier. Après des débuts modestes, les Village Homes sont les plus chères de Davis, se vendent beaucoup plus vite – la plupart se vendent de bouche à oreille – et rapportent entre 75 et 80 F/m² de plus que les autres maisons.

Le projet Laguna West, à Sacramento, apporte une nouvelle confirmation des bénéfices commerciaux que l'on peut tirer en recentrant l'urbanisme sur les gens et en limitant la circulation automobile. Il s'agit d'un ensemble de 480 ha, dont les premières maisons modèles ont ouvert en 1991. Le projet initial – un ensemble de banlieue classique – a été revu dans un sens « piétonnier » par l'architecte Peter Calthorpe et le promoteur Phil Angelides. Laguna West comprendra des parcs, des lacs, des espaces commerciaux et industriels, des petits commerces et plus de 3000 logements. Les maisons ont des porches face à la rue. Le garage, discret, est placé à l'arrière de la maison – une révolution difficile à faire accepter, car les Américains ont l'habitude d'avoir deux ou trois portes de garage donnant sur la rue. Au lieu de cela, les rues et les espaces publics sont conçus pour inviter à la marche et au vélo. Les déplacements font la part belle aux transports en commun et au covoiturage. Comme à Village Homes, les rues ombragées, plus étroites grâce aux arbres plantés dans les allées habituellement occupées par les voitures en stationnement, rafraîchissent le quartier en été et invitent les habitants à vivre dehors.

Au début, les autorités municipales ne voulaient pas de rues étroites : les camions de pompiers, les ambulances et les camions-poubelles nécessitaient des largeurs « suffisantes pour poser un avion ». Susan Beltake, de River West Developments, se souvient : « Nous avons mis en place une rue de démonstration. Nous avons installé des arbres en pot et des barrières en béton pour entourer les arbres. Toutes les voitures de nos employés furent garées dans la rue. Nous avons loué une ambulance, un camion-poubelle et un camion de pompiers prévu pour intervenir sur des immeubles de sept étages (les plus hautes maisons du quartier n'en n'ont que trois). Nous avons fait circuler ces véhicules dans un sens puis dans l'autre, pendant que nous filmions la scène. Tout cela a coûté 25 000 F. » La société a obtenu ses autorisations, permettant à d'autres promoteurs de s'appuyer sur ce précédent.

Présentée comme une « nouvelle collectivité à l'ancienne mode », Laguna West remet au goût du jour une disposition plus sociable mais presque oubliée : porche sur le devant de la maison, espace vert central avec son parc, sa mairie, ses arrêts de bus, sa bibliothèque et son dispensaire (rien de tout cela ne paraît extraordinaire en Europe, mais les Etats-Unis l'ont oublié depuis quarante ans [3]). La plupart des 1 858 maisons familiales sont disposées autour d'un lac de 35 ha. Un peu à l'écart des deux boulevards se trouvent un groupe scolaire et d'autres parcs. Cette disposition complète des rues paysagères consacrées aux activités humaines et non aux voitures. P. Calthorpe remarque que les piétons « veulent des rues sûres, intéressantes et confortables, ombragées, avec des maisons et des magasins tournés vers elles afin de procurer un plus grand intérêt et une grande sécurité. Ils veulent que les lieux qu'ils fréquentent aient une échelle humaine. Enfin, ils veulent des rues étroites avec des entrées et des porches menant directement aux magasins, aux écoles, aux parcs, et non des rues bordées de portes de garage aboutissant à des avenues à six voies ». Le coût total est le même, le seul surcoût provenant du lac (4 000 F par maison) et des alignements d'arbres (3 500 F). Ces agréments augmentèrent la valeur des maisons, compensant le surcoût.

La ville nouvelle de Haymount, créée par la John Clark Company, est un troisième exemple de quartier conçu pour les piétons. L'ensemble occupe 810 ha au bord de la rivière Parrahanock, dans l'Etat de Virginie. Conçu par l'architecte Andres Duany, il abritera 12 000 personnes dans

3. Cela dit, les banlieues européennes, qu'elles soient résidentielles ou qu'il s'agisse de grands ensembles, ne sont pas non plus des modèles de sociabilité (NDT).

4 400 maisons mitoyennes, laissant intacts 60 % du site. Haymount est le seul ensemble de cette taille qui fasse une place à l'efficacité énergétique, aux matériaux durables, à la réhabilitation et à la préservation de l'habitat ainsi qu'au traitement biologique des eaux usées. Le projet, incroyablement séduisant, prévoit un mélange de maisons néotraditionnelles, de petits commerces, d'espaces agricoles, commerciaux et industriels, ainsi que des parcs, des aires naturelles ou réhabilitées, quatorze lieux de culte et un terminus de transports en commun. Des entreprises ont été pressenties pour créer des emplois locaux, afin d'éviter que les résidents ne se rendent à Washington (quarante minutes de train), ce qui ferait échouer cette tentative de bâtir une collectivité de personnes vivant et travaillant sur place. Toutes les maisons seront situées à cinq minutes à pied du centre du village et d'un arrêt de bus. La conception a impliqué les particuliers, suscitant beaucoup d'enthousiasme. La construction doit commencer bientôt. Les ingrédients d'un succès commercial semblent réunis.

Il est beaucoup trop tôt pour savoir si ces trois initiatives bouleverseront rapidement l'habitude américaine, profondément ancrée, d'abandonner le développement des villes aux spécialistes de la circulation routière. Mais l'accueil favorable qu'elles reçoivent et la bonne santé de l'économie montrent que les « négavoitures » et les « négaroutes » qu'elles induisent peuvent séduire les concepteurs et tous ceux qui, de plus en plus, se considèrent comme « des êtres humains avec une vie, et non comme des consommateurs avec un mode de vie », comme le dit si bien l'architecte William Mc Donough.

DEUXIÈME PARTIE

Comment rendre profitable la productivité des ressources

Introduction

La première partie est enthousiasmante, à notre avis. Un peu comme découvrir un nouveau continent ! De grandes opportunités commerciales sont à saisir. La valeur économique de la mise en pratique de ces cinquante exemples est énorme.

Nous ne pouvons nous empêcher de comparer ces opportunités à celles du génie génétique. Alors que des milliers d'économistes se penchent sur cette technologie de pointe – pour aller de déconvenue en déconvenue –, aucun ne s'intéresse au domaine nouveau des technologies efficaces.

Pourquoi ? Nos exemples sont-ils technologiquement incorrects ? Pas du tout. Nous pensons, en fait, qu'ils sont beaucoup plus fiables que toutes les promesses biotechnologiques, qui ont attiré tant d'attention et de capitaux.

Une autre explication possible est que ces exemples prennent le marché à contresens. Pensez, par exemple, au bœuf économe en énergie, au mobilier durable ou aux quartiers sans voitures. La baisse des ventes que cela implique pourrait faire fuir les capitaux au lieu de les attirer. Il y a une part de vérité dans cette explication, que nous discuterons au chapitre 12. En effet, certains gains d'efficacité sont réalisés en supprimant le remplacement injustifié des objets et donc les ventes correspondantes. Mais cela ne veut pas dire pour autant que les capitaux ne seraient pas attirés par ces systèmes. Après tout, c'est le monde économique lui-même qui a abandonné l'obsession démodée du chiffre d'affaires, pour reconnaître que c'est le bénéfice qui compte. Plus important, la majorité des exemples présentés sont pleinement compatibles avec la croissance du marché, car ils permetraient de satisfaire les besoins de milliards de personnes aux ressources limitées.

Une troisième explication réside peut-être dans l'insuffisance du pouvoir d'achat. Même si le besoin de technologies efficaces est largement ressenti, ce qui nous semble le cas, il se peut que le pouvoir d'achat soit trop faible pour créer une demande significative. C'est un peu ce qui se passe lorsqu'il s'agit de soigner une maladie tropicale qui touche principalement les pauvres. Personne n'oserait nier la nécessité des soins, mais ceux-ci ne sont pas assez rentables pour justifier les investissements nécessaires de la part de l'industrie pharmaceutique.

Malgré tout, cette explication n'est pas satisfaisante. Car l'efficacité ne concerne pas une population ou une zone géographique limitées : il s'agit d'un enjeu mondial. Dans la troisième partie, nous montrerons que le Facteur Quatre est au cœur des solutions nécessaires pour relever les défis mondiaux décrits dans *Halte à la croissance* et débattus au Sommet de la Terre, à Rio de Janeiro.

La nouvelle révolution technologique est urgente et technologiquement réaliste. Que manque-t-il ? Tout tourne autour des deux moteurs de l'investissement : l'information et, dans bien des cas, la rentabilité. La plupart des exemples donnés sont rentables – c'est-à-dire que, au bout d'un certain temps, l'investissement rapporte plus qu'il n'a coûté. Mais les techniques efficaces sont concurrencées par des investissement encore plus rentables (souvent parce que tous les coûts ne sont pas pris en compte, ou à cause de subventions). Enfin, les investissements dans des techniques efficaces sont parfois concurrencés par l'inaction, qui est peut-être moins rentable mais cause moins de soucis.

Les structures incitatives existantes ne semblent pas favorables à la révolution de l'efficacité. Historiquement, elles ont été créées dans le but d'encourager la consommation la plus large possible des ressources, afin de favoriser le progrès technologique. Le progrès, c'était remplacer la force musculaire par des machines consommant de l'énergie. C'était aussi découvrir et exploiter de nouvelles ressources. Selon un rapport de la Banque mondiale, environ 1 000 milliards de francs de fonds publics sont dépensés chaque année pour subventionner la consommation d'énergie.

Cela explique que, depuis le début de la période industrielle, la productivité des ressources livre un combat à reculons et presque sans espoir face à l'augmentation de la consommation d'énergie. Il était et il est toujours plus profitable d'investir dans l'augmentation de la consommation des ressources et d'augmenter la productivité du tra-

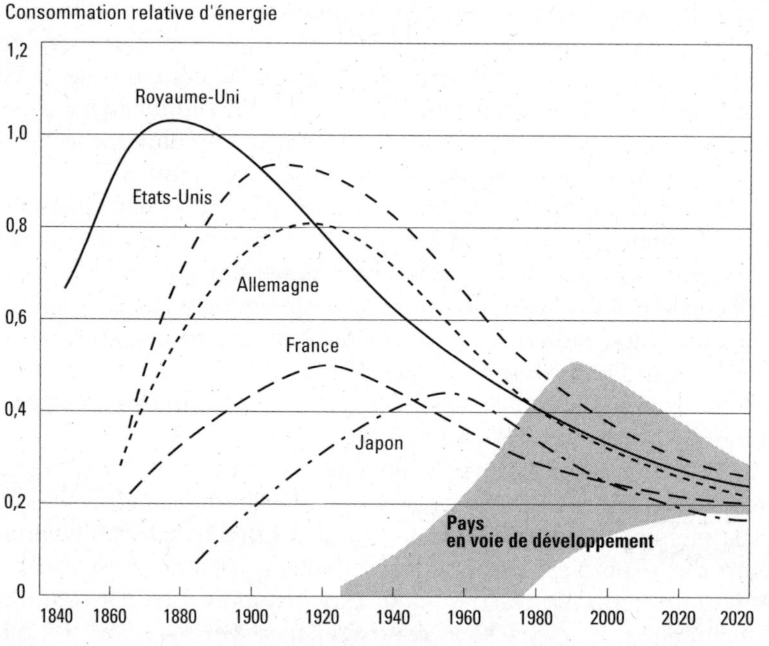

Figure 16. Consommation relative d'énergie dans les pays industrialisés depuis 1850. La consommation augmente au début de l'industrialisation, puis diminue progressivement. Avec le temps, le maximum est de plus en plus faible.

vail. La rentabilité des investissements dans la consommation des ressources est en moyenne de 15 % par an, voire plus. Il est difficile d'atteindre de tels taux en investissant dans la productivité des ressources, bien qu'il existe des contre-exemples frappants.

La productivité des ressources a fait d'indéniables progrès (voir figure 16). Après avoir atteint un maximum dans chaque pays, la consommation énergétique *relative* diminue peu à peu, au rythme moyen de 1 % par an. Mais, à part quelques exceptions entre 1975 et 1985, cela n'a pas suffit à diminuer la consommation *totale* d'énergie dans les pays industrialisés. Cette tendance à la baisse reste un sous-produit du progrès technologique ; elle résulte aussi de la délocalisation de certaines des industries les plus gourmandes en énergie dans les pays où la main-d'œuvre est bon marché.

En supposant que nous puissions généraliser au monde entier l'augmentation annuelle de 1 % de la productivité des ressources, la course n'en serait pas moins perdue. En effet, le monde connaît une croissance économique supérieure à 1 % par an ; c'est-à-dire que, même si cette généralisation se produisait, la consommation énergétique continuerait d'augmenter exponentiellement. En supposant une croissance économique mondiale de 3 % par an en moyenne, la productivité des ressources devrait augmenter de plus de 3 % par an si nous voulons gagner la course. De nombreux secteurs de l'économie ayant un potentiel d'augmentation de la productivité des ressources de 300 % (soit un facteur quatre), une augmentation de 4 à 5 % par an n'est pas irréaliste. Elle a été obtenue – et même parfois dépassée – à de nombreuses époques et en des endroits variés.

Mais, pour que cet espoir se réalise, il faudra que la productivité des ressources devienne très compétitive en termes d'investissements, c'est-à-dire que sa rentabilité escomptée soit supérieure à 15 % par an.

Dans cette seconde partie, nous étudions les options politiques qui pourraient permettre d'atteindre ce but.

4. Les marchés peuvent-ils contribuer à résoudre les problèmes qu'ils créent?

4.1 Les marchés peuvent-ils inverser l'évolution non soutenable de l'économie?

Winston Churchill disait que la démocratie est le pire système de gouvernement – à l'exception de tous les autres. De même, le marché est le pire moyen de faire quoique ce soit de rentable – à l'exception de tous les autres. Comme la démocratie, le marché requiert de ses acteurs un effort permanent pour le faire fonctionner correctement et pour éviter qu'il ne soit perverti, déformé ou pris en otage. Mais lorsque le marché fonctionne bien, il obtient des succès incroyables.

Le succès de l'économie de marché est tel qu'elle génère souvent une croissance aveugle qui crée des problèmes à l'échelle mondiale. Le marché est très efficace – trop efficace – pour atteindre ses objectifs. L'économie de marché moderne repose sur des motivations puissantes telles que la cupidité et l'envie. Toutefois, la recherche du profit est une motivation si efficace qu'il sera peut-être plus facile de réorienter les marchés, aujourd'hui dédiés à une économie non soutenable, par l'usage créatif des forces du marché elles-mêmes, en mettant à profit leur inventivité, leur rapidité de réaction, ainsi que les ressources et la motivation de ses innombrables acteurs.

Le présent chapitre suggère comment le marché peut, dans bien des cas, fournir la solution à ses propres excès, en redirigeant ses forces considérables de manière plus constructive, grâce à des leviers judicieusement placés.

L'idée d'un marché soutenable peut heurter à la fois les gens de droite, qui ne comprennent pas pourquoi leur manière de faire n'est pas soutenable, et ceux de gauche, qui pensent que le marché et le profit ne peuvent servir de bonnes causes. Mais accepter le marché est peut-être le prix d'une démarche pragmatique. En effet, des expériences nombreuses, en cours dans divers pays, laissent penser que des réformes des mécanismes incitatifs peuvent avoir des retombées aussi importantes que les innovations technologiques décrites dans la première partie. Il existe des moyens éprouvés de créer des marchés pour les économies de ressources ou la diminution des pollutions ; de stimuler la concurrence pour économiser les ressources ; de permettre aux acheteurs et aux vendeurs de techniques efficaces d'établir des relations commerciales ; de convertir la taxe pollueur-payeur d'une usine en profits grâce à l'achat d'équipements plus efficaces ; voire de prendre en compte les générations futures, grâce à des instruments financiers appropriés, dans les décisions d'investissement qui sont prises en leur nom. Le problème de « l'éco-capitalisme » n'est pas qu'il ne fonctionne pas, mais plutôt qu'il n'a pas encore été vraiment essayé.

Les principes fondamentaux de l'éco-capitalisme – c'est-à-dire sauver la terre pour le plaisir et pour le profit grâce à des techniques d'avant-garde – sont simples :

– choisir dès le départ le moyen le moins cher d'économiser les ressources ;

– investir dans l'économie des ressources chaque fois que cela revient moins cher que d'en extraire de nouvelles ;

– créer un marché pour les ressources économisées ;

– imposer la vérité des prix : des prix déformés sont source d'aveuglement ;

– encourager et monétariser la concurrence entre les options avec des règles du jeu identiques pour toutes ;

– récompenser le comportement recherché et non son contraire ;

– taxer ce qui est indésirable et non le contraire ;

– se débarrasser prématurément des machines inefficaces pour les remplacer par d'autres.

Les chapitres 4 à 7 présentent une grande variété de recettes économiques éprouvées ou prêtes à être testées. Bien que sujettes aux limites du marché, elles sont créatives et permettent de compléter et de moderniser la réglementation existante, ainsi que de la remplacer.

Les progrès dans les économies d'énergie aux Etats-Unis montrent comment des millions d'actions commerciales, modestes mais généralisées, peuvent produire des gains importants de productivité au niveau national. Au cours des dix-sept dernières années, les nouveaux besoins en énergie des Américains furent couverts à 80 % par les économies d'énergie, et à 20 % seulement par des apports énergétiques nouveaux, dont le tiers est fourni par les énergies renouvelables. Ce résultat est d'autant plus remarquable que, pendant toute cette période, le gouvernement américain a encouragé les sources d'énergie centralisées et non renouvelables, comme le charbon et le nucléaire, et a découragé activement l'efficacité énergétique et les énergies renouvelables. Pourtant, le marché a préféré les options les plus rentables.

Déjà, la plupart des logements américains ont une meilleure efficacité thermique que les logements allemands ou japonais, et beaucoup de voitures américaines récentes sont plus efficaces que leurs équivalents allemands ou japonais. La facture américaine d'énergie a diminué de plus de 800 milliards de francs par an (en partie à cause de la baisse des cours mondiaux, induite par la stagnation de la demande, due elle-même à des techniques plus efficaces). L'énergie économisée par les millions de petites améliorations faites par les particuliers, les entreprises et les collectivités – isolation, voitures un peu plus économiques – dépasse de 40 % la quantité d'énergie produite par l'industrie pétrolière américaine. Dans quelques années, l'efficacité énergétique sera la première source d'énergie des Etats-Unis, supplantant le pétrole. Pour l'essentiel, cet acquis résulte de décisions d'achat quotidiennes. Les normes concernant les appareils et les bâtiments, ainsi que les programmes publics destinés à orienter les achats des consommateurs y ont certainement contribué. Mais, surtout, les gens ont pris conscience du montant annuel de leur facture énergétique (environ 10 000 F par personne[1]) et ont commencé à exiger des informations sur les alternatives disponibles.

En grande partie grâce à leurs décisions d'achat, les Américains ont déjà économisé de grandes quantités d'énergie, contribuant de manière significative à la baisse des cours mondiaux du pétrole. Néanmoins, ils continuent de dépenser plus de 1 500 milliards de francs par an pour l'énergie – plus que le déficit public des Etats-Unis !

1. Encore faut-il préciser que l'essence et le fioul sont d'un prix dérisoire aux Etats-Unis (environ 2 F à 2,50 F le litre) (NDT).

Sachant que les techniques efficaces et les moyens de les combiner ont évolué plus vite que les économies d'énergie elles-mêmes, les économies potentielles sont encore plus grandes et moins chères à réaliser qu'en 1973. Un potentiel comparable, différent dans les détails mais assez semblable dans ses grandes lignes, existe dans tous les pays. Pour comprendre pourquoi il n'a pas encore été mis à profit, nous devons saisir la différence entre marché idéal et marché réel.

4.2 Le marché imparfait

Les cinquante exemples présentés dans ce livre montrent qu'il est souvent moins cher d'économiser les ressources que de les consommer. Cela représente une opportunité de profit. Les chapitres 4 à 6 décrivent des moyens nouveaux pour permettre aux entreprises de réaliser ces profits et, grâce à cette motivation financière, de généraliser la productivité des ressources. Le chapitre 7 propose une réforme fiscale pour accélérer ce mouvement et augmenter encore les opportunités commerciales.

Il est très paradoxal de constater que l'un des plus grands obstacles à la création d'une industrie de la productivité des ressources est l'état d'esprit de certains des avocats les plus zélés de la libre entreprise. Nous voulons parler de la croyance naïve, très répandue parmi les économistes, que les marchés existants sont si proches de l'idéal que cela ne vaut même pas la peine de s'occuper d'éventuelles imperfections. Selon ce point de vue, si les gens vivent dans des maisons pleines de courants d'air, c'est parce que, après mûre réflexion, ils ont estimé que cela ne valait pas la peine de les calfeutrer. Si une usine pollue une rivière, c'est parce que les services qu'elle rend surpassent les inconvénients, et que la lutte contre la pollution coûterait plus cher que les dégâts causés par celle-ci. Pour résumer, comme le dit Alexander Pope, « ce qui existe est bien ».

Ce dogme fataliste nous soulage de la responsabilité de changer ce qui ne vas pas, ou même de reconnaître que quelque chose ne va pas. Comme le dit la Doctrine du Marché, si quelque chose vaut la peine d'être fait, le marché l'a déjà fait ; inversement, si le marché ne l'a pas fait, c'est que cela ne vaut pas la peine. Cela n'est pas sans rappeler la définition circulaire de l'utilité selon les économistes : les gens achètent des choses car elles leur sont utiles, et nous savons qu'elles sont utiles car les gens les achètent. L'idée que l'état de choses actuel est déjà proche de l'optimum est un article de foi invérifié plus qu'une conclusion rationnelle. Mais elle domine les discours et les politiques publiques, avec ses conséquences. Cette croyance simpliste, et fausse, cause le gaspillage de plus de 5 000 milliards de francs de ressources par an.

Les économistes – ceux qui se demandent si ce qui marche dans la pratique peut vraiment marcher en théorie – renvoient aux autres la charge de prouver que la situation actuelle n'est pas optimale et que le marché présente des dysfonctionnements. Il est vrai que les conditions d'un marché parfait – information parfaite sur l'avenir, indices des prix parfaitement précis, concurrence idéale, pas de monopoles, plein emploi de toutes les ressources, pas de coûts de transaction, pas de subventions, etc. – sont si belles qu'il doit être désagréable de redescendre dans un monde moins parfait. Pourtant, il existe des moyens « doux » de montrer aux économistes la distance qui existe entre leur monde théorique et le monde réel, dans lequel vit le reste de l'humanité : le meilleur moyen est encore de leur rappeler qu'il y vivent aussi.

Par exemple, on peut leur demander combien d'électricité leur réfrigérateur a consommé l'an dernier. Les réponses correctes, quand il y en a, sont rares ; l'incapacité à répondre indique un dysfonctionnement du marché. On peut ensuite demander à l'économiste s'il sait qu'un modèle deux fois plus efficace existe sur le marché, avec des caractéristiques et un prix similaires. On s'apercevra que, comme la plupart des gens, il ne s'est pas intéressé à la consommation électrique au moment de l'achat, ou bien que quelqu'un qui ne paie pas la facture – son propriétaire, par exemple – l'a acheté à sa place. En général, l'information de l'économiste sur le marché des réfrigérateurs est non seulement imparfaite, mais inexistante. Il objectera qu'il est trop occupé pour s'intéresser à cela. Précisément : l'information parfaite sur les différentes options, gratuite et accessible sans coût de transaction, comme le voudrait la théorie, n'existe pas. On peut répéter le même jeu avec les lampes, les voitures, les ordinateurs. Dans tous les cas, on s'apercevra que l'économiste prend des décisions économiquement inefficaces en raison d'une information insuffisante, du coût de transaction lié au changement, d'un manque d'accès au capital nécessaire et autres obstacles bien connus.

Le coût de transaction mérite une attention particulière. Il inclut le coût lié à la modification des lois et des normes ; le coût du changement de conception des produits fabriqués en série, de leur chaîne d'assemblage et des réseaux de distribution ; l'annulation des pertes de capitaux ; le coût du changement des infrastructures, des habitudes, des valeurs et du système d'éducation ; le coût lié à l'éducation des consommateurs, des producteurs et des équipes de maintenance ; le coût lié à la suppression des fonctionnaires qui définissent leur travail comme une suite de procédures archaïques ; le coût lié à la création d'emplois nouveaux pour ceux qui travaillent actuellement dans des structures profondément inefficaces ; etc.

A un moment donné, même l'économiste le plus féru de théorie commencera à se dire qu'il existe bel et bien des dysfonctionnements et que des millions de gens en font l'expérience chaque jour, y compris les économistes. L'économiste peut se demander : « Pourquoi isoler mon toit ? Je loue ma maison, et même si ma facture énergétique s'en trouvait diminuée, mon logeur resterait propriétaire des améliorations que j'aurais payées. » Voilà un bon exemple de divergence d'intérêt entre ceux qui paient et ceux qui profitent. Ou bien l'économiste admettra que, lorsqu'il investit dans les économies d'énergie, il veut, comme la plupart d'entre nous, récupérer sa mise au bout d'un an ou deux – c'est-à-dire dix fois plus vite que la durée de rentabilisation des centrales électriques. Ce décalage, qui attend des économies d'énergie une rentabilité financière dix fois supérieure à celle de la production, revient à une distorsion d'un facteur dix du prix de l'énergie. Cela nous incite à acheter trop d'énergie et pas assez d'efficacité.

La réalité de l'importance des dysfonctionnements du marché peut se résumer par cette petite histoire : un jour, un vieil économiste se promenait avec sa petite-fille, lorsque celle-ci aperçut un billet de 200 F sur le trottoir. « Papi, demanda-t-elle, est-ce que je peux le ramasser ? » A quoi il répondit : « Laisse, mon enfant. Si ce billet était un vrai, quelqu'un l'aurait déjà ramassé. »

Cette boutade se vérifie dans la réalité. Les théoriciens supposent que des grandes entreprises bien informées ont peu de possibilités nouvelles d'économiser l'énergie ou toute autre ressource en économisant aussi de l'argent. Selon eux, si de telles possibilités existaient, elles auraient été exploitées depuis longtemps. Or, loin s'en faut. Rappelez-vous l'expérience de Ken Nelson, décrite au chapitre 1, p. 93.

Il est dommage que si peu d'économistes aient rencontré de personnes comme Ken Nelson. Il est difficile pour un économiste de concevoir que des économies aussi importantes et aussi profitables attendaient depuis des décennies qu'on veuille bien se baisser pour les ramasser, et que leur exploitation a entraîné des économies encore plus grandes et encore plus rentables. Cette idée selon laquelle tout ce qui vaut la peine d'être fait l'a déjà été a des conséquences pratiques désastreuses : elle empêche les gens de voir ce qui pourrait être fait.

Au cours de l'ère Reagan-Bush, un professeur d'économie de l'université de Yale[2], William Nordhaus (1990), publia des calculs célèbres censés démontrer que la stabilisation des émissions américaines de CO_2, établie au cours des négociations de Toronto[3] – et considérée par les climatologues comme un premier pas modeste pour stabiliser le climat –, diminuerait le PNB américain de 1 000 milliards de francs par an. Ce « coût » astronomique se ficha dans la tête de John Sununu, chef de cabinet du président, et paralysa les politiques publiques dans ce domaine pendant les présidences de Reagan et de Bush.

La méthode de calcul de W. Nordhaus était simple.

• Premièrement, il supposa qu'un usage plus efficace de l'énergie n'était pas rentable aux prix actuels, sinon les gens se seraient déjà lancés dans cette voie. Aucun billet de 200 F n'était censé traîner par terre. L'existence d'une énorme littérature publiée par des gens qui vendent de l'efficacité énergétique et passent leur temps à lutter contre de nombreux dysfonctionnement du marché fut ignorée.

• Deuxièmement, W. Nordhaus supposa que le seul moyen d'inciter les gens à acheter de l'efficacité était d'augmenter le prix de l'énergie, ce que l'on ne pouvait faire qu'en augmentant les taxes. Etant donné que les dysfonctionnements du marché ne sont pas censés exister, la correction de ces dysfonctionnements sans relèvement des prix ne fut pas envisagée.

• Troisièmement, il supposa que les revenus issus d'une taxe sur l'énergie seraient reversés aux contribuables – afin qu'ils consomment –, au lieu d'être investis (cette hypothèse fait diminuer le PNB, tandis que l'investissement le fait augmenter).

• Quatrièmement, il s'appuya sur des études historiques montrant que les gens diminuaient leur consommation d'énergie quand les prix augmentent (cette idée d'un lien entre la demande et le prix est un

2. L'une des plus prestigieuses universités américaines (NDT).

3. Il s'agit d'un sommet international qui visait à l'imiter l'émission des gaz à effet de serre (NDT).

moyen rudimentaire de résumer les motivations complexes qui guident les décisions d'achat de millions de gens).

• Enfin, il modélisa tout cela sur ordinateur afin de déterminer l'augmentation des taxes nécessaire pour diminuer la consommation d'énergie et atteindre les objectifs de la conférence de Toronto, et afin d'estimer la baisse d'activité économique induite par ces taxes. Résultat : 1 000 milliards de francs par an.

Il se pourrait bien qu'il soit arrivé au bon chiffre, mais dans le mauvais sens. Atteindre les objectifs de la conférence de Toronto ne coûterait pas, mais ferait économiser environ 1 000 milliards de dollars par an aux Etats-Unis, car économiser le carburant coûte moins cher que le brûler. Etonné par cette divergence de 2 000 milliards, l'un de nous se rendit à la présentation du rapport de W. Nordhaus, au cours d'une conférence scientifique majeure. Pendant les débats, il demanda à l'économiste pourquoi il ne s'était pas basé sur les articles qui établissent le coût réel des économies d'énergie, tel qu'on l'a mesuré dans les milliers d'entreprises qui les mettent en pratique tous les jours. W. Nordhaus répondit : « J'ai simplement utilisé une hypothèse de la théorie économique. Votre hypothèse, M. Lovins, selon laquelle beaucoup de mesures d'économies d'énergie seraient rentables mais ne sont pas mises en pratique en raison de je ne sais quels dysfonctionnements du marché, est intéressante. Bien sûr, si vous vous êtes servi de cette hypothèse au lieu de la mienne, il est normal que vous obteniez un résultat différent. » Mais il refusa d'admettre que son postulat théorique avait bloqué les tentatives de résoudre les questions climatiques par des solutions au moindre coût favorisant les achats les plus rentables. En fait, il était si imbu de théorie qu'il refusait de s'intéresser aux faits, et ne semblait même pas connaître la différence entre les deux.

4.3 La théorie à l'épreuve des faits

A l'institut de Santa Fe, au Nouveau-Mexique, les scientifiques étudient les systèmes chaotiques. Leur devise est : « En théorie, théorie et pratique sont une seule et même chose, mais, dans la pratique, ce n'est pas le cas. » Cela vaut également pour les marchés, et il est très important de comprendre la différence.

Par exemple, la théorie affirme qu'un appareil qui utilise efficacement l'énergie est plus cher qu'un appareil inefficace. Pour économiser l'énergie, cet appareil ne doit-il pas remplacer certains éléments par une quantité supérieure de matériaux ou de matière grise ? Une telle substitution a un coût.

Est-ce vraiment le cas ? Les chapitres 1 à 3 nous montrent comment la combinaison de diverses technologies fait boule de neige, au point que les grandes économies sont souvent moins chères que les petites. Mais même des dispositifs simples, non combinés, ne coûtent pas forcément plus cher, comme l'indiquent les résultats. Intéressons-nous aux faits.

• La figure 17 montre la consommation électrique des différents modèles de réfrigérateurs sur le marché suédois, en fonction de leur prix par unité de volume intérieur. Non seulement le prix n'a aucun rapport avec l'efficacité énergétique, mais le modèle le plus efficace est moins cher que certains modèles qui consomment six fois plus d'électricité par litre ! Des résultats semblables peuvent être obtenus avec la plupart des appareils ménagers.

• La même absence de corrélation a été établie entre la consommation et le prix des climatiseurs. Des données du même genre existent pour les moteurs électriques industriels les plus courants et pour les grosses pompes industrielles. Ces données sont loin d'être exhaustives, mais elles montrent que l'efficacité n'est pas toujours plus chère. En fait, ces résultats indiquent que la théorie économique est si suspecte qu'elle devrait être rigoureusement comparée à la réalité dans de nombreux domaines, ce que personne n'a encore fait.

Qu'en est-il de cette autre affirmation largement acceptée, selon laquelle les gens utilisent plus un service si celui-ci est moins cher ?

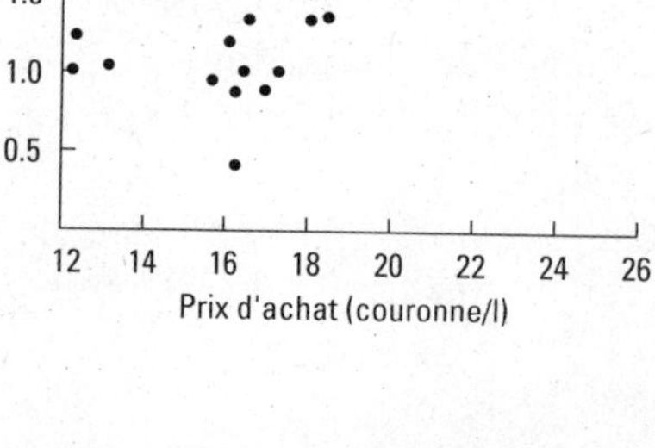

Figure 17. L'efficacité énergétique ne semble pas coûter plus cher. En Suède, on n'a pas trouvé de corrélation entre le prix des réfrigérateurs et leur efficacité, d'après une étude de l'université de Lund.

Willet Kempton et ses collègues (1992) ont étudié le comportement d'utilisateurs de climatiseurs à qui l'on avait fait croire que les climatiseurs et l'électricité étaient gratuits. Presque personne ne les faisait fonctionner tout le temps ni même dès qu'il faisait chaud. Beaucoup de personnes ne s'en servaient jamais. Quant à ceux qui les utilisaient, ils mettaient en marche ou ils arrêtaient le climatiseur suivant des motivations bien éloignées du confort : certains préféraient le bourdonnement du climatiseur au bruit de la rue, d'autres avaient des idées erronées sur le fonctionnement du thermostat, d'autres encore avaient des théories personnelles sur les effets de la climatisation sur la santé, etc.

Il n'y a aucune raison de penser que les postulats des économistes à propos de l'*Homo œconomicus* soient plus près de la réalité que ceux des ingénieurs, des psychologues ou des sociologues. Chacun de ces points de vue comporte une part de vérité

Cela signifie que, dans la vie réelle pleine de personnes compliquées, les types de comportement définis par les ingénieurs et les économistes sont incomplets et terriblement trompeurs. Les prévisions des économistes sur le comportement des « consommateurs rationnels », effectuant leur choix sur la base des prix, des politiques publiques et autres déterminants sociaux, sont à peine plus convaincantes et plus élaborées que certaines méthodes divinatoires antiques, telles que l'observation des entrailles des poulets. La seule différence est que l'économie est la nouvelle religion d'Etat, sur laquelle on aligne les politiques, à laquelle on chante des hymnes et on fait des sacrifices, alors que les méthodes divinatoires romaines ne sont plus à la mode.

En jetant le doute sur la validité universelle de la théorie économique, nous ne voulons pas dire qu'elle est inutile, mais nous voulons souligner qu'elle doit être utilisée avec prudence et discernement. Les deux chapitres suivants suggèrent de nombreux moyens d'appliquer les méthodes économiques pour venir à bout des dysfonctionnements du marché et obtenir des résultats socialement utiles. Mais nous ne devons pas oublier que les choix humains ne dépendent pas seulement du prix et font appel à des motivations variées.

L'épreuve de vérité

L'économie, malgré toutes ses lacunes et incertitudes, reste une construction intellectuelle importante aux conséquences pratiques considérables. La différence entre une économie de marché, aussi imparfaite soit-elle, et une économie planifiée – telle que l'ancienne économie soviétique, qui n'était rien d'autre qu'une immense machine à dévorer les ressources – est réelle et fondamentale. Mais cela ne signifie pas pour autant que celui qui montre du doigt les défauts de fonctionnement de l'économie de marché, ou celui qui en appelle à la mise en pratique de principes sains dans l'économie de marché, prend parti pour l'économie planifiée. Au contraire, les chapitres 6 et 7 montrent comment les marchés, aussi imparfaits soient-ils, peuvent devenir des outils remarquablement efficaces pour orienter les motivations et le potentiel humains, éliminant toute nécessité de remplacer l'initiative individuelle par des décisions bureaucratiques.

Mais les bureaucraties sont-elles prêtes à abandonner leurs prérogatives ? La fin des années 90 sera l'occasion d'un test fascinant dans les pays qui se considèrent eux-mêmes comme favorables à l'économie de marché. Se détourneront-ils du socialisme institutionnel pour adhérer aux principes du marché qu'ils sont les premiers à prêcher ? Les Etats-Unis supprimeront-ils les 150 milliards de francs de subventions annuelles au secteur énergétique – presque toutes consacrées aux options économiques les moins compétitives ? En Allemagne, les trois grandes compagnies électriques, habituées à un *modus vivendi* confortable, publieront-elles leurs statistiques, afin de savoir qui produit quoi, à qui l'électricité est vendue et à quel prix ; ouvriront-elles leurs réseaux aux producteurs privés et joueront-elles le jeu de la concurrence ? Electricité de France acceptera-t-elle la transparence sur ses subventions énormes, mais secrètes, et sur celles de ses fournisseurs nucléaires[4] ? Les compagnies électriques du monde entier permettront-elles une vraie compétition entre ceux qui produisent et ceux qui économisent l'électricité ?

Lorsque Ronald Reagan fut élu, deux d'entre nous publièrent un commentaire dans le *Washington Post*, intitulé « La politique énergétique de Reagan est-elle conservatrice ou ultralibérale ? » L'article suggérait une série de tests pour savoir si la politique énergétique du nouveau gouvernement était conservatrice ou si elle était teintée de socialisme. Ce gouvernement supprimerait-il les subventions au secteur énergétique et laisserait-il faire la concurrence entre les différentes options ?

4. La facture d'électricité de chaque consommateur ne paie qu'une partie du coût réel de l'électricité, le reste étant à la charge du contribuable (NDT).

Assainirait-il les règles du jeu afin que les nouveaux venus puissent se trouver en concurrence loyale avec ceux qui occupent actuellement le terrain ? Soumettrait-il l'énergie nucléaire et autres options soutenues par l'administration à la même discipline exigée de l'énergie solaire et de l'efficacité énergétique, ou bien encouragerait-il ses options préférées et laisserait-il jouer les mécanismes du marché pour les autres ? L'épreuve de vérité fut décevante : ce gouvernement, qui professait les principes du marché, s'avéra être une bande de corporatistes dévoués au sauvetage de leurs favoris, visés par une attaque mortelle des forces du marché. Nous nous trouvons aujourd'hui face au même choix politique – à ceci près que les techniques efficaces et les énergies renouvelables se sont tellement améliorées qu'elles constituent une menace réelle pour l'ordre établi.

En réalité, toutes les économies sont des économies mixtes – en partie libres, en partie orientées ou influencées par les politiques publiques afin de produire les résultats désirés, en dépit des forces du marché. Aujourd'hui, le principal clivage est entre les pays qui l'admettent et ceux qui prétendent ne pas influencer le marché. Les deux chapitres suivants indiquent comment faire pour que l'éco-capitalisme devienne une réalité – pour que le marché fonctionne comme il devrait.

Mais, la prudence est de mise : le marché est un outil, pas une religion ; un moyen, pas une fin. On peut le faire fonctionner encore mieux pour réaliser des choses importantes, mais il ne peut pas tout faire, et il est dangereux de supposer qu'il peut remplacer l'éthique ou la politique. Au chapitre 14, nous comparerons la façon dont le marché fonctionne généralement et les propositions initiales de ses fondateurs – nous comparerons également les buts du marché et ceux des êtres humains.

5. Acheter et vendre l'efficacité

5.1 Le choix du moindre coût

Comment faire entrer la révolution de l'efficacité dans une économie de marché ? Comment acheter l'efficacité ? Comment la vendre en faisant des profits ? Existe-t-il une société qui a essayé de diminuer ses ventes ? Oui, il en existe, il s'agit même d'une industrie entière : les compagnies électriques américaines, qui représentent le plus grand secteur de l'économie du pays avec des avoirs de plus de 2 500 milliards de francs et un chiffre annuel de 1 000 milliards de francs environ. Ce secteur a subi une transition de la planification vers le marché et s'est mis à préférer les bons investissements aux mauvais.

Un peu d'histoire pour commencer. Au début du XXe siècle, les abus des monopoles ont conduit les différents Etats américains à mettre en place un système complexe de compagnies électriques en grande partie privées, contrôlées par des commissions publiques chargées de fixer les prix et d'approuver les investissements importants. Le principe qui sous-tendait cette approche était que la distribution électrique était un « monopole qui allait de soi » – pourquoi mettre en place plus d'une ligne électrique dans la même rue ? Mais, en plus, une certaine dose de contrôle politique était nécessaire pour assurer une fourniture d'électricité universelle, juste, non discriminatoire et fiable. Les Etats mirent donc en place des commissions élues ou nommées, chargées de faire respecter cette mission sociale tout en assurant la viabilité des compagnies par une rétribution équitable des investisseurs privés. Jusqu'au milieu des années 70, le travail de ces commissions était simple : la compagnie proposait la construction d'une nouvelle centrale et, après de vagues discussions, la commission approuvait le projet. Les prix baissèrent à mesure que les centrales devenaient plus grandes et moins chères par kilowatt produit, plus efficaces et plus fiables. Les commissions avaient ainsi la tâche agréable de redistribuer les économies au consommateur sous forme d'une baisse des tarifs.

Mais, dans les années 70, cette situation confortable implosa. Les grosses centrales devenaient plus chères et moins fiables. Des engagements financiers très ambitieux dans l'énergie nucléaire – qui n'avait pas encore fait ses preuves – firent pénétrer les compagnies électriques en territoire inconnu. Rapidement, ce nouveau domaine s'avéra dépasser leurs capacités techniques et gestionnaires. Le choc pétrolier de 1973, suivi du second choc de 1979, dopa l'inflation, les taux d'intérêt et le prix du pétrole. De nombreuses compagnies firent faillite. L'apparition d'alternatives moins chères, qui utilisaient plus efficacement l'électricité ou la remplaçaient par d'autres sources d'énergie, constituèrent une menace supplémentaire pour les compagnies. Enfin, en 1978, le Congrès américain ouvrit la production électrique à la concurrence, en obligeant les compagnies à racheter à un prix raisonnable l'électricité produite par des opérateurs privés[1]. L'âge d'or des compagnies électriques était révolu.

Face à cette situation nouvelle et pour le moins inconfortable, de nouveaux principes de fonctionnement, simples et clairs, furent élaborés :

– les consommateurs ne veulent pas de kilowattheures pour l'amour des kilowattheures, mais pour prendre des douches chaudes, boire de la bière fraîche, s'éclairer et bénéficier de tout le confort moderne – bref tous les services que l'électricité rend possibles ;

– les consommateurs veulent bénéficier de ces services de manière fiable, pratique et au moindre coût ;

– l'électricité doit donc entrer en concurrence avec tous les autres moyens de fournir le même service : efficacité électrique (consommer moins de kilowattheures pour le même résultat), remplacement de l'électricité par d'autres sources d'énergie, y compris renouvelables ;

– quand les consommateurs réaliseront que les « négawatts » – c'est-à-dire l'électricité économisée – sont moins chers que les mégawatts[2], ils voudront acheter moins d'électricité et plus d'efficacité ;

1. C'est aussi la situation en France, où EDF a le monopole de la distribution mais non de la production : elle est donc tenue de racheter l'électricité produite par d'autres (NDT).

2. 1 mégawatt (MW) est égal à 1 million de watts (NDT).

– la seule question est de savoir qui leur vendra l'efficacité ;

– la meilleure stratégie commerciale consiste à vendre aux gens ce qu'ils veulent avant que quelqu'un d'autre ne le fasse ;

– les compagnies électriques n'ont donc que le choix entre participer à la révolution des négawatts ou décliner ;

– les commissions peuvent aider les compagnies à comparer tous les moyens qui se présentent au consommateur d'accomplir une tâche donnée, à déterminer la moins chère et à la vendre au consommateur.

Le choix du moindre coût

C'est à partir de cette dernière idée que fut élaboré le principe du « choix du moindre coût » : les compagnies comparent toutes les possibilités de fournir un service, choisissent le moins cher et l'achètent ou aident le consommateur à l'acquérir. Le « moins cher » peut intégrer les coûts sociaux ou se restreindre à une définition étroite. Mais, dans les deux cas, le principe de base est de choisir et d'acheter la meilleure option.

Au cours des années, la plupart des commissions américaines, ainsi que des organismes semblables dans d'autres pays, ont adopté cette approche, plus ou moins complètement. En 1992, elle devint obligatoire aux Etats-Unis, et rares furent les compagnies incorrigibles qui s'en tirèrent en se contentant de comparer différents types de centrales, au lieu de comparer différents moyens de produire l'électricité, de l'économiser ou de la remplacer par d'autres sources d'énergie.

Cette démarche, qui consiste à se demander « Quels sont les besoins ? Quels sont les meilleurs outils pour les satisfaire ? », se diffusa peu à peu en dehors de l'industrie électrique, à commencer par le gaz naturel (contrôlé par les mêmes commissions), l'eau et d'autres domaines d'activité, tels que les transports. En 1991, une loi rendit obligatoire l'étude de toutes les alternatives possibles, y compris une réduction de la demande, chaque fois qu'une autoroute est projetée [3]. Des amendements aux lois américaines sur l'air et l'eau exigent maintenant de prendre en compte les alternatives efficaces.

Mais la recherche d'alternatives moins onéreuses n'est que l'un des trois ingrédients de base pour fournir des services meilleurs à un prix

3. En France, c'est le cas de la LOTI (loi d'orientation des transports intérieurs) de 1984, hélas rarement appliquée (NDT).

inférieur. Les deux autres sont plus subtils. Le premier consiste à réformer les lois qui organisent le marché de l'électricité, le second consiste à traduire dans les faits la démarche du moindre coût, grâce au marché. Ce sont ces deux points que nous allons maintenant considérer.

5.2 Réformer les lois organisant le marché de l'électricité

Le moyen habituel de fixer le prix de l'électricité aux Etats-Unis – moyen qui date d'un siècle environ et a été adopté dans presque tous les pays – consiste à déterminer, en fonction de facteurs économiques et politiques, un taux de rentabilisation du capital qui permette aux investisseurs de s'y retrouver et qui attire d'autres capitaux. En multipliant ce taux par le capital investi, on obtient le revenu que la compagnie doit dégager pour honorer ses obligations auprès de ses actionnaires. Ce revenu est ensuite ajouté aux dépenses de fonctionnement. Le besoin financier total est réparti entre les différentes catégories de clients (particuliers, entreprises, etc.) de manière à représenter leurs parts respectives dans le coût total du système.

Mais ici intervient une complication, dont les implications perverses ne furent pas comprises avant le milieu des années 80. Pour convertir les besoins financiers des compagnies en tarifs, la commission doit estimer la consommation d'électricité pour l'année à venir. Si la compagnie vend plus de courant que prévu, elle fait un bénéfice ; si, au contraire, elle en vend moins, son bénéfice diminue. Résultat : la compagnie tend à sous-estimer ses ventes futures, tandis que les clients, représentés aux audiences de la commission, tendent à les surestimer. Cette situation a alimenté de longs et coûteux débats entre les experts et les avocats des deux parties. De plus, les profits de la compagnie dépendaient des caprices de la météo et de l'environnement économique, facteurs qu'elle ne contrôle pas. Aucune politique publique ne justifie que les profits des compagnies électriques dépendent de choses qu'elles ne contrôlent pas.

Puis apparut la pratique des « clauses d'ajustement au prix du carburant », quasiment universelles dans les années 80. Ces clauses répercutaient automatiquement la hausse des prix du pétrole sur le prix de l'électricité, afin d'éviter de réunir les commissions de contrôle à chaque variation des cours du pétrole et autres combustibles fossiles. Cela ne fit qu'exacerber les disputes autour des tarifs.

Découpler les profits de la quantité d'électricité vendue

Autour de 1980, certains Etats « découplèrent » les profits des compagnies électriques de la quantité d'électricité vendue. Les commissions modifièrent les règles, afin que les compagnies n'augmentent pas leurs profits en vendant plus de courant que prévu, ou ne pâtissent pas de ventes inférieures aux prévisions : les excédents étaient désormais versés sur un compte spécial, et reversés à la compagnie en cas de difficultés. Cela élimina les sources de disputes et rendit les profits indépendants de la météo et autres circonstances incontrôlables. Les compagnies accueillirent favorablement cette réforme, car cela diminuait leurs risques et leur permettait une meilleure programmation. Sur une année, les tarifs peuvent fluctuer de manière significative, mais, à la longue, l'impact réel sur les tarifs est proche de zéro (0,25 % en dix ans en Californie).

Partager les économies

Un nouveau problème surgit : pour plusieurs raisons, les compagnies gagnaient moins d'argent en économisant l'électricité qu'en augmentant leurs ventes. Cela les incitait à construire toujours plus de centrales et à étendre le réseau, même si ce n'était pas le meilleur choix pour les clients. Certaines commissions de contrôle lancèrent la deuxième étape de la réforme, en autorisant les compagnies à garder les profits excédentaires issus des économies qu'elles faisaient réaliser à leurs clients. Cette forme de partage incita chacune des parties à s'engager dans la voie des économies. Les compagnies n'étaient pas récompensées lorsqu'elles vendaient plus de courant, mais elles n'étaient pas pénalisées lorsqu'elles en vendaient moins et étaient même récompensées lorsqu'elles contribuaient à diminuer la facture des consommateurs. Elles firent alors quelque chose de si prévisible d'après la théorie du marché que presque personne ne s'attendit aux résultats exceptionnels qu'elles obtinrent : elles investirent fortement dans l'efficacité en bout de chaîne (chez le client)[4]. La révolution des négawatts était bien partie.

La preuve par neuf

Prenons le cas de la Pacific Gas and Electric Company (PG&E) – la plus grande compagnie d'électricité privée des Etats-Unis. Vers 1980,

---

4. Les économies réalisées coûtaient moins cher que produire l'électricité équivalente.

PG&E prévoyait de construire entre dix et vingt centrales supplémentaires, avec des centrales nucléaires tout le long de la côte californienne. Mais, en 1992, la compagnie ne prévoyait plus d'en construire, et, en 1993, elle ferma définitivement son département de construction. Selon son rapport annuel de 1992, elle prévoyait de couvrir au moins 75 % de ses besoins en électricité grâce aux économies de ses clients, le reste par des sources renouvelables. En cas de besoin imprévu, elle pourrait construire des centrales au gaz naturel. Les centrales au charbon et les centrales nucléaires, considérées jusqu'alors comme les seules options, n'étaient même plus prévues, en raison de leur coût considérable.

Quelle est la cause de cette révolution dans les projets et les pratiques de ce géant de l'électricité ? Ses profits ne dépendaient plus de la quantité d'électricité vendue, et ses actionnaires retiraient un bénéfice supplémentaire de 15 % sur les économies que la compagnie faisait – en aidant ses clients à utiliser l'énergie plus efficacement, en achetant du combustible moins cher, en gérant les centrales plus efficacement, etc. En 1992, PG&E investit donc 850 millions de francs pour aider ses clients à faire des économies d'énergie. Il s'agit du programme d'économies le plus important jamais mis en place dans le monde. Pour cette seule année, ces investissements permirent à la compagnie de faire entre 1,5 et 2 milliards de bénéfices. Elle rétrocéda 80 % de ces bénéfices aux clients sous forme de baisse des tarifs, le reste allant aux actionnaires – soit plus de 200 millions de francs. Cet allégement des tarifs n'empêcha pas la compagnie de faire supporter ses investissements à ses clients, exactement comme elle l'aurait fait pour une centrale (mais pour beaucoup moins cher). Il s'agit d'une juste répartition des coûts, car l'efficacité est la moins onéreuse des ressources.

Ainsi, ces investissements dans l'efficacité ont permis d'augmenter les bénéfices de plus de 200 millions de francs sans coût ni risque. En récompensant l'attitude que nous désirons (des factures moins élevées) au lieu de celle que nous ne désirons pas (vendre toujours plus d'électricité), on peut changer la nature des investissements d'une compagnie, sa mission et sa culture d'entreprise.

En 1993, la commission de contrôle de Californie confirma que les bénéfices des efforts déployés par les compagnies qu'elle supervise s'élevèrent, pour la période 1990-1993, à 10 milliards de francs. En 1994, elle publia les résultats d'une étude confirmant que le programme d'économies avait permis d'économiser la quantité d'énergie prévue, et ce à un coût très inférieur au coût de production de la même quantité d'énergie. L'art de mesurer les économies d'énergie est maintenant bien au point, ce qui permet de les déterminer avec précision.

A une échelle plus modeste, des tentatives similaires ont été faites en Europe, où n'existe aucun équivalent des commissions de contrôle américaines. Dans de nombreux cas, les municipalités peuvent subventionner l'efficacité énergétique grâce à des réseaux de distribution municipaux[5]. Ainsi, Peter Hennicke, directeur du département énergie de l'Institut Wuppertal, a collaboré avec succès avec des compagnies locales allemandes, en aidant à s'orienter dans la voie de l'efficacité. La figure 18 montre, avec l'exemple de Hanovre, les économies d'énergies que l'on peut réaliser de manière rentable, c'est-à-dire au-dessous du prix de construction de générateurs supplémentaires.

Retour à la case départ?

En 1994 se produisit une évolution moins positive. Le 20 avril, une cabale secrète réunissant quelques membres de la commission californienne proposa d'abandonner ces pratiques qui avaient pourtant fait leurs preuves, en faveur d'un encouragement à la concurrence. Dans leur idée, chaque client pourrait acheter son électricité à la compagnie et au tarif de son choix[6]. En fait, cette idée avait été suggérée par quelques gros clients industriels, qui voulaient transférer le coût des centrales électriques les plus chères (principalement les centrales nucléaires) aux petits consommateurs, au lieu de partager équitablement les coûts et d'encourager les économies. Enveloppé dans le langage superficiel mais séduisant de la concurrence et de la liberté de choix, ce concept consistait à transférer les coûts, non à les réduire.

Il existe des similitudes frappantes entre cette idée et le projet de directive européenne *TPA* (*Third Party Access*). Celle-ci éclaire la politique de la Commission européenne : la directive *TPA*, adoptée en juin 1996, est destinée à mettre fin aux monopoles énergétiques.

---

5. Ce n'est pas le cas en France, où EDF a le monopole de la distribution et s'intéresse peu aux économies d'énergie (NDT).

6. A.B. Lovins, « Is There Life after the CPUC Order? », address to the National Association of Regulatory Utility Commissioners National Conference on Integrated Resource Planning (Kalispell, May 1994), RMI Publication n° U94-17.

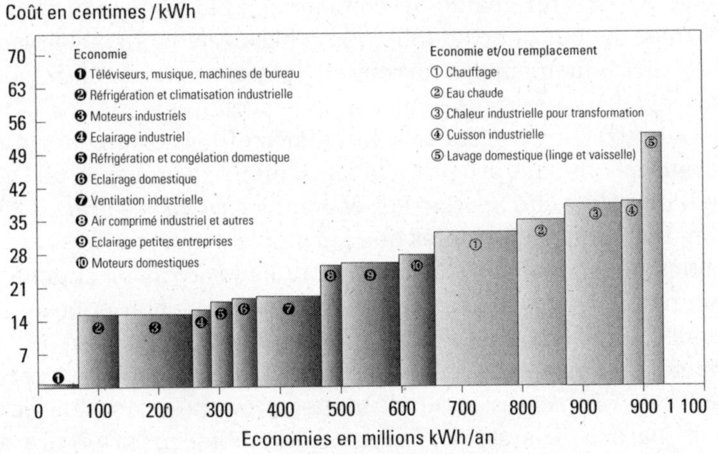

Figure 18. Le programme « négawatts » de la ville de Hanovre, en Allemagne. Environ 600 millions de kWh pourraient être économisés sans perte de qualité de service, pour un coût inférieur à 24 centimes par kWh, c'est-à-dire de manière rentable. 300 à 400 millions de kWh supplémentaires pourraient être économisés au prix de 35 centimes le kWh. Ces économies éviteraient la construction d'une centrale de 300 MW (Hennicke et Seifried, 1996, p.122).

Heureusement pour les économies d'énergie, cette directive n'a toujours pas été mise en pratique : en effet, elle favorise la vente du maximum d'électricité au prix le plus faible (comme c'est déjà le cas en Grande-Bretagne), mais ne récompense pas et probablement pénaliserait l'efficacité énergétique. Malheureusement, le projet de directive sur la planification intégrée des ressources n'a pas non plus été adopté. Proposée par la Commission en septembre 1995 pour favoriser la recherche du moindre coût, cette directive a été bloquée, en raison notamment de pressions de l'industrie énergétique allemande.

La concurrence entre compagnies supprimerait la prise en compte des coûts environnementaux dans les décisions des compagnies électriques, ainsi que l'utilisation de sources d'énergie plus propres, plus sûres, plus renouvelables et plus diversifiées. Les objectifs sociaux (équité, fiabilité et non-discrimination) ne pourraient pas être respectés. En récompensant les compagnies en fonction des quantités d'électricité vendues, on cesserait non seulement de récompenser l'efficacité, mais on la pénaliserait – ainsi que cela s'est passé en Grande-Bretagne lorsque le réseau a été privatisé.

Beaucoup de dirigeants de compagnies électriques ont un esprit moutonnier. Ils ont donc adopté l'hypothèse à la mode selon laquelle, dans un environnement concurrentiel, il n'y aura pas de place pour des « services gadgets » tels que l'efficacité énergétique.

Depuis 1994, les esprits se sont calmés et l'on commence à mieux comprendre comment profiter à la fois d'un prix compétitif de l'électricité et d'une efficacité accrue. Les économies réalisées grâce à l'efficacité sont bien plus importantes que permet la concurrence sur les prix. Mais nous pouvons jouer sur les deux tableaux. Ainsi, actionnaires et consommateurs auront des intérêts communs et non opposés. Si les économies réalisées en Californie sont généralisées, tout le monde sera gagnant et les vieilles centrales (principalement nucléaires) disparaîtront. Les promesses seraient tenues ; l'équité, et non la cupidité, serait la base d'un système énergétique stable, propre, géré à long terme et économiquement efficace. C'est en effet ce qui commence à se mettre en place dans la plupart des Etats américains (Lovins, 1996).

5.3 Créer un marché des négawatts

Mettre en place un tel système énergétique nécessite des innovations d'un autre type : continuer de favoriser (techniquement et économiquement) l'accès des consommateurs aux technologies efficaces, non par des décisions bureaucratiques, mais par le jeu du marché.

De l'information au financement

Dans les années 70, lorsque les compagnies d'électricité et de gaz américaines commencèrent à aider leurs clients à économiser l'énergie, on pensait que l'information suffirait. Informez vos clients des possibilités, disait la théorie, et ils feront le bon choix. On lança de nombreuses campagnes d'information générales ou ciblées en direction des commerçants, des architectes, des ingénieurs, des électriciens, des plombiers, etc.

Mais il s'avéra que l'information seule, sans moyens financiers, était peu efficace, en grande partie à cause du fait que les investissements en matière d'économies d'énergie doivent être rentabilisés dix fois plus vite que les investissements dans la production. C'est pourquoi certaines compagnies commencèrent à financer l'isolation, le calfeutrage et autres améliorations chez leurs clients, à des taux d'intérêt faibles voire nuls. Puis elles s'aperçurent qu'il était souvent moins cher d'offrir ces aménagements que de fournir et subventionner le prêt, de même que de nombreuses agences de gestion de l'eau donnent déjà des pommes de douches performantes et autres dispositifs pour économiser l'eau, les économies réalisées remboursant largement le prix de ces accessoires.

Dans le même temps, les compagnies mirent en place un système de primes, afin que production et économies d'énergie soient comparées selon les mêmes termes financiers. Les primes sont versées à tous ceux qui permettent à la compagnie de faire des économies.

Primes

Au début, les primes n'étaient payées qu'aux acheteurs de certains équipements efficaces : tant pour un réfrigérateur qui ne dépassait pas une certaine consommation par an, tant pour un réglage électronique de l'éclairage. Mais les compagnies finirent par réaliser que les économies se valaient les unes les autres et que les consommateurs pouvaient acquérir des moyens d'économiser l'énergie auxquels on n'avait pas pensé. Les primes furent alors généralisées à tous les types d'appareils ou de systèmes. Des primes de quelques milliers de francs par kilowatt économisé n'étaient pas rares. Puis certaines compagnies eurent l'idée de verser une partie de la prime aux grossistes, aux détaillants, aux conseillers et aux installateurs. Actuellement, un quart des primes versées aux Etats-Unis récompensent les différents maillons de la chaîne commerciale. Parfois, ces primes sont versées en nature, sous forme de programmes de formation par exemple.

Ainsi, PG&E versait 10 centimes par kilowattheure économisé aux acheteurs de réfrigérateurs efficaces. Mais elle s'aperçut qu'elle pouvait réaliser des économies encore plus importantes pour un prix de 3 centimes seulement, en payant 250 F au détaillant qui vend un réfrigérateur efficace. De cette manière, les appareils inefficaces disparaissent rapidement des magasins. Lorsque le réfrigérateur d'un client de PG&E doit être remplacé, le nouvel appareil sera forcément efficace, car on n'en trouve pas d'autre.

Vers 1991, la Southern California Edison Company (SCE) découvrit que ses primes produiraient des économies encore plus grandes en remontant la chaîne jusqu'au fabricant. Par exemple, SCE payait 25 F pour tout achat de lampe fluocompacte chez un détaillant, baissant son prix de 95 à 70 F (figure 19). Mais ce prix était encore trop élevé pour tenter les consommateurs. En versant la même prime de 25 F au fabricant, le prix de fabrication baissait de 45 à 20 F. Une fois ajoutée la marge du grossiste et du détaillant, le prix de vente au détail n'était plus que de 45 F. Ainsi, les ventes augmentèrent et le prix de revient des lampes baissa, pour atteindre 12,50 F après prime, soit un prix de vente au détail de 27,50 F. Tout le monde y gagnait, le volume des ventes compensant largement la baisse des prix.

A première vue, on pourrait supposer que les primes devront être aussi basses que possible afin de ne pas jeter l'argent par les fenêtres, surtout si l'on soupçonne qu'un certain nombre de profiteurs encaisseront la prime pour des aménagements qu'ils auraient faits de toute façon. Mais cette approche de bon sens n'est pas la meilleure, car une prime élevée, au moins pendant une période définie, peut favoriser une transformation encore plus profonde du marché.

C'est ce que la compagnie canadienne British Columbia Hydro (BCH) a commencé à faire en 1988, afin de transformer le marché des moteurs industriels en vue d'une meilleure efficacité. Ces gros moteurs consomment une grande partie de l'électricité de cette province du Canada, notamment dans les industries minière et papetière. Mais, pour la plupart, il s'agissait de modèles très peu performants, car les modèles de qualité n'étaient pas en stock : il fallait une commande spéciale et un long délai de livraison, incompatible avec les besoins des industriels, qui devaient réparer les moteurs en panne dans la nuit. Cependant, en trois ans seulement, BCH fit passer la part de marché des moteurs efficaces de 3 à 60 %, grâce à des primes si généreuses que personne ne pouvait les ignorer. Aujourd'hui, la tendance est complètement inversée : ce sont les moteurs peu efficaces qui nécessitent une commande spéciale et une longue attente. Afin que les revendeurs et les utilisateurs ne perdent pas cette bonne habitude, BCH encourage l'adoption de normes d'efficacité, après quoi la compagnie diminuera les primes, devenues superflues.

Variations sur le thème des primes

Les années 80 virent fleurir d'autres idées comparables. Certaines compagnies se mirent à payer des primes non seulement pour acheter des équipements efficaces, mais aussi pour se débarrasser définitivement des vieux appareils inefficaces, afin qu'ils ne réapparaissent pas

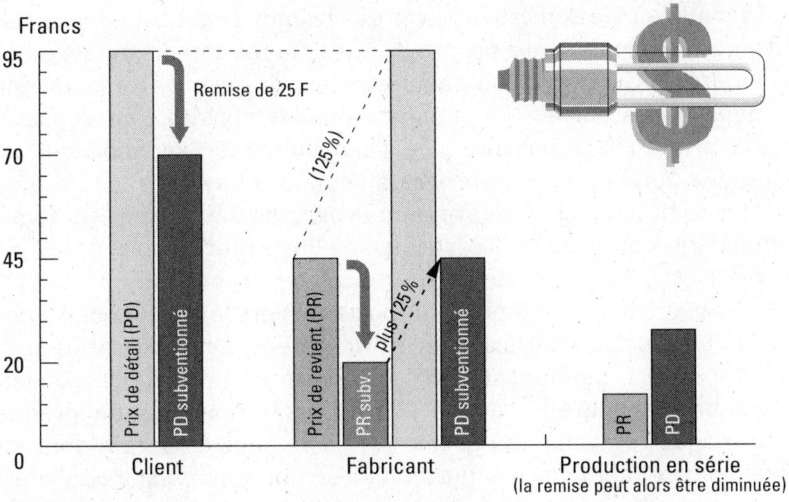

Figure 19. La Southern California Edison Company s'aperçut qu'il était plus intéressant de subventionner l'efficacité au niveau du fabricant plutôt qu'au niveau du consommateur. Histogramme de gauche : une prime de 25 F pour une lampe de 95 F donne un prix de détail de 70 F. Histogramme central : la même prime de 25 F versée au fabricant fait baisser le prix de production de 45 à 20 F. En rajoutant les 125 % de marge des grossistes et du détaillant, on obtient un prix de détail de 45 F. L'augmentation de la demande qui s'ensuit permet au fabricant de baisser le prix de revient à 12,50 F, pour un prix de détail de 27,50 F.

sur le marché de l'occasion. Tant pour vos vieux réfrigérateurs, dont les meilleurs seront donnés à des ménages à faibles revenus (où ils remplaceront des modèles encore moins efficaces), tandis que les autres seront démantelés de manière à récupérer les CFC, la mousse isolante et à recycler les métaux. Cette approche ouvre des possibilités énormes si on l'étend au-delà des ménages. Pour prendre un contre-exemple, si on ne l'applique pas aux moteurs industriels, les vieux moteurs remplacés par des modèles plus efficaces se retrouveront sur le marché de l'occasion. En peu de temps, ils trouveront acquéreur et seront installés ailleurs (ou pire, vendus à un pays en développement, dont le réseau électrique saturé n'a pas besoin de cela). Pour éviter cela, une partie de la prime versée pour l'achat d'un nouveau moteur doit être conditionnée à la présentation du « certificat de décès » de l'ancien.

Une autre idée consiste à payer des primes pour tout appareil dont la conception représente un progrès ; ce thème important sera traité au chapitre 6. Certaines compagnies paient des primes lorsque l'appareil dépasse les normes en vigueur : plus les normes sont dépassées, plus la prime est importante. Cela fait naître des technologies nouvelles et la norme peut être progressivement relevée.

Afin de provoquer ce relèvement progressif des normes, un regroupement de compagnies électriques, s'inspirant d'une expérience menée avec succès en Suède, mit en place un prix appelé « Carotte d'Or » – avec, à la clé, une prime importante versée à celui qui proposerait sur le marché américain un réfrigérateur sans CFC et deux fois plus efficace. Le montant du prix, remporté par Whirlpool, dépendra du nombre d'appareils vendus. Ainsi, les compagnies ne prennent aucun risque : elles ne paient que les économies d'énergie dont elles bénéficient réellement. Les perdants devront suivre sans recevoir de prime, sous peine de perdre des parts de marché et de ne pas respecter les normes, lorsque celles-ci seront relevées grâce au gagnant.

Les compagnies électriques peuvent aussi vendre à crédit des appareils efficaces à leurs clients, qui étalent ainsi leurs paiements comme pour une centrale (payée *via* la facture d'électricité), pour un coût final bien inférieur. Ainsi, certaines compagnies vendent des lampes fluocompactes 0,75 F par lampe et par mois et les remplacent gratuitement. Ce système profite aux deux parties et peut économiser des impôts dans certains cas.

Vers un marché véritable

Tous ces moyens traditionnels de vendre des négawatts – informations, dons et primes – peuvent être très efficaces pour augmenter au maximum le nombre de personnes impliquées et la quantité d'énergie que chacune économise. Mais il manque un élément important à ce dispositif : maximaliser la compétition entre ceux qui économisent afin d'améliorer de manière continue le prix et la qualité des économies. Pour cela, il ne suffit pas de vendre des négawatts, il faut créer un marché des négawatts, c'est-à-dire transformer l'électricité économisée (ou toute autre ressource) en denrée consommable, soumise à tous les mécanismes qui s'appliquent aux produits de base, tels que le cuivre, le blé ou la viande : enchères, arbitrage, options (contrats qui autorisent à acheter à prix fixe pendant une période déterminée), contrats à terme (qui permettent d'acheter ou de vendre à un prix déterminé à une date future prédéfinie), second marché [7], etc.

Une caractéristique des produits de base est d'être achetées et vendues aux enchères, à des cours qui fluctuent en fonction des conditions du marché – fondamentalement, en fonction de la relation entre l'offre et la demande.

Propositions et enchères

Dans les années 80, la Central Maine Power Company voulut aider ses plus gros clients à économiser l'énergie à un coût inférieur au coût de production. Pour cela, elle les invita à faire des propositions pour économiser l'électricité, dont les meilleures seraient récompensées par une dotation financière. La première année, un papetier proposa d'équiper ses moteurs de contrôles électroniques ; il gagna le concours. L'année suivante, ses concurrents firent eux aussi des propositions, et ainsi fut lancé un programme d'économie dans l'industrie papetière. La compagnie sélectionnait les propositions en deux étapes : elle retenait d'abord celles qui économisaient l'électricité au moindre coût, puis celles dont l'auteur proposait de payer lui-même la plus grande partie du coût, permettant ainsi de répartir la dotation entre plusieurs candidats.

Bientôt, ce système fut adopté par huit Etats. Lorsqu'une compagnie veut produire plus d'électricité, elle lance des enchères : « Qui veut produire, économiser ou remplacer l'électricité, et à quel prix ? Les offres gagnantes concernent généralement des économies. Pour la première fois, la production et les économies d'électricité peuvent se concurrencer directement dans le même marché.

7. L'arbitrage est une opération boursière qui consiste à acheter moins cher pour revendre plus cher ailleurs et au même moment. L'arbitragiste en retire un profit et contribue à niveler les différences de prix initiales.

Options et contrats à terme peuvent être eux-mêmes achetés ou vendus à un prix qui varie de temps à autre.

Le second marché consiste à revendre en gros des matières premières ou des contrats achetés sur le premier marché boursier. Une initiative du département américain de l'Énergie, en collaboration avec plusieurs institutions financières, a permis l'existence d'un second marché pour les économies d'énergie issues de la rénovation des bâtiments.

Commercialiser les négawatts

Si l'on peut acheter et vendre de cette manière l'électricité économisée, alors celle-ci devient consommable, comme tous les produits de base. On peut la convertir en argent et inversement, ou la vendre à travers l'espace et le temps. Plusieurs cas de figures peut se présenter.

• La compagnie A paie la compagnie B pour économiser une certaine quantité d'électricité et la lui revendre (des contrats de ce type ont déjà été signés aux Etats-Unis). Il existe des possibilités similaires en Europe, où il est moins cher d'économiser l'électricité à l'Est qu'à l'Ouest. De plus, ces transactions devraient soulager le réseau de distribution (car il n'y a pas besoin de transporter l'électricité économisée).

• L'électricité économisée peut être échangée contre autre chose que de l'argent. Par exemple, les compagnies du Nord-Ouest américain vendent de l'hydroélectricité au sud de la Californie lorsqu'il faut réduire la pollution atmosphérique dans cette région, tandis que la Californie du Sud vend de l'électricité nucléaire au Nord-Ouest lorsqu'il est nécessaire de maintenir un niveau d'eau suffisant pour les saumons. Le surplus d'électricité dépend des économies réalisées par les clients de chaque compagnie : le contrat entre les deux compagnies pourrait inclure une vente d'efficacité.

• Le client A, qui veut du courant à moindre coût, peut économiser de l'électricité en investissant pour améliorer les installations du client B. La compagnie qui dessert les deux clients, agissant comme « courtier en négawatts », peut ensuite vendre à A l'électricité économisée chez B, mais à un tarif préférentiel. Ainsi, une partie des frais de fonctionnement économisés par la compagnie reviennent à A, tandis que le reste est partagé entre les autres clients et les actionnaires de la compagnie.

Tous les moyens décrits plus haut, que ce soit pour vendre des négawatts ou pour créer un marché des négawatts, sont applicables à beaucoup d'autres ressources. Prenons le cas de l'eau[8]. La ville de Morro Bay, en Californie, manquait d'eau à la fin des années 80. La municipalité demanda donc aux promoteurs, préalablement à toute construction nouvelle, d'économiser deux fois plus d'eau ailleurs en ville que la nouvelle maison n'allait en consommer. Les promoteurs,

8. Vous trouverez un grand nombre d'exemples dans l'ouvrage du RMI *Water Efficiency: A Resource for Utility Managers, Community Planners and Other Decisionmakers*, publication n° W91-27, 4e édition.

désireux d'obtenir de nouveaux permis de construire, se mirent à faire du porte-à-porte, installant des dispositifs pour économiser l'eau. Les deux premières années, le tiers des logements de la ville furent ainsi équipés. Maintenant, imaginez ce qui pourrait se passer : quelqu'un vous rend visite et vous propose une chasse d'eau qui consomme sept fois moins d'eau que la vôtre, fonctionne mieux et fait moins de bruit, le tout gratuitement, installation comprise. Mais comme vous n'êtes pas né de la dernière pluie, vous répondez : « Oui, j'en ai entendu parler. Combien cela vous rapporte-t-il ? Vous semblez tenir à votre permis de construire : combien êtes-vous prêt à me payer pour installer cet appareil chez moi ? » Ainsi, vous apprenez ce que vaut l'eau économisée, car vous venez de créer un marché pour elle. Vous pouvez faire de même avec l'électricité, le gaz, le cobalt et autres matières premières.

Les ressources économisées peuvent également être vendues d'un pays à l'autre. Dans les années 80, la compagnie canadienne Hydro-Québec voulait construire un gigantesque barrage hydroélectrique, La Grande Baleine, à un prix économique, écologique et culturel très élevé. L'installation devait vendre 450 MW aux compagnies du Vermont, aux Etats-Unis, à un prix de 45 centimes le kilowattheure. Mais Richard Cowart, président de la commission de contrôle du Vermont, proposa à Hydro-Québec de l'aider à améliorer ses bâtiments et ses centrales afin d'économiser 450 MW, qui seraient ensuite revendus au Vermont au prix de 15 centimes le kilowattheure, plus 5 centimes pour l'aide apportée à Hydro-Québec, soit 20 centimes au total. L'électricité fournie au Vermont provenant d'un vieux barrage déjà rentabilisé, cette solution représentait un bénéfice intégral pour Hydro-Québec. Ainsi, il était plus intéressant pour Hydro-Québec d'économiser et de revendre l'énergie à l'étranger plutôt que la gaspiller sur place. Il aurait suffit de construire un petit barrage au lieu d'un équipement gigantesque. La proposition fut repoussée, car le Premier ministre du Québec, Robert Bourassa, préférait construire des barrages. Heureusement, un nouveau gouvernement québécois, calmé par l'absence de marché pour le courant trop cher de La Grande Baleine, décida d'ajourner le projet.

Remarquons que la marge de profit possible est la différence entre ce que coûte la production d'électricité à La Grande Baleine (45 centimes le kilowattheure, non compris les coûts écologiques et sociaux) et ce qu'il en coûte d'économiser le même kilowattheure (moins de 5 centimes). Le prix de 15 centimes est donc loin de représenter tout le profit

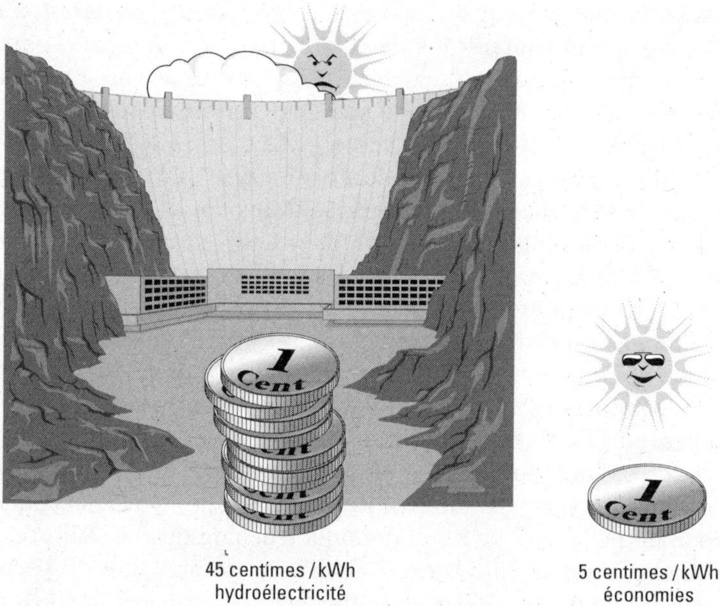

Figure 20. Les négawatts peuvent économiser beaucoup d'argent. L'électricité produite par le gigantesque barrage de La Grande Baleine, au Québec, aurait coûté neuf fois plus cher que l'économie de la même quantité d'électricité. Finalement, le barrage ne fut pas construit.

possible. Une telle opportunité commerciale – profiter de la différence de prix entre les mégawatts et les négawatts – est certainement l'une des plus lucratives du monde.

Ainsi, en Europe, il ne faut pas beaucoup d'imagination pour comprendre que l'hydroélectricité norvégienne, peu coûteuse et objet de nombreux gaspillages, pourrait être économisée à moindre coût puis revendue à un prix plus élevée pour remplacer les centrales nucléaires en cours de démantèlement en Suède ou en Allemagne, ou encore les centrales au charbon polluantes de ce dernier pays.

Pour faciliter de telles transactions, on peut espérer voir apparaître des marchés pour les options et les contrats à terme. Nous n'en sommes plus très loin : en Grande-Bretagne, il existe déjà un marché limité des contrats à terme pour l'électricité ; à Chicago, un marché des contrats à terme sur les émissions de soufre évitées a été créé. Un contrat à terme concernant les négawatts serait un contrat non écrit, vendable au cours du marché, destiné à fournir une certaine quantité d'électricité économisée à un moment, un endroit et un prix prédéfinis.

Il est également possible de racheter aux consommateurs une consommation électrique évitée, ou une meilleure régularité de leur consommation. Pour celui qui gère le portefeuille d'une compagnie ou pour un courtier en électricité, il s'agit là de valeurs à risque qui méritent la création de marchés spécifiques. Par exemple, certains terrains ou bâtiments pourraient faire l'objet de conventions interdisant de consommer plus d'une certaine quantité d'électricité. De telles conventions seraient utiles et pourraient être vendues à une compagnie, qui n'aurait plus besoin d'investir dans de nouveaux équipements en prévision d'un accroissement de la consommation électrique.

Cela n'est pas sans rappeler un dispositif mis en place par l'Agence américaine de protection de l'environnement : toute société souhaitant ouvrir une usine polluante dans un endroit où l'air est déjà pollué doit d'abord supprimer ailleurs une quantité équivalente de pollution. En pratique, on ne réalise pas cela en dépolluant une autre usine ou en la fermant, mais en achetant à un courtier, au cours du marché, un certificat de dépollution obtenu par quelqu'un d'autre. Acheter ou vendre de la consommation électrique stabilisée ou réduite pourrait fonctionner de la même manière. Cela se fait déjà dans certains cas particuliers : un client exprime sa volonté de recevoir - dans certaines circonstances - une quantité réduite d'électricité, définie à l'avance. Ce client reçoit tous les mois un versement de la compagnie, que la consommation ait été réduite ou non.

Vendre chez les autres

Une autre particularité des ressources économisées est que n'importe qui peut les vendre n'importe où. Normalement, les compagnies électriques ont un monopole sur un territoire donné. Mais il n'existe pas de monopole sur les négawatts : on peut les vendre où l'on veut. Les compagnies peuvent donc vendre des négawatts sur le territoire des autres, et, aux Etats-Unis, une dizaine d'entre elles le font déjà[9].

9. En pratique, cela consiste à vendre du conseil, de la conception, de la gestion de projet, du financement (il s'agit en général du service principal), des équipements, de l'installation, du commissionnement, de la maintenance et du contrôle. Les éléments clés sont l'information, la coordination et le financement.

Pendant les années 80, la Puget Power Company ne vendait du courant que dans l'Etat de Washington. Mais ses filiales vendaient dans le même temps des économies d'électricité dans neuf autres Etats – surtout là où les tarifs étaient particulièrement élevés. Dans l'ex-RDA, une loi curieuse, adoptée sous la pression des trois grandes compagnies de l'Ouest, interdit aux compagnies municipales de distribution de produire du courant. Mais elle ne leur interdit pas de proposer de l'efficacité, ce qui pourrait leur permettre de couper l'herbe sous le pied des trois compagnies. Cela vaut également pour le Japon et autres pays où les monopoles de production interdisent toute concurrence [10].

Plus préoccupant pour les compagnies électriques, les compagnies du gaz peuvent elles aussi vendre de l'efficacité électrique : elles sont tout aussi capables de la fournir, en général aux même clients, rien ne les retient de diminuer les ventes d'électricité. En pratique, cela pourrait les aider à vendre plus de gaz en modifiant la consommation d'énergie dans les bâtiments. Prenons l'exemple d'un immeuble de bureau nord-américain typique, éclairé et climatisé à l'électricité et chauffé au gaz. La compagnie du gaz peut proposer de fournir l'ingénierie, le financement et la gestion de projet pour rénover l'éclairage. Elle peut garantir les économies d'électricité, en réduisant notamment la pointe de climatisation pendant les étés chauds, améliorer l'éclairage, rendre l'immeuble plus attrayant et, par voie de conséquence, vendre plus de gaz car les lampes plus efficaces produiront moins de chaleur. La compagnie peut également proposer de supprimer les climatiseurs électriques et de les remplacer par un modèle solaire ou au gaz (loué par exemple), voire par un appareil de cogénération au gaz qui produit à la fois du courant, du chauffage, de l'eau chaude et de la climatisation. Ces appareils ne sont ni chers ni volumineux, car les besoins en éclairage et en climatisation ont été réduits par la rénovation. Quand au climatiseur à gaz, il consommera peu de gaz, car les besoins et la saison d'utilisation sont également réduits. Ainsi, les économies d'électricité font pencher la balance en faveur du gaz.

Bien entendu, il existe des exemples dans les deux sens, impliquant toutes les catégories de clients. Des commissions de régulation avisées y verront une possibilité de favoriser la compétition entre ces deux sec-

10. Le cas de la France est différent : EDF a seulement un monopole de distribution : n'importe qui peut produire de l'électricité et la revendre à EDF (NDT).

teurs énergétiques, afin de diminuer les factures des clients. Elles pourront alors récompenser les compagnies d'électricité et de gaz pour leur investissement dans le marché des négawatts et des néga-joules[11] – les compagnies pourront ainsi se concurrencer dans leur propre secteur énergétique, mais aussi dans l'autre. Au total, tous ces moyens de créer un marché des négawatts représentent un éventail d'options très puissant, adaptable à presque tous les cas de figure. Grâce à eux, les chasseurs de primes pourront rechercher l'inefficacité partout et l'exploiter.

Ces exemples peuvent s'appliquer à bien d'autres domaines que l'électricité ou l'eau. La valeur sociale d'un baril de pétrole non brûlé ne pourrait-elle être traduite par des contrats à terme et des options concernant le pétrole économisé ? Cela permettrait aux arbitragistes d'exploiter la différence de prix entre les barils et les négabarils. Ne pourrait-on pas vendre des « négatonnes » de métaux économisés ou recyclés à côté des tonnes de métaux bruts ? Une entreprise ou un pays ne pourraient-ils payer des courtiers pour trouver des partenaires à qui vendre de manière profitable de l'efficacité ou des réductions de pollution ? Combien cela rapporterait-il de payer les gens pour qu'ils ne prennent pas leur voiture, ce qui éviterait de construire de nouvelles routes, de les entretenir et de souffrir de la pollution et des embouteillages ? Comme dans le cas des particules atomiques, il existe pour chaque ressource une « antiressource » égale et opposée, pour chaque activité existe une diminution ; toutes ces options devraient avoir une valeur sur un marché.

Créer des marchés de l'efficacité des ressources et de la protection de l'environnement a des implications encore plus vastes. Les gens ne recherchent pas les barils de pétrole ou les kilowattheures, mais les services finaux que ces sources d'énergie leur procurent. Mais si le seul moyen qu'ils connaissent pour obtenir ces services est d'acheter de l'électricité, alors l'efficacité énergétique ne peut pas s'exprimer sur le marché. Les compagnies électriques bénéficieront alors d'un monopole de fait sur les services finaux et la demande pour l'efficacité électrique restera faible. La solution consiste à rendre disponible l'efficacité éner-

11. Le joule, comme la calorie, est une unité de chaleur. Elle concerne ici le gaz (NDT).

gétique et à créer des marchés spécifiques, afin que l'efficacité puisse concurrencer ouvertement la production de courant.

Toutefois, fixer correctement le prix de l'épuisement des ressources et de la pollution ne nous exonère pas de nos obligations morales envers les êtres qui vivent ailleurs ou qui viendront après nous, y compris les espèces animales et végétales. Mais, sur des marchés flexibles et accessibles, ces prix nous permettent d'utiliser les qualités du marché dans un sens moins destructeur. En appliquant ces prix et en les traduisant en actes, les marchés rétabliront une certaine égalité dans la lutte qui oppose destruction et création.

6. Récompenser les effets recherchés et non le contraire

6.1 Corriger les incitations perverses

Le chapitre précédent a montré l'importance de fixer des prix qui récompensent les efforts des compagnies électriques (et autres fournisseurs de ressources) pour réduire les factures de leurs clients, et non pour augmenter leurs ventes. Cette réforme est la traduction concrète de l'idée, tardivement comprise, que toute régulation doit être incitative. La question est de savoir quel résultat ou quelle attitude nous voulons encourager ou pénaliser. Les entreprises, comme les individus, réagissent très bien aux incitations financières. Le progrès relativement lent des économies d'énergie est dû en grande partie à la pratique universelle qui consiste à encourager les compagnies à vendre plus d'électricité. Dans ces conditions, la plupart d'entre elles sont réticentes à diminuer leurs ventes. Certaines ont des programmes d'économies, qu'elles sabordent par des efforts encore plus grands pour augmenter leurs ventes [1] !

Mais que se passe-t-il dans le cas des industries ordinaires, dont les prix ne sont pas fixés par des commissions de contrôle ? La plupart fixent elles-mêmes leurs prix, et rares sont celles qui voudraient faire autrement. Cela signifie-t-il que ces entreprises bénéficient d'incitations rationnelles pour vendre leurs biens et leurs services moins cher en vue de gagner des parts de marché et d'augmenter leurs bénéfices ?

1. En France, la promotion forcenée du chauffage électrique, contre toute logique énergétique, en est un excellent exemple (NDT).

Pas vraiment, comme le RMI l'a constaté au moment de la préparation de son atlas encyclopédique des techniques de climatisation, en 1992. Dans le cinquième et avant-dernier volume, on décrivait comment économiser de 80 à 90 % de l'énergie nécessaire à la climatisation et à la circulation d'air dans les maisons et immeubles américains, pour un confort encore meilleur. Mais, vers la fin de la rédaction, une question vint à l'esprit d'Amory Lovins : combien d'argent les Etats-Unis ont-ils perdu en ne concevant pas les bâtiments de manière optimale ? Il s'aperçut ainsi que leur mauvaise conception avait induit l'installation inutile d'innombrables climatiseurs, représentant 200 millions de « tonnes » de climatisation et 200 000 MW en période de pointe – soit 40 % des pointes d'électricité du pays, toutes utilisations confondues ! Le remplacement de ces appareils inutiles coûterait 5 000 milliards de francs.

Comment jeter 5 000 milliards de francs par les fenêtres

Comment une économie de marché peut-elle gaspiller 5 000 milliards de francs rien que pour l'air conditionné ? Une telle aberration traduit certainement un dysfonctionnement du marché encore plus grave que tout ce que les critiques les plus sévères de l'économie de marché ont pu imaginer. Mais lequel ? En étudiant la question de plus près, l'explication s'avéra d'une simplicité stupéfiante (Lovins, 1992) : tous les acteurs (environ une vingtaine de catégories) impliqués dans la construction étaient systématiquement récompensés pour l'inefficacité énergétique et pénalisés pour l'efficacité. Si l'on créait des mesures et des structures incitatives dans le but de construire des bâtiments consommant dix fois plus d'énergie que nécessaire, moins sains, moins confortables et plus chers, il serait difficile de faire mieux – et ce, partout dans le monde.

Ce constat s'applique à tous ceux qui conçoivent, approuvent, financent, construisent, commissionnent, gèrent, entretiennent, vendent, louent, occupent et rénovent les bâtiments, habitations ou locaux commerciaux. Prenons l'exemple d'architectes et d'ingénieurs chargés de concevoir un grand immeuble d'affaires.

Que ce soit l'usage, comme aux Etats-Unis, ou que la loi le prévoie, comme en Allemagne, les architectes et les ingénieurs sont rétribués, dans presque tous les pays du monde, sur la base d'un pourcentage du coût de construction (ou de fabrication s'il s'agit d'un équipement). Imaginez que vous soyez l'ingénieur chargé de concevoir la climatisation et la ventilation de l'immeuble en question. La façon normale de concevoir ces équipements n'est pas optimisée. En fait, l'opération consiste à adapter des plans qui ont fait leurs preuves et à leur donner des dimensions généreuses, afin de faire face à toutes les sources possibles de chaleur (lampes, vitres, équipements de bureau) que d'autres ingénieurs sont en train d'élaborer de leur côté et dont vous ignorez tout. Lee Eng Lock (voir p. 81) décrit de manière irrévérencieuse mais assez juste ce mode de fonctionnement :

- prenez des plans existants ;
- changez de cahier des charges ;
- soumettez le projet au client ;
- le bâtiment est construit ;
- le client se plaint d'un manque de confort ;
- attendez que le client cesse de se plaindre ;
- recommencez pendant vingt-cinq ans.

Cette procédure sûre mais inadéquate aboutit à une installation si grosse, si complexe et si chère que le pourcentage que vous toucherez suffira à vous faire vivre confortablement, surtout si vous ne travaillez pas trop dur pour produire quelque chose de raffiné et d'innovant. Votre installation fonctionnera, consommant beaucoup d'argent et d'énergie, mais ce n'est pas vous qui payerez.

Supposons maintenant que l'on réunisse tous ces concepteurs isolés pour les faire travailler en équipe. Au lieu que chacun d'entre eux passe ses plans au suivant – à vous de vous débrouiller pour climatiser tout ça –, les architectes, les ingénieurs, les paysagistes, les artistes, les entrepreneurs, les occupants et l'équipe de maintenance travaillent ensemble à la conception, comme cela s'est fait pour les bâtiments exemplaires présentés au chapitre 1.

Maintenant que les superfenêtres laissent pénétrer la lumière mais pas la chaleur, que la forme du bâtiment répartit la chaleur de la façon voulue, que les rares lampes et les équipements de bureau sont très efficaces et que l'immeuble peut quasiment se passer d'installations mécaniques, que se passe-t-il? Les propriétaires et les occupants de l'immeuble bénéficient de coûts de construction et de fonctionnement réduits, ainsi que d'un plus grand confort et d'une productivité accrue. Mais vous ne vous y retrouvez pas, car l'installation mécanique dont le coût détermine votre rémunération est plus petite, plus simple et moins chère, quand des éléments entiers n'ont pas purement et simplement disparu. Même si vos honoraires étaient fixés à l'avance, il vous a fallu travailler plus pour optimiser le système. D'une façon ou d'une autre, vous êtes perdant. Vous venez d'être pénalisé pour avoir fait un excellent travail, économisant les ressources et baissant les coûts.

Récompenser les concepteurs pour les économies de ressources

Heureusement, il existe des solutions à ce problème, comme à toutes les incitations perverses dans le secteur du bâtiment. Ainsi, les concepteurs pourraient être récompensés non pour ce qu'ils dépensent, mais pour ce qu'ils économisent. Ils pourraient ainsi percevoir leurs honoraires habituels, auxquels viendrait s'ajouter un pourcentage sur toutes les économies réalisées par rapport à un bâtiment type. Le Rocky Mountain Institute teste actuellement cette approche dans plusieurs grands projets de construction. Aux Etats-Unis, en Allemagne et en Suisse, des associations d'architectes ont commencé à définir les règles de partage des économies, que certains architectes commencent déjà à appliquer. De toute évidence, il est dans l'intérêt des concepteurs consciencieux d'habituer leurs clients à demander, et leurs sociétés à proposer, des honoraires en deux parties (pourcentage classique plus pourcentage sur les économies réalisées). Les bureaux d'architectes et leurs clients qui tireront profit les premiers de cette approche attireront l'attention de leurs concurrents : le marché se chargera automatiquement de répandre l'idée.

De leur côté, les compagnies d'électricité pourraient récompenser directement les concepteurs avec une prime équivalente à trois ans d'économies d'énergie, par exemple (la compagnie canadienne géante Ontario Hydro avait mis en place ce système il y a quelques années, mais ses efforts furent suspendus à cause d'une crise fiscale majeure). La prime peut être versée en deux temps : une moitié au début, l'autre quelques années plus tard, lorsque les prévisions sont confrontées aux économies réelles. Ainsi, les architectes et les ingénieurs sont fortement incités à superviser soigneusement les travaux, le commissionnement, la formation et le fonctionnement, afin que leurs intentions soient respectées par les autres intervenants.

Pour quelle raison les compagnies électriques paieraient-elles une conception meilleure ? Parce que les économies sont pour elles les ressources les moins chères à acquérir – elles peuvent ainsi fournir les mêmes services en produisant moins d'électricité, pour un coût et des risques moindres, y compris dans des centrales existantes. Aujourd'hui, la plupart des compagnies électriques américaines versent des primes à leurs clients qui s'équipent d'appareils plus efficaces (réfrigérateurs, ventilateurs, pompes, etc.). Mais, comme les analyses du RMI et de sa filiale E-Source le montrent clairement, les installations superefficaces sont peut-être moins chères que les installations normales, mais elles sont peu mises en place car les concepteurs en ignorent souvent l'existence et sont pénalisés s'ils les choisissent. Il est donc plus intéressant pour les compagnies de récompenser une bonne conception de départ plutôt que le simple achat d'équipements efficaces. Ainsi, en payant des primes relativement petites aux concepteurs, elles peuvent même supprimer les grosses primes aux clients pour l'achat d'appareils efficaces.

Ces idées offrent aux architectes et aux ingénieurs la possibilité de doubler ou de tripler leurs honoraires habituels. Cela les encourage à être attentifs aux économies de ressources, distingue ceux qui excellent dans des conceptions intégrées et économes en ressources, et récompense ceux qui font des efforts supplémentaires. D'autre part, on peut encourager les estimations honnêtes et réalistes par des moyens semblables à ceux que le gouvernement de Singapour utilise pour la rénovation des bâtiments : si les économies ne sont pas à la hauteur des promesses, les entreprises responsables doivent payer à l'État une somme équivalente à dix ans d'économies non réalisées. Un projet californien devrait combiner ces deux approches : les concepteurs recevront l'équivalent de x années d'économies d'énergie (10 % au-dessus des normes californiennes déjà strictes), mais, en cas d'échec, il devront payer une amende correspondant à y années d'économies non réalisées.

Nettoyer les écuries d'Augias

En corrigeant les incitations perverses des ingénieurs mécaniciens et électriciens ainsi que des architectes, nous n'avons résolu qu'un des problèmes touchant trois catégories d'acteurs concernés. Il reste encore d'autres difficultés, requérant chacune une action spécifique (Lovins, 1992) : formation inadaptée, règles particulières liées à la profession, mauvaise coordination avec les entrepreneurs et les équipes de maintenance. Même si nous parvenons à régler tous ces problèmes, il reste encore plus de vingt catégories d'acteurs à considérer, chacune ayant ses propres incitations perverses. Ainsi, pour que le marché fonctionne correctement et produise des bâtiments à moindre prix, il faut affronter un problème structurel d'une grande complexité. La solution requiert l'attention soutenue des intervenants, des entreprises, ainsi que des institutions publiques et des autres acteurs du marché.

Par exemple, la plupart des immeubles d'affaires et beaucoup de logements sont loués. Cela signifie que les baux doivent être réécrits de manière à ce que propriétaires et locataires partagent les économies et soient incités à les réaliser. Les agents immobiliers doivent calculer l'économie du bâtiment sur la base des résultats réels, et non sur des estimations standard, afin que la valeur des immeubles efficaces soit reconnue sur le marché. Les bâtiments devraient être supervisés de manière indépendante afin d'assurer leur bon fonctionnement ; leurs gérants et leurs occupants devraient être formés pour les faire fonctionner correctement. Les gestionnaires des immeubles devraient disposer de plus de ressources et être mieux considérés. Les différents financeurs doivent être récompensés pour les économies d'argent, non pour conclure des marchés ou pour agir avec précipitation. Du début à la fin, la construction des bâtiments exige des réformes fondamentales et systématiques. Sans cela, les Etats-Unis continueront d'accroître non seulement leur dépenses inutiles de climatisation, mais aussi leur parc d'immeubles déjà obsolètes avant même d'ouvrir leurs portes (valeur totale : 60 000 milliards de francs). On peut en dire autant de tous les autres pays du monde.

Les bénéfices que l'on pourrait retirer en récompensant le résultat recherché – des constructions moins chères, plus performantes et plus belles – au lieu du résultat contraire – des immeubles et des équipements coûteux – sont considérables. Ils reposent en grande partie sur une bonne conception de départ. Aux Etats-Unis, l'ensemble des salaires des employés d'un immeuble d'affaires est, au fil des années, mille fois plus élevé que les honoraires de l'ingénieur qui a conçu les équipements de confort, qui déterminent en grande partie la productivité des employés. En supposant qu'une formation meilleure des ingénieurs augmente l'efficacité des systèmes de 20 à 50 % seulement (comparés aux 70-90 % montrés au chapitre 1), les investissements évités au cours de la carrière de l'ingénieur représentent entre 30 et 75 millions de francs – soit cent à mille fois plus que le coût d'une bonne formation de l'ingénieur. Étant donné que, au cours de sa carrière, cet ingénieur concevra les services utilisés par 64 000 employés, représentant une masse salariale de 175 000 milliards de francs (en valeur actuelle), l'augmentation de 6 à 16 % de la productivité du travail actuellement observée dans les immeubles « verts » est telle que le bénéfice de la formation est 1 million de fois plus élevé que son coût. Dans quel autre domaine peut-on tirer des bénéfices aussi énormes à partir d'un investissement aussi faible ?

6.2 Mettre les entreprises en face de leurs responsabilités

Souvent, il existe des solutions beaucoup plus simples que corriger les incitations perverses : il suffit de prendre des mesures incitant les gens à travailler de façon rationnelle. Par exemple, la plupart des usines situées au bord des cours d'eau pompaient l'eau dont elles avaient besoin par une conduite et rejetaient les eaux usées par une autre. Là où cette disposition existe encore, pourquoi ne pas installer la prise d'eau en aval des rejets, afin que l'usine récupère la pollution qu'elle cause ? A l'extrême, pourquoi ne pas relier les deux conduites ? S'il n'y a pas de problème pour que d'autres utilisent l'eau polluée, pourquoi cela poserait-il des problèmes à l'usine ? Certains ont exploité cette logique en « recyclant » les rejets d'une usine dans ses propres locaux – un bon moyen d'attirer l'attention de la direction.

De même, si un laboratoire rejette des fumées toxiques dans l'atmosphère afin de les diluer, permettant à tout un chacun de les respirer, pourquoi ne pas demander aux dirigeants pourquoi ils font respirer aux autres ce qu'ils ne veulent pas respirer eux-mêmes ? Cette démarche aboutit rapidement à zéro rejets, généralement par l'élimination des solvants ou par leur récupération – ce qui, souvent, coûte moins que les remplacer ou les rejeter « en toute sécurité » ! Cette idée n'est certainement pas universelle, mais elle est beaucoup plus simple qu'un épais volume de réglementations inextricables et conduit souvent à des solutions meilleures et plus rentables.

Si les habitants s'inquiètent des conditions de sécurité dans lesquelles fonctionne une raffinerie de pétrole ou une usine pétrochimique, pourquoi ne demanderaient-ils pas, en gage de bonne foi, que ses principaux dirigeants habitent sous le vent des installations, afin qu'ils soient les premiers exposés en cas de rejets ?

Si un constructeur de centrales nucléaires prétend que ses centrales sont parfaitement et fondamentalement sûres, pourquoi ne pas demander la levée de son irresponsabilité légale en cas d'accident[2] ? Après tout, si ses centrales sont vraiment sûres, le constructeur n'a aucune raison de s'inquiéter. A moins qu'il ne préfère échapper aux risques prétendument imaginaires auxquels il veut exposer le public ?

La logique de ces quelques exemples simples est claire et devrait être mise en pratique plus souvent.

6.3 Mettre en concurrence les différentes solutions dans les transports

Une autre façon simple d'obtenir des résultats est d'introduire la concurrence entre différentes options. Prenons par exemple le cas des parkings d'entreprise. Aux Etats-Unis, un tiers des déplacements privés se font entre le domicile et le lieu de travail. Environ 96 % des employés motorisés se garent gratuitement dans des espaces qui représentent plusieurs fois la surface de leurs bureaux : le parking d'entreprise gratuit est un avantage en nature qui va de soi. Mais supposons que l'employeur, volontairement ou contraint par la loi, fasse payer le parking – conformément à un principe économique sain – et verse à chaque employé une indemnité de transport de valeur égale.

Les employés peuvent alors continuer de se rendre au travail en voiture, sans perte ni bénéfice. Mais beaucoup d'entre eux s'apercevront que s'ils se déplacent par un moyen moins cher (en voyageant à plusieurs, par les transports en commun, en marchant, à vélo, en habitant plus près) ou évitent de se déplacer (en travaillant chez eux une partie du temps, etc.), ils empocheront la différence. En injectant de l'argent dans le système, l'employeur encourage et monétarise la compétition entre tous les moyens d'accès au travail. Dans ces conditions, le meilleur choix a de meilleures chances de l'emporter. Mais si on bénéficie seulement d'une gratuité de parking non monétarisée – et donc qu'on ne peut échanger –, la concurrence n'a pas lieu et la voiture reste le principal moyen de se rendre au travail.

Où l'employeur prendra-t-il l'argent pour payer les indemnités de transport et les impôts qui s'y rattachent ? La réponse est simple : lorsque la voiture sera en concurrence avec d'autres modes de trans-

2. La plupart de pays ont des lois qui précisent que, au-dessus d'un certain niveau de gravité, personne n'est responsable en cas d'accident nucléaire, même en cas de négligence caractérisée : les victimes doivent supporter les conséquences de l'accident (alors que les assurances refusent généralement d'assurer ce genre de risques).

port, le nombre de personnes motorisées diminuera. Si l'utilisation du parking diminue encore plus, ce que les faits suggèrent, l'employeur peut même en tirer un profit en vendant ou en louant ses parkings en excès, ou en évitant d'en construire trop. La richesse créée par des options de transport plus efficaces est partagée entre l'employeur, qui débourse moins pour garer les voitures de ses employés, et ces derniers, qui déboursent moins pour se rendre au travail.

La Californie exige déjà ce genre de mesures, et la stratégie du président Clinton pour lutter contre le réchauffement climatique (1994) va dans le même sens. Cette tendance est renforcée par les « autoroutes de l'information », à une époque où la moitié des Américains travaillent dans le secteur de l'information. En effet, l'information (sans compter les services) est un secteur économique plus important que les industries énergétiques et de transformation réunies. Une mesure aussi extrême que relier tous les foyers au réseau de fibres optiques coûterait moins cher que deux ans de construction de routes nouvelles.

On peut appliquer ce concept à bien d'autres domaines. Aux Etats-Unis, la réglementation exige souvent que chaque nouvel appartement dispose d'une place de parking[3]. Imaginons maintenant que cela soit interdit, et que les promoteurs soient obligés de fournir un abonnement permanent sur les transports en commun, comme cela a été proposé à San José, en Californie. Les promoteurs sont favorables à cette idée, car un abonnement permanent coûte moins cher qu'une place de parking (prix : de 75 000 à 165 000 F).

Cela n'est pas sans rappeler une proposition de la ville de Stockholm, en Suède, selon laquelle les habitants du centre-ville qui veulent conduire en ville devraient acheter un permis mensuel spécial, qui leur permettrait également d'utiliser les transports en commun pendant le même mois. Même si l'acheteur du permis ne choisit pas cette solution, la somme versée permettrait d'améliorer le réseau et d'aider les transports en commun à concurrencer la voiture, dont la plupart des coûts sont payés par les impôts, et non directement par les conducteurs.

Le problème automobile américain résulte d'une mauvaise utilisation de l'espace, elle-même due à une réglementation obsolète datant

3. A Francfort, il est interdit de construire des bureaux avec parking : les employés doivent en acheter un ; à Tokyo, il est interdit d'acheter une voiture à moins de prouver qu'on dispose d'un endroit où la garer – des contraintes lourdes dans des villes où le prix du terrain est très élevé.

du temps où les usines étaient très polluantes. Pour empêcher les gens de vivre près de ces nuisances publiques, les politiques actuelles d'aménagement du territoire augmentent au maximum les distances et la dispersion de l'habitat et favorisent la circulation sur des routes larges. Avec pour résultat de rendre toutes les agglomérations coûteuses, polluées et invivables. Pour paraphraser le Suisse Uwe Zahn, pionnier de la voiture électrique : les voitures ont besoin de routes, déplaçant les piétons qui veulent alors plus de voitures et de routes, sur lesquelles plus de voitures circulent, gênant les transports en commun et les rendant peu intéressants ; les usagers préfèrent alors prendre leurs voitures, ce qui rend la ville bruyante et polluée ; ses habitants partent vivre à la campagne où il leur faut des voitures, pour lesquelles on construit de nouvelles routes.

Au contraire, les plans d'occupation des sols innovants s'attaquent à la ségrégation par le revenu, réintègrent les activités dans la ville, créent des quartiers piétonniers et conservent la possibilité de circuler là où c'est nécessaire. Cela donne des quartiers denses, plaisants, populaires et rentables, où la criminalité est plus faible qu'ailleurs, la valeur des terrains plus élevée et la cohésion sociale plus forte. Les habitations sont souvent près de zones commerciales légères et de zones industrielles abritant des industries propres, basées sur les services, actuellement majoritaires dans les pays industrialisés.

Tous ces avantages peuvent être obtenus en éduquant les promoteurs et les spécialistes de l'aménagement du territoire, mais on peut aussi les accélérer grâce au système existant de bonus et de malus récompensant la proximité des maisons et des lieux de travail, ou celle des transports en commun. Grâce à ces méthodes simples, en vigueur depuis les années 50, presque tous les quartiers nouveaux de Toronto se trouvent à cinq minutes de marche d'une station de métro ou d'une gare. Des comparaisons récentes effectuées en Californie suggèrent que, en un peu moins de dix ans, l'encouragement au regroupement de l'habitat peut modifier les besoins en déplacements de manière si profonde que chaque kilomètre de transport en commun pourrait capter 4 à 8 km de trajet en voiture[4]. La ville d'Arlington, en Virginie, réduit déjà la circula-

4. Cette idée reste vraie pour l'Europe, mais elle est à nuancer : aux Etats-Unis, la dispersion de l'habitat est extrême et les transports en commun quasiment inexistants (NDT).

tion en construisant ses nouveaux quartiers autour de stations de métro. Chaque fois qu'une station de métro est ouverte, la valeur des appartements augmente de 10 %, attirant de nouveaux lotissements privés – pour une valeur de 3,25 milliards de francs en trois ans.

Une action est aussi envisageable sur les prix des carburants, particulièrement aux Etats-Unis, où l'essence est volontairement moins chère que l'eau minérale. Mohamed El-Gasseir, consultant en politique des ressources de la Californie, a imaginé une façon innovante de faire apparaître le coût social du carburant tout en diminuant la facture de chacun. Il s'agit d'un système d'assurance automobile appelé « payez-à-la-pompe ». Son principe est simple : actuellement, aux Etats-Unis, le coût kilométrique de l'assurance est supérieur à celui de l'essence. L'essentiel des primes d'assurance sert à couvrir les accidents, dont la probabilité augmente avec le nombre de kilomètres parcourus. Les Etats pourraient fractionner les primes d'assurance et faire payer à la pompe à essence la part réservée aux accidents, puis la reverser aux différentes compagnies d'assurances en fonction de leurs parts de marché. Le reste de la prime, concernant le vol et autres risques, serait payé directement par l'assuré, comme d'habitude.

Avec le système « payez-à-la-pompe », le prix de l'essence augmenterait de 40 centimes à 1 F par litre environ, mais ce serait un prix plus juste que maintenant. Attention, cette augmentation n'est pas une taxe sur le carburant ; au contraire, le coût total des déplacements diminuerait, car cela supprimerait le coût social des accidents causés par les automobilistes non assurés (entre le quart et le tiers des automobilistes américains) : quiconque achète de l'essence achète automatiquement une assurance. Il s'agit simplement d'une façon plus juste d'acheter de l'assurance – et cela nous rappellerait, à chaque plein, que l'assurance compte dans le prix du kilomètre. La Hongrie et, de manière indirecte, la Nouvelle-Zélande ont mis en place un système similaire, mais l'ont abandonné récemment, semble-t-il pour harmoniser leur système d'assurance avec celui de leurs voisins. Apparemment, ils étaient trop en avance sur leur temps.

Ces exemples, ainsi que d'autres innovations, constituent les fondements d'une nouvelle politique et de nouveaux processus de décision visant à encourager la concurrence entre tous les modes d'accès au travail – y compris ceux qui suppriment le besoin de se déplacer, ce qui évite les problèmes de transport au lieu d'avoir à les régler. Une politique publique basée sur des instruments créatifs peut introduire les règles du marché dans un système de transports en commun longtemps handicapé par des subventions inadaptées et une organisation centralisée, qui favorise l'extension du réseau routier, payé par les impôts de tous ; ceux qui veulent se déplacer autrement doivent payer en sus. Un tel fonctionnement ne favorise pas une concurrence à armes égales. Son coût social est ruineux, y compris pour les pays riches, dont la congestion urbaine est due en grande partie à l'apparente gratuité des routes et des parkings. Mais les solutions indispensables commencent à surgir : faire payer directement le coût véritable des routes et des parkings, améliorer la concurrence entre les différents modes de transport et remplacer les déplacements par un aménagement du territoire plus rationnel.

Le grand nombre de moyens d'améliorer le fonctionnement des marchés dans le domaine des déplacements soulève des réflexions provocatrices : pourquoi ne pas créer des marchés pour les « négakilomètres » et les « négadéplacements » ? Nous nous apercevrions alors qu'il est intéressant de payer les gens à ne pas circuler en voiture. Si chacun d'entre nous pouvait gagner de l'argent en utilisant n'importe quel moyen d'accès au travail moins cher socialement que la voiture, nul doute que nous conduirions beaucoup moins.

6.4 Promouvoir la vérité des prix

La circulation automobile excessive n'est pas due seulement à l'absence de concurrence véritable, mais aussi à l'absence de vérité des prix. Nous avons besoin d'une perestroïka économique basée sur une glasnost économique, car, si nos prix mentent, ils ne nous permettent pas de faire les bons choix. Et s'il n' y a pas de choix, peu importent les prix.

Le coût social de la voiture – pollution atmosphérique, embouteillages, temps perdu, accidents, usure du réseau routier, consommation d'espace et autres – est en grande partie pris en charge par la société. Ces coûts « externes », qui avoisinent 5 000 milliards de francs par an rien qu'aux Etats-Unis – environ 16 % du PNB –, sont supportés par la collectivité mais ne sont pas directement pris en charge par les automobilistes. Dans ces conditions, pourquoi s'étonner que les bénéfices de la mise au point de voitures toujours moins polluantes et plus efficaces aient été réduits à néant par l'augmentation constante du parc automobile et de la circulation ?

Pourtant, certains exemples prouvent que la vérité des prix est payante. Singapour, dont la prospérité aurait pu en faire une nouvelle Bangkok aux rues engorgées en permanence, est rarement embouteillée. En effet, les voitures y sont lourdement taxées, le droit d'en acheter une est vendu aux enchères, et toute personne voulant rouler dans le centre-ville doit acquitter un forfait de 15 à 30 F par jour. Les revenus correspondants sont investis dans des transports en commun de qualité. Grâce à cette concurrence loyale où les voitures doivent payer comme les autres moyens de transport, la ville reste vivable. Ceux qui veulent rouler en voiture peuvent le faire, mais doivent payer eux-mêmes les coûts induits : ils ont ce qu'il paient et paient ce qu'ils ont, ce qui permet un choix réel.

Ce que Singapour fait faire par la police peut être fait par des systèmes automatisés. Les péages automatiques qu'il faut franchir pour entrer à Dallas ou à Oklahoma City et qui débitent directement les comptes bancaires des usagers sans violer leur vie privée - en ne communiquant pas le lieu de paiement - pourraient faire payer en même temps le parking et les infrastructures. Les tarifs seraient modulés en fonction de la fréquentation, comme on le fait déjà pour le téléphone et l'électricité. Ce système existe déjà dans les villes d'Oslo et de Bergen, en Norvège. Grâce à ces techniques, on pourrait facturer les trajets en fonction de la destination et du moment. Ainsi, les conducteurs paieraient les coûts sociaux qu'ils font supporter actuellement aux autres. Cela pourrait multiplier par quatre le prix des trajets urbains et, par voie de conséquence, éliminer presque tous les embouteillages.

Est-il besoin de souligner que la liste des tarifs faussés nécessitant un réajustement serait plus longue que ce livre ? Par exemple, les chemins de fer américains font payer plus cher le transport d'une tonne de cuivre recyclé que celui d'une tonne de cuivre vierge. Mentionnons les subventions annuelles à l'industrie énergétique américaine (150 milliards de francs), les subventions européennes à l'agriculture (500 milliards), les aides directes ou indirectes aux transports dans le monde entier - ces exemples ne sont que la partie émergée d'une véritable armada d'icebergs, capable d'envoyer par le fond les économies les plus florissantes. Selon Paul Hawken, économiste réformateur, le gaspillage financier aux Etats-Unis - subventions pour faire des choses stupides et antiéconomiques, réparations de dégâts divers, destructions et pollutions innombrables et autres folies - représenterait au moins la moitié du PNB !

Le prix n'est pas seul en cause : le système de tarification l'est aussi. C'est le cas, par exemple, des compagnies qui vendent de l'énergie, qui proposent des rabais aux gros consommateurs – plus vous achetez, moins c'est cher – ou bien fixent un forfait minimal quelle que soit votre consommation – ce qui pénalise les consommateurs frugaux et encourage le gaspillage. Souvent, le prix moyen est fixé à un niveau correct, mais sa modulation est totalement irrationnelle et contre-productive.

6.5 Primes et amendes

Supposons qu'un grand nombre de personnes fasse des choses stupides qui coûtent beaucoup d'argent à la collectivité, alors qu'une alternative simple pourrait nous en faire gagner. Comment pouvons-nous réduire ce gaspillage ?

Un des moyens consiste à légiférer pour intimer aux gens de changer de comportement. C'est une approche classique dans de nombreux domaines. Si les gens respectent la loi ou sont contraints, on peut s'attendre à un certain degré d'obéissance, au moins après un certain temps d'adaptation. En revanche, il y a peu de chance qu'ils fassent preuve de zèle pour dépasser les normes, surtout si le respect de la loi leur coûte. C'est pourquoi de nombreux fabricants proclament que leurs produits « respectent les normes » – c'est-à-dire qu'ils se dispensent d'en faire plus.

En outre, les normes ont l'inconvénient d'être figées, alors que la technologie ne cesse d'évoluer : les normes ne suivent pas. Pire, étant donné le temps nécessaire à l'élaboration d'une loi et aux négociations entre les différentes parties, les normes sont souvent dépassées avant que l'encre du document ait fini de sécher. Actuellement, le Royaume-Uni étudie un projet de loi visant à isoler les maisons neuves mieux que les porcheries, c'est-à-dire aussi bien que les maisons scandinaves... il y a trente ans ! De même, les nouvelles normes allemandes d'isolation thermique sont inférieures à ce qu'il est possible de faire.

Heureusement, il existe un autre moyen que ces réglementations dépassées et figées, souvent ignorées et toujours inadaptées. Il associe deux idées : récompenser ce que nous voulons, et favoriser la vérité des prix. Il s'agit d'un système d'amende pour l'inefficacité et de prime pour l'efficacité.

Supposons qu'un bâtiment neuf gaspille l'énergie ou fasse supporter des frais importants à tout le monde (ce qui est le cas : centrales électriques, lignes à haute tension, réseaux de distribution d'eau et stations d'épuration coûtent très cher). Quand l'immeuble est raccordé à ces différents réseaux, son propriétaire doit payer une amende proportionnelle à l'inefficacité du bâtiment. En revanche, si l'immeuble est plus efficace que la moyenne et fait économiser de l'argent à la collectivité, le propriétaire percevra une prime, également proportionnelle.

Sur l'année, les amendes permettent de payer les primes et les faibles frais de gestion du système. Que l'on nous comprenne bien : il ne s'agit pas d'une nouvelle taxe. Ce système « zéro bénéfice » a beaucoup d'avantages politiques dans le contexte actuel, où taxes et charges sont en plus en plus contestées. C'est un simple transfert de richesse depuis ceux dont les mauvais choix ont un coût social vers ceux dont les bons choix créent de la richesse sociale.

Les détails du système sont tout aussi simples. Le taux de progression de l'amende doit être basé sur le coût social à long terme induit par l'inefficacité. Le taux de progression de la prime doit plus que rembourser les frais engagés pour réaliser les économies, afin que le propriétaire en tire un bénéfice. Bien entendu, le volume des amendes doit pouvoir couvrir le volume des primes (plus le coût de transaction), ce qui suppose de réévaluer les taux chaque année. Grâce à ce système, les bâtiments s'amélioreront d'année en année. Finalement, plus personne ne construira d'immeubles inefficaces : les amendes ne permettront plus de payer les primes. C'est le moment de déclarer la réussite du programme et de l'arrêter.

Remarquons enfin que, contrairement aux normes, ce système évolue avec la technologie. Plus il devient possible d'économiser les ressources, et plus les gens sont encouragés à les réaliser. Cela se fait automatiquement et ne nécessite aucune remise à jour des normes. En fait, aucune norme n'est nécessaire. Toutefois, les normes restent utiles comme référence.

Comment estimer l'efficacité

Cela dit, il faut pouvoir estimer l'efficacité d'un bâtiment si l'on veut calculer l'amende ou la prime correspondante, tâche peu différente de celle consistant à fixer des normes. Ainsi, la Californie a mis au point des outils de calcul très fiables permettant de se conformer aux normes. Celles-ci sont de deux sortes : prescriptives (il suffit de se conformer à une liste de mesures) ou indicatives (la consommation totale d'énergie ne doit pas dépasser un certain niveau, quelles que soient les mesures choisies).

Pour aider les promoteurs à se conformer aux normes indicatives, la commission énergie de Californie a publié, pour chacune des seize zones climatiques de cet état, un manuel contenant des conseils et une table de calcul. Ainsi, si une maison neuve possède telle surface de tel type de fenêtres orientées dans telle direction, cela correspond à un certain nombre de points, que l'on reporte dans la case correspondante. Le nombre de points d'une chaudière dépend de sa taille et de son efficacité. De même pour l'éclairage, l'isolation, les appareils, etc. Le total des points permet de prédire avec une bonne précision quelle quantité d'énergie une famille moyenne consommera dans cette maison au cours d'une année moyenne. Grâce à une formule mathématique simple, on en déduit les frais correspondants.

Il est alors facile de constater si la maison dépasse ou non le score de référence et de déterminer soit l'amende, soit la prime, en multipliant le nombre de points en plus (ou en moins) par une certaine somme prédéfinie. On pourrait exiger – ou les promoteurs pourraient proposer – que le score de la maison soit inscrit sur le panneau « à vendre » ou « à louer ». Non seulement le promoteur serait directement concerné par l'amende ou la prime, mais la valeur de sa maison serait à jamais affectée par son score énergétique.

Primes aux négalitres

L'idée des primes et amendes a déjà été testée ou envisagée dans six Etats américains, ou dans certaines communes, souvent avec succès. Il y eut bien quelques échecs, notamment dans le Maine, où les amendes furent mises en place avant les primes, générant l'opposition des promoteurs inefficaces sans susciter le soutien des autres. De tout évidence, il est plus habile de mettre en place le système d'un coup, ou, à défaut, de commencer par les primes.

Un système comparable a été parfois mis en place pour promouvoir un usage efficace de l'eau. L'architecte de l'hôtel Hilton de Novi, dans l'Etat du Michigan, a demandé et obtenu une réduction de 350 000 F sur la taxe de raccordement de l'hôtel au réseau d'eau potable. En effet, il avait pu prouver que cet hôtel de trois cents lits économiserait 70 % de l'eau et ne handicaperait pas le réseau de la ville, retardant ainsi son extension. De plus, au bout de cinq ans de fonctionnement, l'hôtel put annoncer entre 175 000 et 225 000 F d'économies annuelles sur la facture d'eau et d'assainissement, sans compter le niveau élevé de satisfaction de ses clients (Rocky Mountain Institute, 1994, pp. 59-61).

Adapter le système aux voitures

La première utilisation à grande échelle de ce système pourrait concerner les voitures, afin de favoriser celles qui consomment le moins de carburant. Dans les dix ou vingt dernières années, les différents régimes de taxation en vigueur en Amérique du Nord, en Europe et au Japon ont permis de comparer le comportement des automobilistes face à des prix du carburant très différents (variant d'un facteur deux à cinq). En général, les fortes taxes ont à peine diminué le kilométrage parcouru, et pratiquement pas favorisé les voitures efficaces.

A la réflexion, cela n'a rien de surprenant. La plupart des coûts générés par une voiture sont fixes, comme les mensualités de l'emprunt ou la vignette, ou dépendent peu du nombre de kilomètres parcourus, comme l'entretien et l'assurance. Aux Etats-Unis, où l'essence est très bon marché, le carburant ne représente qu'un septième du coût kilométrique total. Cela veut dire que l'effet de toute variation du prix de l'essence est divisé par sept. De plus, les économies de carburant ont peu d'intérêt lorsque l'on revend rapidement sa voiture, ce qui est souvent le cas. On constate que les normes d'efficacité énergétiques mises en place aux Etats-Unis n'ont pas réduit de manière significative la consommation de carburant par habitant (voir figure 21, p. 221) : au contraire, les automobilistes semblent penser que, si leur voiture consomme moins, ils peuvent conduire plus. Lee Schipper, du Laboratoire national Lawrence Berkeley, a comparé des données provenant de différents pays. Celles-ci montrent clairement que si le prix de l'essence favorise très peu les voitures efficaces, il influence plus fortement le kilométrage parcouru.

Heureusement, le système prime-amende facilite le respect des normes ; il est une source de profits comme de pertes, il s'avère impossible à contourner et encourage le progrès technologique. En 1990, la Californie approuva ce système : un nouveau modèle plus efficace que la moyenne devait recevoir une prime, tandis qu'un modèle moins efficace devait acquitter une amende. Primes et amendes devaient être basées sur le taux d'efficacité des voitures[5]. Le même système aurait

5. Le taux d'efficacité est exprimé en grammes de carbone rejeté par kilomètre.

été appliqué aux émissions de gaz polluants. Hélas, la loi ne fut jamais appliquée, en raison de l'opposition de Ford, mais il n'est pas trop tard pour la relancer.

Le système prime-amende peut s'appliquer dans d'autres domaines. Si l'on considère, comme certains le font, qu'une voiture efficace serait nécessairement petite, moins solide et moins sûre, pourquoi ne pas récompenser les voitures sûres et pénaliser les autres ?

Éliminer les voitures inefficaces

Conséquence inattendue mais intéressante : le système prime-amende est un excellent moyen d'accélérer la disparition des voitures les moins efficaces et les plus polluantes. Pour cela, il suffit de baser la prime sur la différence d'efficacité entre une voiture neuve et la vieille voiture qu'elle remplace. Déjà, les constructeurs vous proposent plus d'argent pour reprendre votre voiture que le concessionnaire ne vous en offre pour la revendre [6]. Il vous suffirait alors de produire un « certificat de décès » et de toucher votre prime. Mieux : débarrassez-vous de votre voiture et ne la remplacez pas, et touchez votre prime à la « néga-voiture ».

Quelle serait l'importance de la prime ? La valeur sociale estimée de l'élimination des voitures inefficaces conduit à en fixer le montant autour de plusieurs milliers de francs par litre gagné aux cent kilomètres. Ainsi, en remplaçant votre « tas de tôle » par une hypervoiture, vous pouvez gagner entre 50 000 et 100 000 F – de quoi couvrir votre achat. Étant donné que les voitures les moins efficaces appartiennent en général à des personnes défavorisées, il s'agit d'une méthode sociale [7].

La disparition des vieilles voitures contribuerait à améliorer la qualité de l'air en ville et à diminuer la consommation de pétrole : actuellement, un cinquième du parc automobile américain émet trois cinquièmes de la pollution. Ces incitations à éliminer les vieilles voitures favoriseraient la concurrence, récompenseraient les constructeurs de voitures efficaces et créeraient un marché pour celles-ci. Cela pourrait même mettre fin au débat stérile entre les partisans des taxes sur le

6. A condition qu'elle soit suffisamment vieille (NDT).

7. Aux Etats-Unis, ce n'est plus vrai : les voitures les moins efficaces appartiennent aujourd'hui aux enfants des ménages riches.

carburant et les partisans des normes de consommation, comme si ces deux options étaient les seules possibles et comme si l'on ne pouvait obtenir que de petites améliorations.

On peut étendre le système aux bus, aux camions, aux trains, aux bateaux et aux avions. Toujours à court d'argent, les compagnies aériennes sont réticentes à acheter des appareils deux, voire trois ou quatre fois plus efficaces. En conséquence, les économies de carburant et les réductions de pollution (sans parler du bruit et de la sécurité) sont sans cesse retardées. Ne vaudrait-il pas mieux remplacer rapidement les avions inefficaces ?

Nul doute que l'on peut trouver d'autres champs d'application du système prime-amende et faire varier celui-ci à l'infini. Dans tous les cas, il s'agit d'un moyen simple, transparent et efficace de diminuer ce dont nous ne voulons pas et d'augmenter ce que nous désirons. Comme dans le cas du principe pollueur-payeur, qui peut financer l'efficacité des ressources, nous pouvons en tirer un bénéfice double : cela permet de résoudre plus vite les problèmes. Au lieu de générer des coûts insupportables et des bureaucraties tatillonnes, ce système crée de nouvelles opportunités pour le marché.

7. Instaurer une écotaxe

7.1 Laissons parler les prix

Les chapitres 4, 5 et 6 sont inspirés par l'efficacité supérieure des marchés par rapport aux bureaucraties. Ils sont également inspirés par la réalité décevante de l'économie de marché elle-même. Incitations perverses, structures bureaucratiques et intérêt de certains au *statu quo* sont autant d'obstacles à la révolution de l'efficacité et à ses immenses bénéfices potentiels, pourtant techniquement réalisables.

Dans le but de surmonter ces obstacles, nous avons proposé quelques idées pour que la révolution de l'efficacité devienne une affaire rentable. Bien que ces idées soient basées sur des expériences réussies et s'enracinent dans la philosophie du marché, nous devons reconnaître que leur diffusion est lente. Peut-être la mise en application de certaines d'entre elles, comme le système prime-amende ou la gestion intégrée des ressources, nécessite-t-elle trop de chefs d'entreprise, de législateurs et de militants bien informés, voire trop de fonctionnaires.

Une autre objection aux idées développées dans les chapitres précédents est exprimée par les écologistes, qui craignent que les gains d'efficacité ne suffisent pas. L'efficacité pourrait nous permettre de gagner du temps, mais, en soi, elle n'incite pas à une réduction à long terme de notre consommation de ressources – du moins tant que le prix de celles-ci laisse croire qu'elles sont éternelles. C'est un fait que le prix des ressources est remarquablement stable depuis cent cinquante ans. Leurs coûts directs et indirects n'ont en moyenne pas augmenté avant les chocs pétroliers de 1973 et 1978, mais, dans les années 80, ils sont peu à peu revenus à leur niveau d'avant 1973, comme le

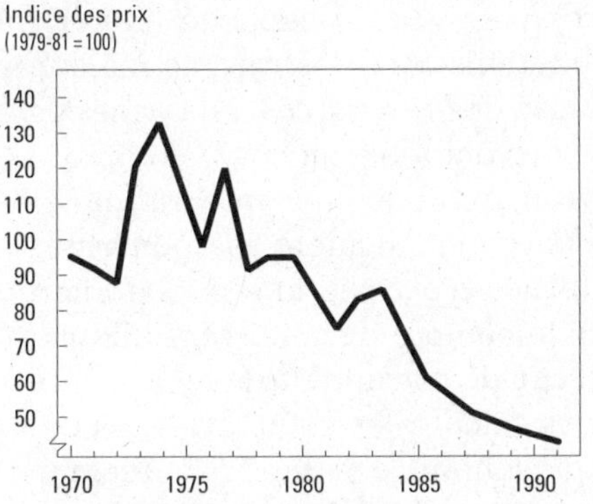

Figure 21. Le prix des ressources a considérablement chuté depuis la fin des années 70, malgré la croissance continue de la consommation. La raison en est l'effort important de prospection et d'extraction après les chocs pétroliers de 1973 et 1978. Les cours ne prennent pas en compte la rareté finale des ressources ni les impacts sur l'environnement.

montre la figure 21. En 1994, les prix ont commencé à remonter, en raison de la croissance rapide de la demande des pays d'Asie.

Les techniques de prospection et d'extraction ne cessant de s'améliorer, les prix continueront de nous présenter les ressources naturelles comme une corne d'abondance inépuisable. Lorsque nos ressources, ou plus probablement les capacités d'absorption de l'environnement, parviendront à épuisement, les prix commenceront sans doute à dire la vérité, mais il sera peut-être trop tard. Même si nous supposons avec optimisme que la révolution Facteur Quatre diminuera considérablement notre consommation relative, il n'y a aucune raison de penser que la consommation totale diminuera. C'est-à-dire que le Facteur Quatre sera réduit à néant par le quadruplement de la consommation : que restera-t-il pour réduire la consommation de ressources ?

Comme nous le verrons aux chapitres 8, 9 et 10, l'objectif d'un développement durable exprimé à Rio en 1992 requiert une diminution drastique de la consommation de nos ressources. La création réussie d'un marché de l'efficacité par les compagnies électriques américaines (voir chapitre 5) n'avait pas pour but, et n'a pas obtenu, une diminution de la consommation totale d'énergie, malgré une augmentation admirable de l'efficacité énergétique. En revanche, elle a stoppé l'augmentation continue de la consommation d'énergie [1].

1. En Californie, la consommation électrique par habitant a même légèrement diminué. En effet, l'efficacité énergétique a évité la construction de centrales inutiles. Le capital correspondant, soit plusieurs milliards de francs, a pu être investi ailleurs.

La raréfaction prévisible des ressources et la capacité limitée de l'environnement à absorber nos pollutions sont des raisons majeures pour augmenter artificiellement le prix des ressources. En termes économiques : les coûts « externes » doivent être pris en compte. Le consommateur des ressources devrait payer le coût intégral, notamment les coûts écologiques et sociaux (qui incluent les générations futures). Déterminer ces coûts externes n'est pas une mince affaire. Des estimations ont été faites pour le compte du ministère allemand des Affaires économiques par le bureau de consultants Prognos, basé à Bâle (Masulz *et al.*, 1995). Selon leurs calculs, les coûts externes de la seule consommation d'énergie représentent 5 % du PNB allemand. F. Barbir et ses collègues (1990) vont encore plus loin et pensent que les coûts externes de la seule consommation de combustibles fossiles représentent 14 % du PNB mondial. L'édition 1995 de *L'état de la planète*, par le World Watch Institute (Brown *et al.*, 1995, p. 12) présente des chiffres comparables – toutes dégradations de l'environnement confondues – pour les pays en voie de développement.

Il est plus facile de gérer des mesures artificielles et prévisibles que des marchés et des politiques fluctuants et imprévisibles, comme les chocs pétroliers passés nous l'ont rappelé. Des économistes en vue ont recommandé la prise en compte des coûts externes pour promouvoir l'éco-efficacité (DeAndraca et McCready, 1994, pour le Conseil économique mondial pour le développement durable).

La prise en compte de ces coûts devrait produire un surcroît de richesse. Selon les principes économiques reconnus depuis l'époque d'Arthur Cecil Pigou (1920), cela devrait enrichir les pays et non les appauvrir. Que constatons-nous en observant les choses d'une manière empirique ? L'économiste suisse Rudolf Rechsteiner (1993) a comparé les résultats économiques des pays de l'OCDE depuis le premier choc pétrolier et a constaté que leurs résultats étant d'autant meilleurs que l'énergie était plus chère (voir figure 22). Le Japon vient en tête : ce pays s'est concentré sur la haute technologie et a laissé partir ses vieilles industries démodées.

Dans les anciens pays communistes, où le prix de l'énergie était encore plus bas, les résultats économiques sont plus mauvais que dans n'importe quel pays de l'OCDE. Dans ces pays, les prix laissaient croire aux consommateurs que l'énergie était gratuite, entraînant des gaspillages considérables. Toutefois, en l'état actuel des études, nous

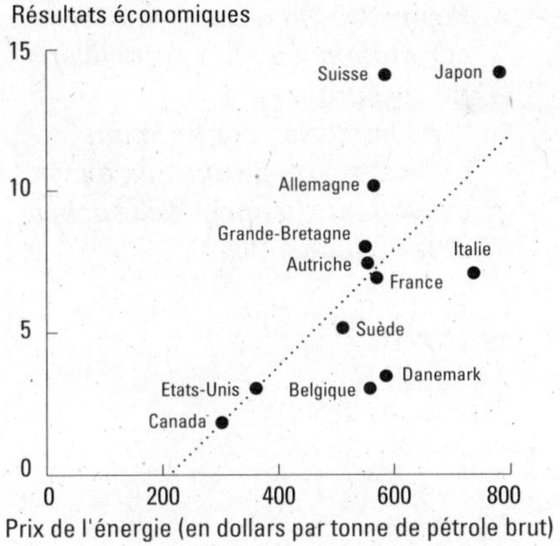

Figure 22. Il existe une corrélation positive, et non négative, entre les résultats économiques (croissance, balance commerciale, etc.) et le prix moyen des ressources dans les pays de l'OCDE (d'après Rechsteiner, 1993).

disons seulement que l'analyse de R. Rechsteiner montre qu'il ne faut pas avoir peur d'une augmentation du prix des ressources.

Une autre observation parle en faveur d'une politique des prix. Jochen Jesinghaus (in Weizsäcker et Jesinghaus, 1992) a montré que la consommation de carburant diminue de manière frappante quand les prix augmentent (figure 23). Dix ans après l'adoption de normes d'efficacité, les Etats-Unis rattrapent rapidement l'Europe en termes de consommation d'essence aux cent kilomètres, mais restent loin devant en termes de consommation par habitant. Ce qui veut dire que, grâce au prix modique de l'essence, l'efficacité a incité les automobilistes américains à conduire plus.

Des analyses statistiques poussées confirment que le prix de l'essence est de loin le facteur qui conditionne le plus la consommation par habitant. Les autres facteurs sont le niveau de vie et la densité de population.

Nous pouvons résumer ainsi les arguments :

– plus l'essence est chère, plus la consommation est faible ;

– plus l'énergie est chère, meilleures sont les performances économiques, contrairement aux affirmations du lobby industriel. Cela signifie que, dans les pays où l'énergie est chère, les entreprises tendent à être ingénieuses, innovantes et très compétitives ;

– l'augmentation du prix des ressources est un moyen de prendre en compte les coûts externes ;

– le quadruplement de la productivité des ressources est technologiquement possible et souvent rentable. Il ne faut donc craindre

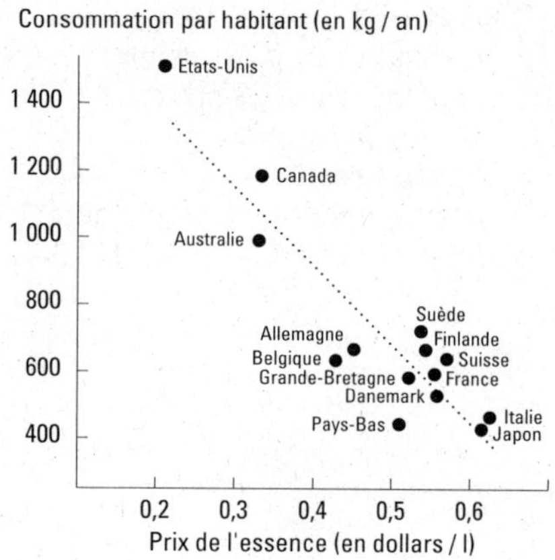

Figure 23. On observe une forte corrélation négative entre le prix du carburant et la consommation par habitant dans des pays de niveaux de vie équivalents (d'après Weizsäcker et Jesinghaus, 1992).

aucune perte de niveau de vie d'une augmentation du prix des ressources.

Ces quatre arguments devraient rendre politiquement acceptable une augmentation du prix des ressources.

Techniquement, on peut réaliser cette augmentation soit par des quotas négociables (plus c'est rare, plus c'est cher), soit par la fixation directe des prix. Nous restons ouverts à ces deux approches. Mais les industriels doivent savoir que l'outil préféré des économistes bien-pensants, les quotas négociables, peuvent être très brutaux et imprévisibles. Imaginez ce que le Nord devrait payer au Sud si des licences d'émissions de CO_2 étaient basées sur des émissions par habitant. Imaginez la réaction du marché mondial des licences à une croissance chinoise de 10 % par an pendant cinq ans. Toutefois, nous ne voulons pas proposer une taxe de plus. L'écotaxe doit rester neutre : il ne s'agit pas d'enrichir l'Etat, mais de financer ceux qui exploitent les possibilités offertes par la révolution de l'efficacité.

7.2 L'outil le moins bureaucratique, le moins contraignant et le plus puissant

L'écotaxe est une vieille idée. Elle remonte à l'économiste anglais Arthur Cecil Pigou (1920), qui remarqua que la vérité des prix serait favorable à l'économie. Selon lui, les taxes devaient servir à ajuster les prix des biens de consommation. De nos jours, A.C. Pigou est souvent cité pour justifier la mise en place d'une écotaxe.

L'une des définitions les plus intéressantes de l'écotaxe est due à Bob Repetto, Roger Dower et leurs collègues de l'Institut des ressources mondiales, basé à Washington. Dans leur étude *Green Fees,* ils affirment que « en transférant 5 F de taxe depuis un "bon" produit (exemple : un produit nécessitant de la main-d'œuvre) vers un "mauvais" produit (exemple : un produit consommant des ressources), on peut dégager un bénéfice de 2,20 à 4 F sans perte de revenu » (Repetto *et al.,* 1992, p. 11). Ils tirent cette affirmation d'un article de Charles Ballard et Steven Medema (1992) de l'université du Michigan, qui ont étudié les dégâts infligés à l'économie par les impôts et taxes existants, qu'ils appellent à juste titre « taxes perverses ». En effet, les taxes actuelles pénalisent le travail et l'utilisation valable du capital. En Europe, elles pénalisent aussi la création de valeur ajoutée. La diminution de ces taxes ne pourrait que renforcer l'économie. Mais l'Etat aura toujours besoin de revenus : le meilleur moyen est de pénaliser les « mauvais » biens.

L'écotaxe n'est pas une idée simple et sans équivoque. Il existe des centaines de façons de l'appliquer à tort et à travers et de nuire encore plus à l'économie [2]. Après des années de discussion, principalement en Europe, nous sommes parvenus à une proposition de base susceptible de modifications en fonction du contexte économique et politique. Nous proposons un déplacement progressif des charges du travail vers l'énergie et les matières premières. En première approximation, nous pensons que le prix final de l'énergie devrait augmenter d'environ 5 % par an pendant vingt ans au moins, voire quarante ans ou plus. On peut également fixer un taux autre que 5 %, voire instaurer une période préparatoire à 0 %, permettant aux clients (en particulier les industriels) de s'adapter. Dans tous les cas, l'augmentation des prix doit être suffisamment douce afin d'éviter toute perte de capitaux et de permettre à l'amélioration de la productivité de compenser les tarifs plus élevés. Ainsi, la dépense annuelle correspondant aux ressources n'augmente pas.

2. On pourrait citer par exemple la taxe sur les espaces naturels sensibles, qui sert autant à protéger des espaces qu'à imprimer des plaquettes touristiques ou à « recalibrer » des cours d'eau (NDT).

Même si les prix augmentaient légèrement plus vite que l'efficacité, l'écotaxe ne devrait pas nuire à l'économie. Si les gains d'efficacité sont de 3 % par an alors que les prix augmentent de 5 %, la dépense n'augmente que de 2 % par an. Pour une famille qui consacrerait moins de 5 % de son budget à l'énergie, cela représente moins de 0,1 % de son budget annuel. En même temps, d'autres biens ou services deviendront moins chers, grâce à la réduction des charges salariales et patronales. Ainsi, une écotaxe bien conçue serait socialement acceptable.

Parallèlement, l'écotaxe serait très bénéfique pour le développement technologique. Sachant que le prix des ressources augmenterait de 5 % pan an pendant une très longue période, les chefs d'entreprise et les ingénieurs seraient très motivés pour travailler à la révolution de l'efficacité. Des centaines d'hommes d'affaires s'intéresseraient soudain aux cinquante innovations décrites dans ce livre ainsi qu'à beaucoup d'autres.

Une idée de plus en plus prise au sérieux

L'écotaxe reçoit le renfort d'une grande variété d'acteurs économiques, politiques et sociaux. Les économistes commencent à apprécier son pouvoir de corriger les incitations perverses, de diminuer les taxes indésirables et de déréglementer le secteur environnemental. En effet, si les prix commencent à refléter les coûts écologiques, les produits et entreprises dégradant l'environnement ne sont plus avantagés face à leurs concurrents, alors que, actuellement, la concurrence favorise les moins scrupuleux. Pour reprendre les paroles de Paul Hawken : « Le marché ne devrait pas mettre en concurrence une entreprise qui saccage l'environnement et une autre qui tente de le respecter. La concurrence devrait jouer entre les entreprises capables de respecter celui-ci » (Hawken, 1995).

Le second groupe de partisans de l'écotaxe comprend ceux qui s'inquiètent du niveau élevé de chômage. Pour la Commission européenne, l'emploi est la première priorité. Dans son *Livre blanc pour la croissance, la compétitivité et l'emploi* (1993), Jacques Delors, ancien président de la Commission, décrivait l'écotaxe comme la pierre angulaire de la politique de l'emploi de celle-ci. Ce credo a été repris par son successeur Jacques Santer et son commissaire à l'environnement, Ritt Bjerregaard.

Les spécialistes de la circulation ont eux aussi découvert l'intérêt des taxes « vertes ». Au Royaume-Uni, célèbre pour ses embouteillages dans le Sud du pays, le gouvernement conservateur a mis en place une taxe sur l'essence qui doit augmenter de 5 % par an pendant une période indéfinie.

Faut-il citer les écologistes parmi les plus chauds partisans de l'écotaxe ? Curieusement, leur enthousiasme est assez récent. Au début, leur approche préférée était l'économie dirigée, car ils craignaient que, du fait de l'écotaxe, « les riches paient au lieu d'assumer leurs responsabilités écologiques, seuls les pauvres devant changer de comportement » (un peu comme dans le cas des amendes routières). Depuis, les écologistes ont compris que l'écotaxe « agit » aussi sur les riches, en grande partie grâce à la révolution technologique qu'elle favorise.

Certains hommes d'affaires éclairés soutiennent cette idée, tel le Suisse Stephan Schmidheiny, fondateur et directeur du Conseil commercial pour le développement durable. Son concept d'éco-efficacité (Schmidheiny, 1992) est proche de la philosophie de ce livre. Pour le milieu des affaires, l'intérêt de l'écotaxe réside dans la dérégulation qu'elle pourrait induire. Si les prix commencent à refléter les coûts écologiques, pourquoi employer des milliers de fonctionnaires et de juristes pour obtenir les mêmes résultats de manière beaucoup plus complexe ? L'écotaxe pourrait devenir un jour un moyen de créer des « négabureaucrates ». On peut voir en elle le moyen le moins bureaucratique et le moins contraignant d'orienter l'économie dans la direction recherchée.

Autre groupe majeur de partisans de l'écotaxe, les ingénieurs qui, dans le monde entier, comprennent les possibilités technologiques de l'efficacité et attendent impatiemment de pouvoir explorer ce nouveau continent. Si le signal était suffisamment fort, les capitaux afflueraient massivement pour financer les efforts de recherche et de développement nécessaires, favorisant l'émergence de centaines, voire de milliers de techniques dont nous n'avons encore qu'une vague idée.

7.3 De nouvelles possibilités pour l'harmonisation internationale

Finalement, l'écotaxe devrait recevoir le soutien de tous ceux, hommes d'affaires ou autres, qui pensent au niveau international. Actuellement, les normes ne sont pas harmonisées : il est difficile pour les entreprises américaines ou européennes d'admettre des normes écologiques élevées que leurs concurrents étrangers ne respectent pas. Bien souvent, ces normes sont acceptées car elles permettent de conserver une bonne image et de ne pas se laisser distancer par les nouvelles évolutions techniques. Comme on l'a vu plus haut, il est possible de prendre certaines mesures sans remettre en cause les principes de libre-échange de l'Organisation mondiale du commerce. Néanmoins, le monde des affaires comme le camp écologiste ne seraient pas fâchés si les normes et les règles du jeu pouvaient être harmonisées à l'échelle mondiale.

L'écotaxe pourrait s'avérer le meilleur moyen d'y parvenir. Si un pays devient plus riche, et non plus pauvre, en adoptant l'écotaxe, pourquoi hésiterait-il à l'instaurer, aussi pauvre soit-il ? Dans tous les cas, la première étape consiste à cesser de subventionner la consommation d'énergie. Qui serait contre, mis à part ceux qui profitent des subventions ?

L'argument des « négabureaucrates » sera peut-être le plus déterminant. La collecte de 1 million de francs de taxes auprès des commerçants et artisans d'une province éloignée du Brésil, du Congo ou de l'Inde coûte beaucoup plus cher que la collecte de la même somme auprès d'un pétrolier géant. De même, la mise en place et l'application d'une réglementation environnementale dans ces pays coûterait bien plus cher que la collecte d'une écotaxe.

On pourrait objecter à l'écotaxe qu'il n'est pas juste de taxer les pauvres qui ont besoin d'énergie et d'épargner les revenus des riches. Ce n'est ni l'intention, ni l'effet de l'écotaxe. Dans les pays en développement, contrairement aux pays de l'OCDE, les riches consomment considérablement plus d'énergie que les pauvres. Ce sont les seuls à prendre l'avion (souvent des appareils privés), à posséder des voitures, à climatiser leurs maisons et leurs bureaux, et à manger des aliments importés. Si les sources d'énergie privées, comme le biogaz, la biomasse, le solaire, les microcentrales et les éoliennes sont exonérées, et si l'on exonère la consommation d'électricité et d'essence au-dessous d'un seuil vital, il ne devrait pas y avoir de problèmes sociaux.

Mais l'argument principal en faveur de l'écotaxe dans les pays en développement, en particulier les pays d'Asie et d'Amérique latine en cours d'industrialisation rapide, est que ces pays ont encore plus besoin de la révolution de l'efficacité que les pays industrialisés.

Les Etats-Unis, le Japon ou la France sont théoriquement assez riches pour acheter et gaspiller de grandes quantités d'énergie et de matériaux. Une telle attitude n'est pas raisonnable, mais pas désastreuse non plus. Mais pour l'Inde, l'Egypte ou la Colombie, elle est catastrophique. Les capitaux y sont rares, l'énergie encore plus rare, tandis que la main-d'œuvre est abondante. Pourquoi ces pays devraient-ils concentrer leurs capitaux, même prêtés par la Banque mondiale, sur l'exploitation agressive de leurs ressources et ignorer les possibilités offertes par le Facteur Quatre? Pourquoi devraient-ils négliger les technologies efficaces qui, probablement, caractériseront les marchés du XXIe siècle et sont plus proches de leurs besoins?

Les conclusions du World Watch Institute sur les gains de l'écotaxe aux Etats-Unis valent encore plus pour la Chine ou l'Inde. Dans ces pays, pénaliser le capital et le travail tout en vendant l'énergie à un prix dérisoire est encore plus dangereux que dans les pays riches.

Bien entendu, certains pays rejetteront l'écotaxe: les pays de l'OPEP y sont complètement opposés. Selon eux, si la communauté internationale veut imposer une nouvelle taxe sur le gaz ou le pétrole, les revenus correspondants leur reviennent. On peut négocier des compromis afin d'encourager la compréhension mutuelle et l'équité, mais la perception de taxes sur des ressources indésirables (ou sur les pollutions induites) concerne les Etats qui les instaurent.

Il est essentiel que les pays exportateurs de matières premières comprennent que l'ère de la rareté dont ils rêvaient dans les années 70 pourrait bien ne jamais devenir réalité. Il est probable que l'efficacité ne fera que s'améliorer et finira par empêcher les marchés de ces produits de s'étendre. Il est donc plus sage que ces pays suivent la tendance générale et s'engagent dans la révolution de l'efficacité. Quant à la Banque mondiale et autres organismes de prêt, ils devraient cesser de financer les nouveaux projets d'exploitation de ressources, qui ont pour effet de faire chuter les cours des ressources concernées. Ce mécanisme profite plus aux pays du Nord qu'à ceux du Sud, dont ils sont censés accroître les bénéfices.

Dans la troisième partie de ce livre, nous évoquerons un argument supplémentaire et particulièrement fort en faveur de l'écotaxe: il s'agit du développement durable, message principal du Sommet de la Terre, à Rio de Janeiro, en 1992. Le développement durable devrait amener l'humanité à cesser de surexploiter les ressources et de sous-utiliser la main-d'œuvre. Qui voudrait manquer le train? La concurrence pour la productivité des ressources est ouverte entre le Nord et le Sud et entre les pays du Nord. L'écotaxe pourrait devenir, au Nord comme au Sud, le moyen principal de transformer cette concurrence en une transition douce et humaine.

Les pays scandinaves ont déjà mis en place une écotaxe. Le Danemark a notamment institué une taxe CO_2/énergie exonérant l'énergie nécessaire à l'industrie. La Belgique et les Pays-Bas ont également instauré une sorte d'écotaxe, tandis que l'Autriche a annoncé son intention de le faire. Le Royaume-Uni a instauré une taxe progressive sur l'essence et une taxe pour les décharges. L'Allemagne a mis en place de nombreuses taxes afin de favoriser certaines évolutions écologiques mineures mais se refuse à instaurer une taxe sur l'énergie. Quant à l'Union européenne, elle continue d'approfondir et de soutenir l'idée. Les temps semblent mûrs pour un accord international.

TROISIÈME PARTIE

Il est urgent d'agir

Dans la première partie de ce livre, nous avons présenté la révolution de l'efficacité. Elle sera profitable pour les pionniers, un peu moins pour ceux qui prendront le train en marche. Contrairement à la lutte antipollution classique, l'efficacité n'imposera aucun sacrifice. Cela dit, des problèmes écologiques majeurs sous-tendent cette révolution. La lecture de n'importe lequel des rapports annuels du Worldwatch Institute[1] ou de *Beyond the Limits* (Meadows *et al.*) suffira à nous convaincre que l'humanité fonce droit dans un mur. Si nous ne changeons pas de direction à temps et que la collision se produit, la nature devrait survivre à l'événement. Pas nous.

Nous voulons maintenant insister sur la crise écologique mondiale. Pour cela, nous nous sommes servis de plusieurs rapports au Club de Rome, notamment *Question de survie* (King et Schneider, 1991). Nous nous appuyons également sur les résultats du Sommet de la Terre de 1992, à Rio de Janeiro, la rencontre internationale la plus importante jamais consacrée à l'environnement.

1. Publiés chaque année en français (NDT).

Au chapitre 8, nous évoquons les trois thèmes les plus pressants de ce sommet historique : développement soutenable, climat et biodiversité. Nous y ajoutons des considérations sur d'autres problèmes écologiques. Dans ce chapitre et dans les suivants, nous verrons que le Facteur Quatre peut énormément contribuer à relever les défis de Rio.

Cela dit, nous pouvons difficilement « ignorer les mégatonnes pendant que nous traquons les nanogrammes » (F. Schmidt-Bleek). Cet « agenda oublié » sera le sujet du chapitre 9.

Comparées aux solutions Facteur Quatre, les politiques environnementales classiques paraîtront insatisfaisantes, risquées et coûteuses, comme nous le verrons au chapitre 10.

Enfin, au chapitre 11 nous présentons la révolution Facteur Quatre comme la stratégie la plus efficace pour combler les abîmes qui s'ouvrent devant nos pas. Dans ces circonstances, l'ambition la plus modeste doit être de gagner du temps pendant la phase inévitable de surpopulation qui nous attend.

8. Le défi de Rio

8.1 Le Sommet de la Terre et Question de survie

Le Sommet de la Terre de juin 1992 à Rio de Janeiro, officiellement appelé conférence des Nations unies pour l'environnement et le développement (CNUED), fut le plus grand rassemblement de chefs d'Etat ou de gouvernement de l'histoire. Il réunit plus de 1 000 représentants des divers Etats, plus des centaines de ministres. Au total, plus de 30 000 personnes se rendirent à Rio, dont la plupart assistèrent au Forum global, organisé par diverses organisations non gouvernementales à une vingtaine de kilomètres de là.

Deux conventions majeures furent adoptées : la convention sur le réchauffement climatique et la convention sur la biodiversité. La protection du climat et la protection de la biodiversité étaient apparues, dans la décennie précédente, comme les deux priorités d'une politique mondiale de l'environnement. Les conventions avaient en fait été négociées avant la conférence, afin que les chefs d'Etat et de gouvernement puissent la signer sans discussions à n'en plus finir.

L'essentiel de la conférence consista à trouver un accord sur chaque paragraphe de l'« Agenda 21 », liste d'engagements pour le XXIe siècle, ainsi que sur la formulation de la « déclaration de Rio ». Les discours officiels consacrés à ces textes insistaient tous sur la nécessité de protéger l'environnement. Mais tous les délégués des pays du Sud soulignèrent la nécessité de poursuivre le développement économique.

Les deux thèmes, environnement et développement, sont contenus dans les principes 3 et 4 de la déclaration de Rio.

• Principe 3 : Le droit au développement doit être réalisé de façon à satisfaire équitablement les besoins relatifs au développement et à l'environnement des générations présentes et futures.

• Principe 4 : Pour parvenir à un développement durable, la protection de l'environnement doit faire partie intégrante du processus de développement et ne peut être considérée isolément.

Beaucoup de délégués du Nord s'opposèrent à la reconnaissance d'un droit au développement dans la déclaration. Selon eux, si un tel droit existait, ce n'était qu'un droit restreint, limité par les ressources naturelles et la capacité de l'environnement à s'autorégénérer. Lorsque l'inclusion du droit au développement dans la déclaration devint diplomatiquement inévitable, les représentants du Nord demandèrent d'associer les principes 3 et 4 de manière à conditionner le droit au développement. Mais cette condition n'était pas acceptable pour les pays en voie de développement. Ils empêchèrent que le droit au développement se réduise dans le principe 3 au développement soutenable.

D'où vient cette peur d'un développement conditionné ? Ce n'est pas difficile à comprendre. Lorsque les pays du Nord se développèrent, personne ne s'inquiétait de l'épuisement des ressources naturelles ni de la capacité de régénération de l'environnement. Et si certaines ressources venaient à manquer, on envoyait des expéditions dans les colonies pour rapporter ce dont on avait besoin.

Cela se passait bien avant que l'environnement ne devienne une préoccupation. Mais, du point de vue du tiers monde, les politiques modernes de lutte antipollution ne valent pas mieux, dans un certain sens, que l'exploitation de leurs ressources à l'ancienne mode. Les pays en développement ne cessent de répéter que la lutte antipollution coûte très cher et ne pourra être mise en œuvre que lorsque leurs économies seront fortes. Malheureusement, une économie forte est basée sur une consommation des ressources par habitant cinq à vingt fois plus élevée que leur consommation actuelle.

Il est vrai que les pays du Nord ont transmis au monde l'idée que le développement (pris au sens d'une forte consommation des ressources par habitant) précède logiquement la protection de l'environnement. Dans la pratique, le Nord considère le développement soutenable comme s'il dépendait nécessairement d'une phase préalable de développement non soutenable.

Le Nord doit comprendre qu'un développement soutenable mondial ne pourra se produire que si lui-même diminue sa consommation de ressources par habitant. C'est pourquoi nous estimons que, dans le Nord, le Facteur Quatre peut être à la fois un but et le préalable à un développement soutenable.

Le Sommet de la Terre et ses débats sur le développement soutenable ont montré au monde qu'il n'est plus possible de séparer environnement et développement. Mais l'interdépendance de ces deux questions va bien au-delà. Dans son premier rapport, le Club de Rome fait de cette interdépendance un thème politique central, qu'il appelle « problématique mondiale ». Rédigé en 1991 par Alexander King, ancien président du Club, et Bertrand Schneider, son secrétaire général, il a pour titre *Question de survie* – expression radicale, mais justifiée. Le livre souligne avec insistance les dix problèmes interdépendants qui constituent la problématique mondiale :

– les armements et les conflits armés ;

– l'écart scandaleux entre les pays du Nord et ceux du Sud ;

– l'augmentation de la population et la crise alimentaire ;

– la dégradation de l'environnement, la croissance de la demande énergétique et l'effet de serre ;

– le développement d'agglomérations géantes, principalement dans les pays en voie de développement ;

– la chute du communisme, qui n'a pas résolu les problèmes locaux et les tensions ethniques dans l'ex-URSS ;

– les tensions économiques et culturelles entre les Etats-Unis, l'Europe et le Japon ;

– l'appauvrissement spirituel très répandu ;

– les nombreux et nouveaux problèmes de la société de l'information ;

– les problèmes de gouvernabilité, à la fois au niveau national et au niveau mondial.

Cette simple énumération donne le vertige. Si le Sommet de la Terre a eu du mal à aborder le lien environnement-développement, quel organisme international pourra affronter les dix points énumérés ci-dessus ? Le Club de Rome voudrait donner quelques raisons d'espérer en passant de la problématique à la « résolutique », c'est-à-dire une liste d'actions prioritaires pour s'attaquer au problème :

– réorienter la production militaire vers une production civile (les auteurs, prenant à contre-pied la notion répandue de « dividendes de la paix », mettent l'accent sur les coûts importants qu'il faudra supporter dans un premier temps) ;

– une nouvelle politique de l'environnement, incluant notamment une campagne mondiale en faveur de l'efficacité énergétique ;

– de nouvelles initiatives en faveur du développement au Sud, incluant des programmes de contrôle des naissances et mettant l'accent sur le développement rural ;

– prendre au sérieux l'acte de gouverner, en donnant la préférence au consensus et à la dimension internationale ;

– se servir de l'éducation et des médias pour transformer les esprits ;

– modifier la conscience universelle vers plus de sagesse et de solidarité.

Tout cela est bien beau. Mais dans le monde réel, les hommes politiques doivent gagner des élections dans un contexte d'égoïsme économique, de nationalisme, de régionalisme, de fondamentalisme et autres -ismes. Et il y aura toujours des politiciens qui chercheront à faire carrière en se servant de ces -ismes. Nous admirons les propositions du Club, mais nous pensons que nous devons contribuer à la résolutique par un projet d'agenda réaliste qui n'attende pas la transformation morale des politiciens et de leurs électeurs.

8.2 Le développement soutenable est inévitable mais il se fait attendre

La notion de développement soutenable n'a pas été inventée par des diplomates au cours du Sommet de la Terre. L'idée de soutenabilité guide les civilisations humaines depuis la nuit des temps. Les animaux eux-mêmes devaient s'y soumettre bien avant l'apparition de l'homme. Les parasites et les prédateurs doivent veiller à ne pas éliminer les proies dont ils vivent. Selon Darwin, la « lutte pour la vie » était plutôt une lutte pour préserver de maigres ressources qu'un combat entre des prédateurs voraces et leurs proies. Les espèces trop voraces ne sont pas aptes au sens de Darwin !

Pendant la plus grande partie de son histoire, l'humanité a vécu dans une compréhension implicite des règles de la soutenabilité. Une conscience explicite de cette idée n'était pas nécessaire, car l'exploitation des ressources et la croissance de la population restaient soutenables sans intervention active.

La discussion actuelle sur le développement soutenable a pour origine une étude sur la consommation soutenable de l'énergie réalisée par l'Union internationale pour la conservation de la nature (UICN). L'idée fut reprise par la Commission mondiale pour l'environnement et le développement (CMED), ou Commission Bruntland. Dans son rapport *Notre avenir à tous* (1987), la CMED faisait du développement soutenable la clef de voûte de la réconciliation entre développement et environnement. Elle fit sienne cette définition vague: «Le genre humain a parfaitement les moyens d'assumer un développement soutenable, de répondre aux besoins du présent sans compromettre la possibilité pour les générations à venir de satisfaire les leurs» (CMED, 1987, p.10).

Le mode de vie occidental n'était pas négociable à Rio

Cette formulation magique ne résout pas le conflit. Un point reste à élucider: qui est concerné par le développement soutenable? Les pays du Nord continuent de penser que ce concept consiste surtout à rendre le Sud plus «écologique». De leur côté, les pays du Sud pensent que l'expression fait référence au mode de vie non soutenable du Nord. La déclaration de Rio autorise les deux interprétations. Alors que les principes 3 et 4 cités plus haut font implicitement référence au Sud, le principe 8 évoque implicitement le Nord:

- Principe 8: Afin de financer un développement durable et une meilleure qualité de vie pour tous les peuples, les Etats devraient réduire et éliminer les modes de production et de consommation non viables et promouvoir des politiques démographiques appropriées.

La référence aux politiques démographiques concerne le Sud. Mais, à juste titre, ce principe crée un lien entre consommation non soutenable (par habitant) et politique démographique. Avec un taux de consommation quinze fois supérieur, les 80 millions d'Allemands «pèsent» plus lourd sur les ressources de la planète que 900 millions d'Indiens. La figure 24 montre que 1 000 Allemands consomment environ dix fois plus que 1 000 Philippins (ou Egyptiens ou Argentins). Le graphique avait été préparé par l'Institut Wuppertal en vue du Sommet de la Terre et fut fréquemment cité par les médias européens.

Dans l'introduction de ce chapitre, nous nous sommes solidarisés avec la position du Sud. Nous pensons que des calculs *par habitant* sont nécessaires pour évaluer la soutenabilité des modes de vie et des civilisations. Mais, au cours du sommet, le Nord a fait prévaloir ses vues dans

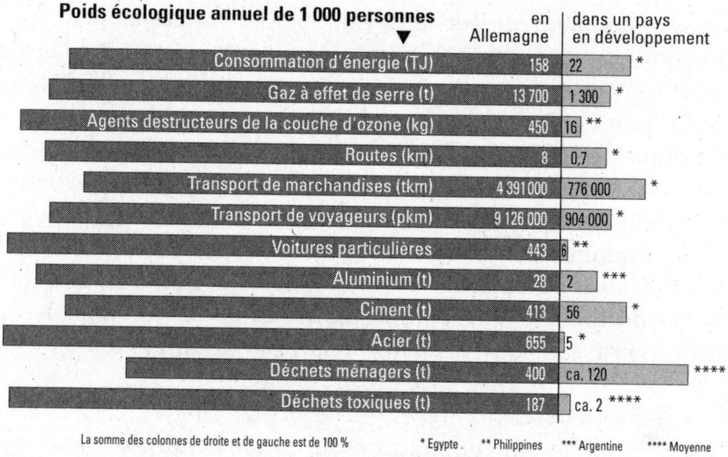

Figure 24. 1 000 Allemands consomment environ dix fois plus de ressources que 1 000 Argentins, Egyptiens ou Philippins (d'après Bleischwitz et Schütz, 1992).

l'Agenda 21, clef de voûte des négociations. En effet, l'Agenda soulève des problèmes concernant le Sud et ne remet jamais sérieusement en question le mode de vie occidental. Les pays du Sud s'en sont accommodés, car l'Agenda n'évoque pas des principes mais propose des objectifs concrets, avec à la clé des financements importants par les pays du Nord. En effet, la réalisation de ces propositions nécessiterait un transfert financier du Nord au Sud de l'ordre de 500 milliards de francs par an, soit 0,7 % du PNB de tous les pays du Nord, chiffre correspondant aux promesses d'aide au développement de ces pays, à l'exception des Etats-Unis.

Ne nous laissons pas tromper par ces chiffres : même si, par miracle, tout cet argent était effectivement versé, l'environnement mondial a peu de chances d'en profiter. Les mesures proposées dans l'Agenda provoqueraient en effet un accroissement important des constructions, de l'urbanisation, de la consommation d'énergie, de la circulation et, par conséquent, de l'extraction et de la déforestation. A la décharge de l'Agenda, rappelons qu'il n'existe pas d'autres modèles de développement et de protection de l'environnement que ceux du Nord. Et toute tentative d'une remise en cause fondamentale du modèle occidental aurait été vivement repoussée par les délégations du Nord. « Le niveau de vie américain n'est pas négociable », déclara le président Bush au moment de quitter Rio.

Comment mesurer la « soutenabilité » du développement ?

Étant donné que les ressources mondiales et la capacité de régénération des écosystèmes sont limitées, il semblerait que le modèle de développement occidental est fondamentalement non soutenable, comme semble l'indiquer la figure 24. Mais que pouvons-nous faire ? Et que faire lorsque les plans de développement en Chine, en Indonésie, au Brésil, au Nigeria ou dans d'autres pays du Sud contredisent l'objectif de développement soutenable ? Si vous le faites remarquer aux représentants de ces pays, il répondent que l'industrialisation des pays du Nord n'a pas trop mal réussi – modèle de développement auquel ils ne voient pas d'alternative réaliste.

Des tentatives ont été faites par certains chercheurs du Nord pour déterminer de manière quantitative ce qui pourrait être soutenable dans notre modèle de développement. C'est le cas de William Rees et de son équipe de l'université de Colombie Britannique, au Canada. D'après leurs calculs, l'« empreinte écologique » des Canadiens est si grande qu'il faudrait trois planètes comme la terre pour généraliser leur niveau de vie à l'humanité entière (Rees et Wackernagel, 1992).

De son côté, l'Institut Wuppertal a publié un rapport proposant un certain nombre de concepts susceptibles de contribuer à un mode de vie soutenable (BUND et Misereor, 1996). On peut regretter qu'un travail similaire effectué aux Etats-Unis par le Comité présidentiel pour le développement soutenable ne mentionne nulle part de limites à la consommation par habitant (PCSD, 1996).

Bien entendu, l'écho rencontré par ce genre d'études est faible. Quel gouvernement occidental oserait rationner les trajets en avion ou en voiture, le chauffage ou l'eau chaude ? Tant que nos empreintes écologiques seront aussi grandes, nous n'avons aucun droit ni aucune chance d'empêcher les autres de suivre notre voie sans issue.

Il est commode de nier que la voie soit sans issue. Le Nord abandonne donc l'affaire aux marchés et attend de voir si le prix des ressources nous rendra plus raisonnables – un comportement attentiste en lui-même insoutenable.

Heureusement, il existe aujourd'hui des voies séduisantes qui nous permettront d'éviter le dilemme évoqué plus haut : attendre ou nous rationner. Grâce à la révolution de l'efficacité, nous pouvons continuer de profiter de notre niveau de vie tout en divisant par quatre ou plus la taille de nos empreintes écologiques, comme le montre la première

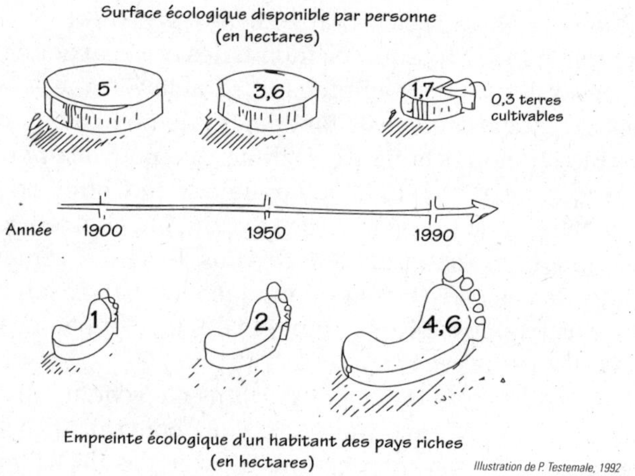

Figure 25. Il nous faudrait trois globes terrestres pour subvenir aux besoins de 6 milliards de personnes avec le niveau de vie canadien (d'après Rees et Wackernagel, 1994)

partie de ce livre. Mettre ces idées en pratique tout de suite est peut-être le meilleur moyen de réaliser le développement soutenable.

8.3 L'effet de serre et la convention sur le réchauffement climatique

L'effet de serre frappe l'imagination des gens partout dans le monde. Chacun d'entre nous dépend du temps et du climat. L'idée même que l'humanité bricole avec le climat est dérangeante. Ce sentiment de malaise est aggravé par le fait que la plus grande partie de l'effet de serre est due à la minorité privilégiée de la planète. Des alliances inattendues se sont nouées entre les Etats face à cette question, comme nous le verrons bientôt.

Le Bangladesh est l'un des pays les plus peuplés et les plus pauvres du monde. En cas de modification climatique majeure comme celles que l'on craint pour le prochain siècle, le Bangladesh sera durement touché, ainsi que la trentaine de pays qui constituent l'Alliance des petits Etats insulaires (AOSIS) : environ 20 % de la surface du pays seraient submergés par la mer (figure 26).

La remontée du niveau de la mer n'est pas la seule menace climatique qui pèse sur le Bangladesh et les pays de l'AOSIS. L'augmentation des températures se traduirait par un plus grand nombre et une vio-

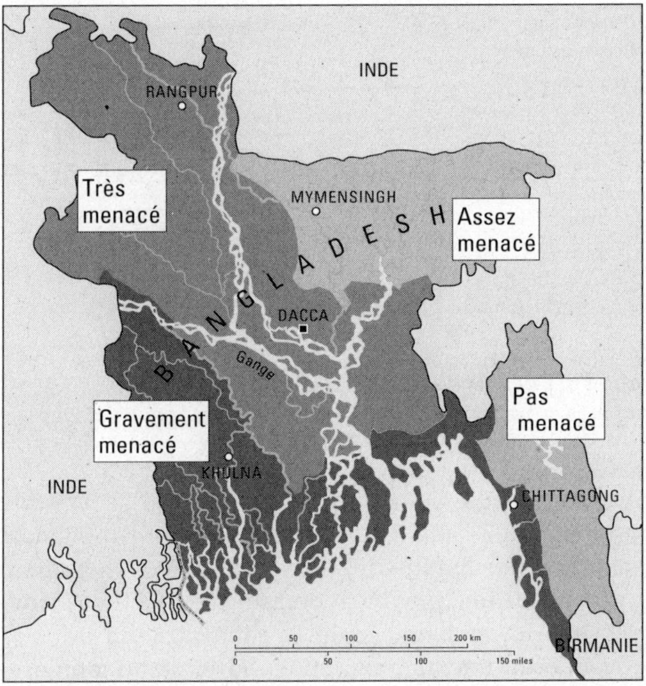

Figure 26. Le Bangladesh souffrirait énormément en cas de réchauffement du climat. La surface la plus sombre serait en grande partie recouverte par la mer, les autres seraient inondées ou ravagées par des typhons toujours plus violents (source : Bangladesh Centre for Advanced Studies, 1994).

lence accrue des typhons. Ceux-ci se forment lorsque la température à la surface de l'eau dépasse 26°C. Or, l'aire géographique où règnent les conditions favorables ne cesse de grandir.

Cela n'inquiète pas que les habitants de ces régions. Les compagnies d'assurances s'inquiètent également. Juste avant la conférence de Berlin réunissant les signataires de la convention sur le réchauffement climatique, en mars 1995, les principales compagnies d'assurances européennes se retrouvèrent pour discuter de l'impact des modifications climatiques sur leur activité. L'attention des médias fut retenue par une carte qui montrait l'augmentation des dégâts causés par les typhons au cours des trente dernières années (figure 27). A lui seul, le typhon Andrew provoqua la faillite de six compagnies d'assurances américaines.

Quelles preuves scientifiques?

La peur d'un réchauffement climatique n'est pas nouvelle. Elle fut exprimée pour la première fois en 1896 par le grand physicien et chi-

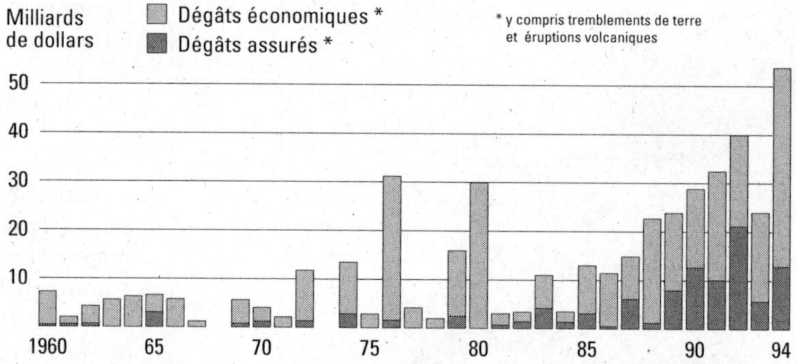

Figure 27. Augmentation des dégâts dus aux catastrophes naturelles (principalement : tempêtes et typhons) dans le monde (d'après le journal Der Spiegel, *1995).*

miste suédois Svante Arrhenius. Celui-ci considéra ce que l'on savait à l'époque de la physique et de la chimie de l'atmosphère et l'appliqua à la combustion de charbon par l'industrie. Il en conclut que l'humanité pouvait tout à fait provoquer une modification radicale du climat mondial. Il avait calculé que le doublement de la concentration de CO_2 atmosphérique provoquerait une augmentation moyenne de température de 4 à 6°C. Malheureusement, les méthodes de mesure de la concentration de CO_2 alors disponibles étaient trop imprécises pour lui permettre de prouver sa théorie.

La mesure continue de la concentration de CO_2 dans l'atmosphère ne démarra qu'après la Seconde Guerre mondiale. L'observatoire du mont Mauna Loa, à Hawaii, situé à l'écart des émissions locales (qui perturberaient les mesures), mesure le CO_2 atmosphérique. Ces mesures mettent en évidence une augmentation frappante de la concentration de CO_2 avec le temps (figure 28). La courbe montre aussi une tendance à l'accélération de l'augmentation, qui correspond à l'augmentation continue des émissions de CO_2. Dans les années 60, les scientifiques commencèrent à se demander où cela nous conduirait.

Mais les mesures du mont Mauna Loa n'étaient pas suffisantes pour prouver la théorie d'Arrhenius : on ne constatait pas de corrélation avec les températures. La durée écoulée depuis les premières mesures était tout simplement trop courte pour établir une tendance significative au réchauffement. On observait bien des hivers plus doux et des

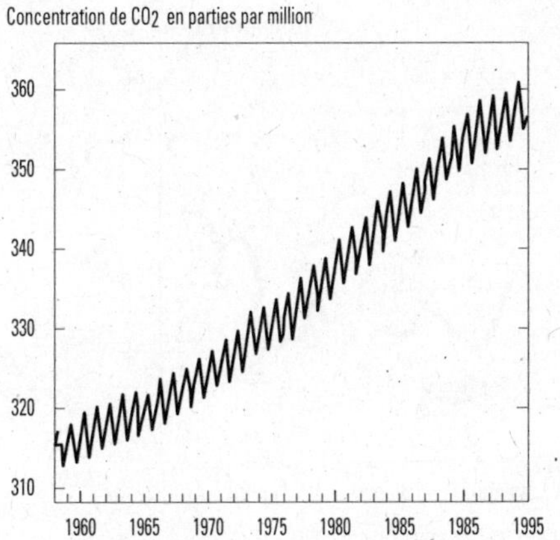

Figure 28. Augmentation de la concentration de CO_2 atmosphérique depuis la Seconde Guerre mondiale, mesurée sur le mont Mauna Loa, à Hawaii. Les diminutions annuelles correspondent à la croissance des plantes (et donc à l'absorption de CO_2) dans l'hémisphère Nord.

étés plus chauds, mais on pouvait tout aussi bien les attribuer au bruit de fond statistique, à l'activité solaire [2] ou aux cycles glaciaires, qui se déroulent à très long terme sans que l'homme y soit pour quelque chose. La question du réchauffement climatique fut donc rapidement éclipsée par des problèmes écologiques plus urgents, comme la pollution de l'air et de l'eau. La conférence des Nations unies sur l'environnement humain, tenue à Stockholm en 1972, fut essentiellement consacrée à la lutte contre la pollution et ne mentionna pas le réchauffement climatique.

Un an plus tard, ces problèmes écologiques cédèrent à leur tour la place à un autre problème, considéré comme plus urgent : la « crise de l'énergie » provoquée par l'explosion des prix du pétrole, fixés par l'OPEP. La question de l'énergie domina le reste des années 70. Tous ceux qui travaillaient sur la théorie d'Arrhenius ne pouvaient s'attendre à trouver un écho dans le public. Le début des années 80 fut encore pire : le chômage grandissant et le retour de la guerre froide laissaient peu de place aux préoccupations environnementales.

Une découverte inattendue secoua cette indifférence : il s'agissait des mesures de CO_2 « fossile » dans les glaces de l'Antarctique. Les Soviétiques avaient décidé de forer les glaces dans leur station Vostok et d'en ramener un échantillon. Grâce à cette « carotte » contenant des

2. Selon des cycles de onze ans qui correspondent à l'apparition et à la disparition des taches solaires (NDT).

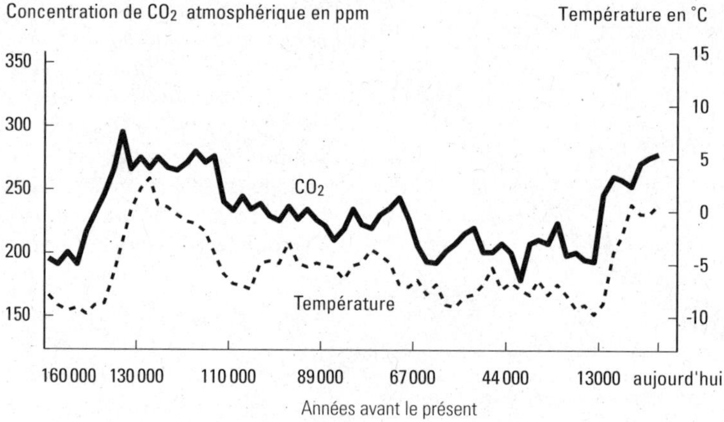

Figure 29. La surprise de la mission Vostok : une corrélation étroite entre la concentration de CO_2 et les températures moyennes au cours des 160 000 ans écoulés (d'après Jouzel et al., *1987).*

glaces de plus en plus vieilles à mesure que l'on gagne en profondeur, on put retracer l'évolution de la concentration de CO_2 atmosphérique au cours des 160 000 années passées. Une méthode d'analyse microchimique, mise au point par le climatologue suisse Paul Œschger, permit à l'équipe française de Claude Lorius d'analyser la composition chimique des minuscules bulles d'air emprisonnées dans des couches de glace d'âge connu (Lorius *et al.*, 1985 ; Barnola *et al.*, 1987).

Une méthode sophistiquée leur permit de reconstituer les températures moyennes des époques concernées. Lorsque l'on superpose les courbes de température et de concentration du CO_2, on découvre un parallélisme frappant (figure 29). Le monde se pencha de nouveau sur les dangers d'un effet de serre supplémentaire provoqué par les activités humaines.

Lorsque la communauté scientifique prit connaissance de ces résultats, elle lança un cri d'alarme. L'Organisation météorologique mondiale, organisme des Nations unies basé à Genève, le Programme des Nations unies pour l'environnement (PNUE), basé à Nairobi au Kenya, et le Conseil international des unions scientifiques (CIUS), basé à Paris, organisèrent un séminaire à Villach, en Autriche, qui devint l'une des réunions environnementales les plus importantes de l'histoire. Au cours de ce congrès, les résultats issus des forages en

Antarctique furent présentés et l'on discuta de leurs conséquences politiques.

Un nouveau domaine politique est né

Le congrès de Villach signe l'acte de naissance d'un nouveau domaine politique, la politique climatique. Une seconde conférence sur le climat mondial fut rapidement organisée à Genève, en 1988. Afin que l'intérêt montré par les gouvernements ne retombe pas, un groupe intergouvernemental de l'évolution climatique (IPCC) fut créé. Ce comité permettait de réunir scientifiques et représentants gouvernementaux pour débattre des implications des découvertes récentes. Le comité était dirigé par l'éminent climatologue suédois Bert Bolin, qui orienta adroitement les débats vers le consensus scientifique et l'action politique. L'excellente réputation internationale du comité a stimulé les débats au sein d'un autre organisme, le Comité intergouvernemental de négociations (CIN), mis en place pour préparer une convention sur la protection du climat.

Quelques semaines avant le Sommet de la Terre, le CIN rendit ses conclusions dans la convention-cadre sur le réchauffement climatique, qu'il ne restait plus qu'à signer à Rio, ce que firent 154 Etats. Certains chefs d'Etat ou de gouvernement, comme George Bush, John Major ou Helmut Kohl, tinrent même à la signer solennellement en présence de la presse : ce fut peut-être le moment où le réchauffement climatique attira le plus l'attention des médias.

La convention est remarquablement forte dans son article 2, qui demande aux Etats signataires de stabiliser « les concentrations de gaz à effet de serre à des niveaux prévenant tout interaction humaine dangereuse avec le climat ». Il s'agit d'une expression forte. Si la tendance actuelle se poursuit, il est certain que la concentration de CO_2 interférera dangereusement avec le climat mondial.

Néanmoins, l'article 2 peut être interprété de diverses manières lorsqu'on en vient aux solutions pratiques. Les Etats signataires semblent pour l'instant réticents à prendre des mesures majeures pour atteindre les buts affichés. Deux conférences réunissant les Etats signataires de la convention eurent lieu, en 1995 à Berlin et en 1996 à Genève. La première aboutit à un « mandat pour formuler un protocole » qui devrait être adopté à la troisième conférence, prévue pour décembre 1997 à Kyoto, au Japon. La conférence de Berlin fut décevante, en raison de l'opposition à toute avancée de la part des pays exportateurs de pétrole, des Etats-Unis et de la Russie. En revanche, la conférence de Genève constitua une heureuse surprise et permit de concrétiser le mandat, grâce notamment à la position nouvelle de la délégation américaine.

Les pays les plus soucieux de la protection du climat sont bien sûr les pays de l'AOSIS, qui craignent une remontée du niveau des mers et une aggravation des catastrophes météorologiques, deux conséquences probables du réchauffement. Mais leur projet de protocole fut à peine débattu à Berlin.

Faute de progrès diplomatiques, essayons d'imaginer ce qu'il faudrait pour appliquer sérieusement l'article 2 de la convention. Selon le consensus international sur le climat (IPCC, 1996), la stabilisation du climat impliquerait de réduire les émissions mondiales de gaz à effet de serre de 60 %. Imaginez ce que cela signifierait pour les pays industrialisés ! Si nous supposons, comme le Conseil mondial de l'énergie (1993), que la demande énergétique des pays en voie de développement fera plus que doubler et que cette demande sera couverte principalement par les combustibles fossiles, cela veut dire que les pays industrialisés devront réduire leurs émissions de CO_2 de 80 %. Il faudra peut-être cinquante à quatre-vingt ans pour y parvenir (voir figure 1, en introduction de ce livre).

Le défi semble insurmontable. Comment ces pays peuvent-ils diviser par cinq leurs émissions de gaz à effet de serre ? Etant donné la difficulté, pour ne pas dire l'impossibilité, que cela représente, de nombreux auteurs (par exemple Nordhaus, 1993) donnent la priorité aux mesures réparatrices (digues notamment) sur les mesures préventives, considérées comme futiles et coûteuses. Ils craignent que le fait de négliger les premières coûte très cher au cas où le réchauffement s'accompagnerait de la remontée du niveau de la mer, de sécheresses ou de tempêtes très violentes. Ne tournons pas cette attitude en dérision : ces mesures sont l'une des options sérieuses qui se présentent au monde industrialisé.

Mais il existe peut-être d'autres solutions. On pourrait imaginer un changement culturel profond au Nord, vers plus de sobriété. Mais l'expérience historique nous apprend qu'il s'agit d'une évolution improbable. Une autre possibilité, discutée en détail au chapitre 10, consiste à remplacer les combustibles fossiles par l'énergie nucléaire et les énergies renouvelables. Nous concluons qu'un tel remplacement coûterait très cher et que sa portée serait limitée.

Nous pensons que l'option de loin la plus séduisante est la révolution de l'efficacité. Comme nous l'avons déjà souligné, l'option Facteur Quatre a pour avantage d'être réalisable pour un coût négatif, c'est-à-dire en bénéficiant à l'économie.

Voici donc une possibilité tout à fait nouvelle, susceptible de réveiller la diplomatie climatique, si timorée et si frustrante. Depuis le début, la diplomatie de l'environnement est handicapée par l'idée, unanimement acceptée, que les progrès écologiques représentent nécessairement des dépenses nouvelles. Mais si l'efficacité crée des bénéfices pour ceux qui protègent directement le climat, alors les négociations devraient s'en trouver grandement facilitées.

Malheureusement, l'issue de la conférence de Berlin semble démontrer que, pour l'instant, rares sont ceux qui ont compris les possibilités immenses de cette nouvelle approche. On peut espérer que le vague mandat de Berlin sera l'occasion d'élaborer des stratégies orientées vers l'efficacité.

Autres gaz à effet de serre

Même une efficacité énergétique multipliée par quatre ne suffira pas à stabiliser le climat. La moitié de l'effet de serre est due à d'autres gaz que le CO_2 : CFC, méthane (CH_4), vapeur d'eau (à haute altitude), oxyde d'azote (N_2O) et ozone (O_3). La suppression des CFC – qui représentent environ 20 % de l'effet de serre – pour protéger la couche d'ozone est l'un des succès les plus encourageants de la diplomatie de l'environnement (Benedick, 1991). Le méthane est dégagé par les rizières, les déjections animales et les phénomènes de décomposition. L'oxyde d'azote est dégagé par la décomposition et la plupart des processus de combustion[3] ; il séjourne longtemps dans l'atmosphère (plus de cent cinquante ans), alors que la demi-vie[4] atmosphérique du méthane est « seulement » de quatorze ans. La modification des pra-

3. Dont la circulation automobile, qui y contribue pour une part non négligeable (NDT).

4. La demi-vie est le temps nécessaire à la disparition de la moitié des molécules présentes, soit quatorze ans dans le cas du méthane. Cale veut dire que, au bout de vingt-huit ans, il reste encore 25 % du méthane, au bout de quarante-deux ans 12,5 %, etc. (NDT).

tiques agricoles est le principal moyen de réduire les émissions de méthane et d'oxyde d'azote. Mais, bien entendu, il est hors de question de réduire la production de nourriture alors que la population augmente : une fois encore, une plus grande efficacité est nécessaire pour produire plus d'aliments en dégageant moins de méthane.

8.4 La convention sur la biodiversité

L'autre grande convention signée à Rio concerne la biodiversité. Quels sont les enjeux et que peut-on faire ? Selon le biologiste Edward O. Wilson, la destruction de la biodiversité est le crime que les générations futures nous pardonneront le moins. Il compare également les biologistes à des amateurs d'art voyant le Louvre et d'autres grands musées partir en fumée sans pouvoir éteindre le feu (Wilson, 1995).

La biodiversité est également notre meilleure garantie contre des modifications imprévisibles du climat ou autres altérations de la biosphère. Il est stupide et extrêmement irresponsable de sacrifier la biodiversité à des bénéfices économiques immédiats.

C'est le *Global 2000 Report to the President* (Barney, 1980), destiné au président Jimmy Carter, qui fit connaître au monde l'ampleur des pertes de biodiversité. Le graphique de la figure 30, établi par l'équipe de Gerald Barney, montre le rythme rapide des extinctions.

Les raisons de cette augmentation rapide des extinctions sont complexes. Le facteur principal est certainement la dette, qui oblige les pays en développement à vendre à des sociétés ou des pays étrangers nourriture, minerais, bois et hydroélectricité à un rythme non soutenable. Une grande partie de ces activités destinées à l'exportation (pour rembourser la dette) se font au détriment des forêts tropicales et autres trésors de la nature et contribuent énormément à la destruction des milieux naturels. Malheureusement, comme presque tous les pays du Sud ont accru l'exploitation de leurs ressources et leurs exportations à la même époque, le cours des denrées qu'ils produisent se sont effondrés. Par conséquent, les pays endettés doivent exploiter encore plus leurs espaces naturels afin de pouvoir continuer de rembourser la dette. La figure 31 montre la progression parallèle de la dette du tiers monde et de la baisse des cours des matières premières (il semblerait que les prix aient tendance à remonter depuis quelques années).

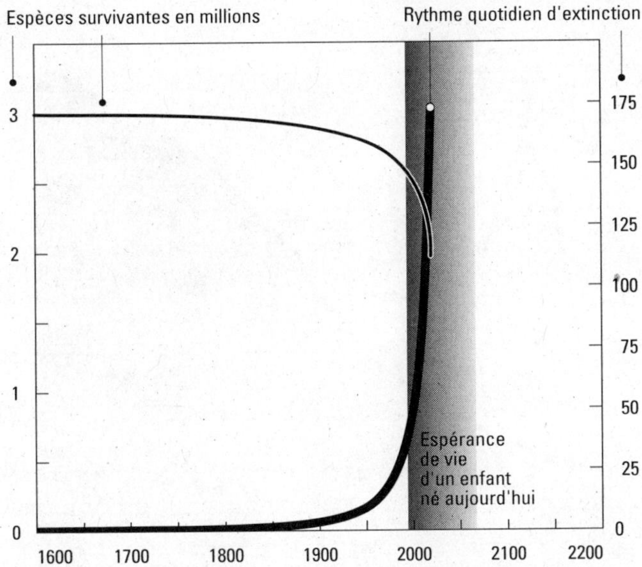

Figure 30. Le rythme des extinctions s'est accéléré de manière alarmante : il se pourrait que vingt à cinquante espèces disparaissent chaque jour, principalement dans les forêts tropicales (avec l'aimable autorisation de l'Institute for 21st Century Studies, 1995).

La convention sur la biodiversité adoptée au cours du Sommet de la Terre fut également préparée par un comité intergouvernemental de négociation. Cette convention a avancé par la volonté des pays du Nord, car les pays du Sud tenaient à conserver leur souveraineté nationale sur leurs ressources biologiques.

Depuis la conférence de Stockholm de 1972, les pays en développement se méfient beaucoup de la prétention des pays du Nord à s'ingérer dans leurs affaires écologiques. La principe 21 de la déclaration de Stockholm, précurseur de celle de Rio, réaffirme que « les Etats [...] ont le droit souverain d'exploiter leurs propres ressources en conformité avec leurs propres politiques de l'environnement ». A Rio, le tiers monde est allé plus loin et le principe 2 est devenu : « [...] en conformité avec leurs politiques de l'environnement et de développement ». Leurs soupçons n'ont fait qu'augmenter lorsque les Etats-Unis, le Royaume-Uni, l'Australie et d'autres pays ont insisté pour que soit confirmé le

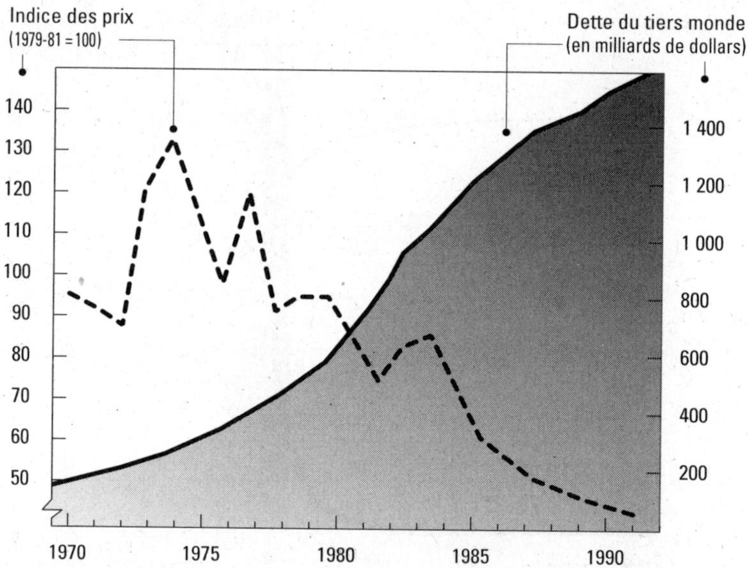

Figure 31. La crise de la dette est due à l'augmentation rapide des exportations par les pays du Sud et à l'effondrement des prix qui s'ensuivit. C'est peut-être la cause majeure de la diminution de la biodiversité (d'après le Worldwatch Institute, 1990, p. 144).

droit de propriété sur des variétés animales ou végétales provenant du tiers monde mais manipulées dans leurs laboratoires. Pour les pays du Sud, l'intérêt du Nord pour la protection de la biodiversité semble surtout motivé par l'exploitation des ressources génétiques. Cela ne les a pas empêchés de céder sur toute la ligne. En particulier, ils n'évoquèrent même pas la crise de la dette, sachant qu'il s'agit de la cause la plus insoluble de la diminution de la biodiversité. C'est si vrai que la convention ne fait nulle part mention de la crise de la dette.

Quelques compensations furent néanmoins prévues pour ces pays. Ainsi, il est dit que les bénéfices de l'utilisation biotechnologique des ressources génétiques doivent être partagés équitablement (article 19) ; de plus, le Nord doit fournir des ressources financières supplémentaires pour permettre au Sud de remplir ses obligations (article 20). Celles-ci concernent surtout la protection d'espaces naturels (article 8), de préférence à la conservation des espèces dans des zoos, des jardins botaniques ou des banques de gènes (article 9). Cette disposition est judicieuse, car un hectare de forêt vierge contient beaucoup plus de biodiversité que n'importe quel jardin botanique et que tous les laboratoires biotechnologiques du monde.

La première conférence des pays signataires eut lieu en novembre 1994 à Nassau, aux Bahamas, mais aucune avancée concrète ne fut obtenue. La seconde se tint en novembre 1995 à Djakarta, en Indonésie. On parvint à se mettre d'accord sur la nécessité d'un protocole sur la biosécurité. Les délégations du Sud commençaient à comprendre la nécessité absolue, complètement ignorée du Nord, de réglementer les biotechnologies et l'utilisation de matériel génétique afin de protéger les milieux naturels et la biodiversité (Third World Network, 1995).

Le lecteur se demande peut-être quel rapport il y a entre le Facteur Quatre et la biodiversité. En fait, la révolution de l'efficacité devrait grandement contribuer à sa préservation. La réduction de la consommation d'énergie et de l'extraction massive de matières premières pourrait devenir la pierre angulaire du maintien de la biodiversité.

Mieux encore, la révolution de l'efficacité peut s'appliquer à l'agriculture. Le quadruplement de la productivité de la terre n'est pas plus difficile à concevoir que le quadruplement de l'efficacité énergétique. En théorie, il n'y aurait pas besoin de gagner des terres supplémentaires sur la forêt (la culture sur brûlis était soutenable lorsque la densité de population était faible, mais, aujourd'hui, c'est une cause majeure de destruction, en raison de l'augmentation de la population mais aussi du choix de cultures commerciales inadaptées aux sols).

Nous n'abordons pas dans ce livre la productivité de la terre, car c'est un sujet beaucoup plus complexe que la productivité des ressources. Souvent, la seule solution soutenable est une agriculture extensive réputée « improductive ». Quelques-uns de nos cinquante exemples y sont néanmoins consacrés.

8.5 Autres problèmes écologiques

Beaucoup d'autres problèmes écologiques suscitent l'inquiétude, mais nous ne les aborderons pas tous. Le plus important – l'accumulation de déchets – fera l'objet du prochain chapitre. Nous ne retiendrons ici que deux autres sujets : l'eutrophisation et la surexploitation des océans.

Dans les années 60 et 70, l'eutrophisation était considérée comme le plus gros problème causé par la pollution des eaux. Les phosphates et les nitrates avaient provoqué un apport excessif d'aliments nutritifs dans de nombreux lacs et rivières, causant une prolifération explosive d'algues. Conséquence de la décomposition de ces algues innombrables après leur mort, l'oxygène se raréfiait et les poissons et ou autres animaux ayant de grands besoins en oxygène disparaissaient. Dans de nombreux cas, le milieu aquatique était si perturbé que des odeurs désagréables s'en dégageaient (pour ne rien dire de la toxicité de l'eau). L'épuration des eaux et l'interdiction des lessives aux phosphates dans de nombreux pays [5] contribuèrent beaucoup à améliorer la situation, et l'eutrophisation disparut des préoccupations.

Hélas, c'était prématuré. L'eutrophisation est toujours très présente, mais sous des aspects différents, notamment l'eutrophisation marine. La mer Noire et la mer Baltique, en particulier, risquent sérieusement de mourir d'eutrophisation. Depuis la guerre, la mer Noire subit un afflux massif d'éléments nutritifs généré par l'agriculture et les villes d'Europe de l'Est, qui vient s'ajouter au flux naturel apporté depuis toujours par les fleuves. Le sulfure d'hydrogène apporte régulièrement à la surface de la mer une odeur d'œuf pourri qui menace le maintien de l'habitat et le tourisme sur les côtes. On constate une évolution comparable dans la mer Baltique.

Une autre forme d'eutrophisation est apportée par l'air. En Europe, les oxydes d'azote dégagés par les pots d'échappement, l'ammoniac rejeté par l'agriculture et autres émissions d'azote génèrent une concentration d'azote atmosphérique sans précédent. Il en résulte un dépôt de nitrates pouvant atteindre 50 à 100 kg/ha/an, et devenir supérieur à celui épandu dans les champs par les agriculteurs. Les prairies riches en éléments nutritifs ont malheureusement une biodiversité peu élevée : des plantes à croissance rapide, tels le pissenlit ou le tussilage, prennent rapidement le pas sur les autres espèces et tendent à éliminer les plus délicates, de valeur nutritive souvent meilleure. Les nappes phréatiques sont de plus en plus touchées par cette pollution : l'eutrophisation pourrait poser un problème majeur aux réserves d'eau potable.

Si nous évoquons l'eutrophisation, c'est parce qu'il s'agit d'un problème important, mais aussi parce que nous voulons mettre en garde contre toute vision simpliste de l'efficacité : l'eutrophisation est due en

5. En France, ils sont toujours autorisés (NDT).

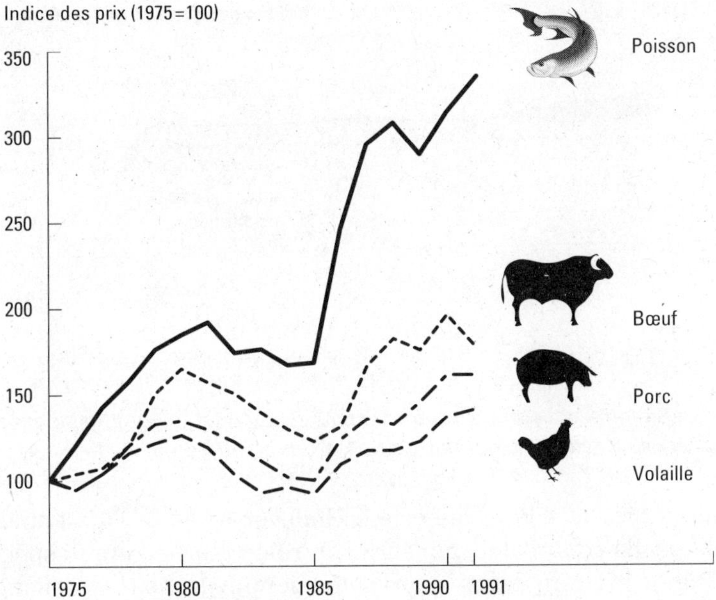

Figure 32. La stagnation des prises de poisson et l'augmentation de la demande a conduit à l'explosion des prix. Le poisson, qui fut la nourriture des pauvres pendant des siècles, est en train de devenir un mets de riches.

partie à l'efficacité des méthodes agricoles. La réponse réside dans une agriculture biologique hyperefficace.

La surexploitation des océans, ou surpêche, est un problème alarmant. *L'état de la planète* 1995, publié par le Worldwatch Institute (Brown *et al.*, 1995), montre clairement que la pêche mondiale dépasse le maximum soutenable. Le prix du poisson n'a cessé de grimper depuis des années (figure 32), incitant les armateurs à lancer des navires toujours plus gros pour maintenir le niveau des prises. En vain. Les stocks de poisson ont besoin de temps pour se reconstituer. La diminution continue des prises et la mécanisation croissante permettent de prévoir un chômage massif dans le monde de la pêche.

Où sont les solutions ? Certainement pas dans une mécanisation supplémentaire. Des systèmes intégrés à haut rendement existent. Les poissons peuvent manger des algues qui se nourrissent de déchets organiques provenant des fermes. En février 1996, le Fonds mondial

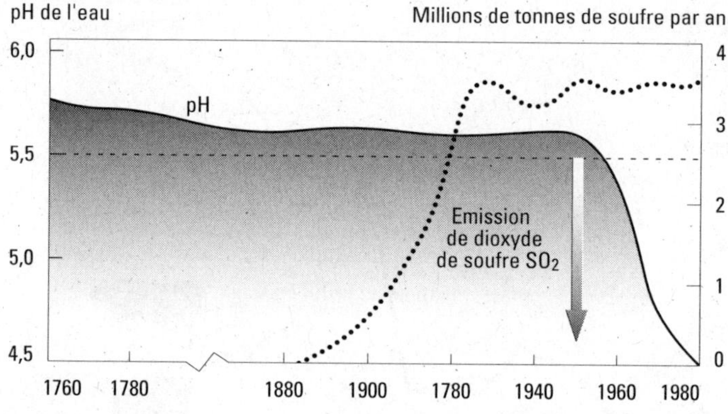

Figure 33. Exemple de bombe à retardement écologique : le lac Big Moose mit cinquante ans à réagir aux pluies acides (d'après Stigliani, 1988).

pour la nature (WWF) et la société Unilever ont créé une appellation pour la pêche soutenable, qui sera contrôlée par un comité spécialisé. Ainsi, les consommateurs pourront aider la gestion soutenable des stocks de poisson et boycotter ceux qui n'adhèrent pas aux règles établies par le comité.

Nous terminerons ce chapitre par une mise en garde contre d'éventuelles surprises. Certains problèmes sont invisibles dans les premiers stades de leur développement. William Stigliani, de l'université de l'Iowa, a établi la courbe d'acidification du lac Big Moose dans l'Etat de New York (figure 33). Pendant plus de cinquante ans, des quantités croissantes de soufre sous forme d'acides sont tombés sur la région avec les pluies, sans effet notable sur la lac. Mais, lorsque le pouvoir tampon [6] du sol et du lac fut épuisé, l'eau du lac s'acidifia au point que celui-ci est maintenant pratiquement mort.

6. Il s'agit ici du pouvoir du sol et de l'eau à absorber l'acidité des pluies chargées de soufre (NDT).

9. L'avalanche de matière : l'enjeu oublié

Nous remuons la terre. L'humanité remue plus de terre que tous les volcans et l'érosion combinés (Schmidt-Bleek, 1994, p. 37). Ce faisant, nous causons beaucoup de dégâts. Nous sursaturons la capacité de la terre à absorber les milliards de tonnes que nous lui rendons sous forme de déchets ou de gravats. Cette avalanche de matière pourrait bien être la plus grande menace qui pèse sur l'environnement mondial. « Dans le passé, la protection de l'environnement a traqué les nanogrammes. Maintenant, il est temps de s'intéresser aux mégatonnes », déclare Friedrich Schmidt-Bleek, l'un des premiers à se battre, avec Robert Ayres et John Young, pour que les matériaux – toxiques ou non – deviennent une préoccupation majeure des politiques de l'environnement.

Le Club de Rome fit aussi partie de ces pionniers, avec son rapport *Sortir de l'ère du gaspillage* (Gabor et Colombo, 1978). Malheureusement, ce rapport majeur suscita peu d'intérêt. Peut-être le public était-il trop préoccupé par la crise de l'énergie et la révolution iranienne pour s'intéresser à cette vision d'une économie sobre ?

Quel genre de problèmes causons-nous en remuant et en transformant des mégatonnes de matière ? La première chose qui vient à l'esprit dans les pays industrialisés, c'est le problème des déchets. Les décharges sont la source d'innombrables querelles dans les villes d'Europe et d'Amérique du Nord. Pendant quelque temps, les incinérateurs furent considérés comme la solution. Mais ils devinrent à leur tour la cible de violentes attaques. L'étape suivante fut logiquement le recyclage. Mais les progrès sont lents et les montagnes de déchets continuent de s'élever toujours plus haut. Le bon côté de la chose, du point de vue de la croissance économique, est que la gestion des déchets est devenue un secteur économique florissant, employant des millions de personnes et représentant plusieurs dizaines de milliards de francs de chiffre d'affaires dans les pays industrialisés. Mais, d'un point de vue écologique, cela ne fait pas avancer les choses. La gestion des déchets n'intervient pas en amont de ce flot de matériaux que les politiques de l'environnement ont tendance à oublier, et dont l'impact écologique est loin d'être sans conséquences.

9.1 Le problème des déchets n'est que le dernier maillon de la chaîne

Dès qu'un problème vient en tête des préoccupations politiques, la tentation est de déverser de grosses sommes d'argent. C'est ce qui s'est produit avec les déchets. Mais déverser des flots d'argent ne suffit pas à trouver des solutions valables, et l'on constate sans surprise que la gestion actuelle des déchets est insatisfaisante.

Dans les pays de l'OCDE, la gestion des déchets est basée sur des montagnes de réglementations. En rendant le traitement des déchets ou leur mise en décharge toujours plus chers, on a créé une situation commerciale dans laquelle « la diminution du volume de déchets paie toujours », selon un slogan de la Dow Chemical Company. De fait, les industriels européens, américains ou japonais ont fait en sorte de réduire considérablement leur production de déchets, la plupart du temps grâce au recyclage interne des matériaux, c'est-à-dire en augmentant leur productivité.

Il reste toutefois quelques problèmes difficiles à gérer, en particulier celui des emballages. La plupart d'entre eux ne sont pas faciles à recycler, car ils sont souvent fait d'un mélange de plastique, de métal, de papier ou de bois. Comment gérer cette situation ?

En 1991, l'Allemagne franchit un pas en obligeant les fabricants allemands et étrangers à payer une taxe pour la collecte et le recyclage de leurs emballages. En contrepartie, ceux-ci bénéficiaient du label Point Vert. La France suivit en 1992 avec un système similaire, géré par l'association Ecoemballages. Depuis la fin de 1993, l'Allemagne a mis en place une taxe à taux variable pour favoriser les emballages légers, simples et facilement recyclables. On put ainsi éviter plus d'un million de tonnes de déchets ménagers par an, selon DSD (Duales System Deutschland), l'équivalent allemand d'Ecoemballages. Mais, au bout du compte, ce sont les consommateurs qui paient l'essentiel de la facture (puisque la taxe est répercutée sur le prix des produits), ce qui provoque leur mécontentement. DSD et Ecoemballages sont presque devenus des symboles de non-solutions écologiques (le chapitre 2, p. 131, aborde la question de façon plus précise et propose des solutions techniques). Quoi qu'il en soit, la controverse sur le Point Vert a permis de faire comprendre au public allemand[1] que les solutions en aval sont insuffisantes pour régler la question des déchets.

Après des années de polémique, le Bundestag (le Parlement allemand) décida de créer une commission d'enquête sur les produits chimiques. Les décideurs commençaient à comprendre que le problème des déchets n'était que le maillon final d'une chaîne longue et complexe, dont les politiques de l'environnement ne tenaient pas compte.

Le Bundestag s'intéressa alors de près aux idées de F. Schmidt-Bleek sur le flux de matière et la nécessaire « dématérialisation » des activités et services. Après deux années de travail, la commission d'enquête proposa un volume entier de techniques nouvelles et d'orientations politiques (Enquête-Kommission, 1994), que l'on peut considérer comme l'acte de naissance politique de l'efficacité des matériaux.

S'intéresser aux mégatonnes

Il se peut que la société ait pris le problème par le mauvais bout. En début de chaîne, le progrès technologique a permis de prospecter, d'extraire, de transformer et de transporter la matière toujours plus efficacement et pour un coût de plus en plus faible. Le flux de matériaux envahissant notre civilisation n'a donc cessé d'augmenter et les déchets ont suivi cette progression. Pour trouver une solution, nous devons aller plus loin que la gestion des déchets : nous devons contrôler et réduire les flots de matière qui nous submergent.

Dans un premier temps, les deux flux de matière les plus importants à gérer sont les flux de terre et les modifications humaines des flux d'eau. Wilhelm Ripl (1993) a montré que les déplacements de terre (labourage, mines, carrières, etc.) et le drainage commencent à diminuer sérieusement la concentration de cations[2] dans les sols et les

1. En France, le public s'est peu intéressé à la question, et la controverse est restée confidentielle : le public français n'a donc pas encore pris conscience des enjeux (NDT).

2. Un cation est un ion positif. Un ion est un atome porteur d'une charge électrique positive (cation) ou négative (anion) (NDT).

nappes phréatiques, entraînant leur acidification (figure 34). Selon lui, cette acidification doit plus à ces déplacements qu'aux pluies acides.

Les mouvements de terre ont un effet supplémentaire sur l'acidification. Peter Neumann-Mahlkau (1993) explique qu'ils dégagent plus de dioxyde de soufre que l'ensemble des phénomènes de combustion industriels.

Les forêts tropicales souffrent peut-être plus de l'industrie minière (et des routes d'accès) que de l'exploitation du bois. L'extraction, la transformation et le transport des matériaux dégradent l'environnement local et émettent des gaz à effet de serre (Young, 1992).

L'avalanche de matière ne cesse d'augmenter. Robert Ayres (1996, p. 3) a montré que la consommation de tous les types de métaux suit une croissance exponentielle (figure 35). Mais l'avalanche de matière qui parvient jusqu'à nous n'est que la partie émergée de l'iceberg : chaque tonne de métal représente l'extraction, la purification et la transformation de plusieurs tonnes de minerai. Ainsi, les mines d'or sont connues pour induire d'énormes mouvements de terre et polluer l'eau à grande échelle par des métaux lourds, sans parler du cyanure souvent utilisé pour extraire l'or. Autour de la mine s'accumulent les

Figure 34. De grandes réserves de cations s'accumulèrent dans les sols scandinaves pendant 10 000 ans, après la dernière glaciation. Cent ans de déplacements de terre et de drainages ont enlevé tant de cations que l'acidification qui s'ensuit menace les sols de désertification (d'après Ripl, 1993).

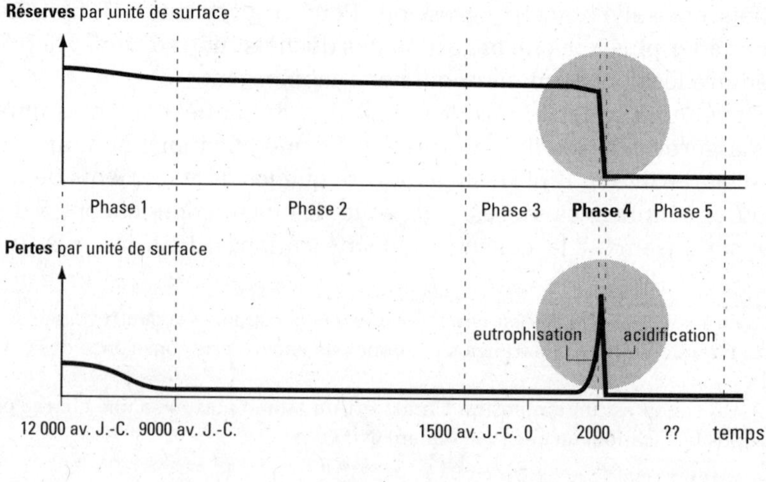

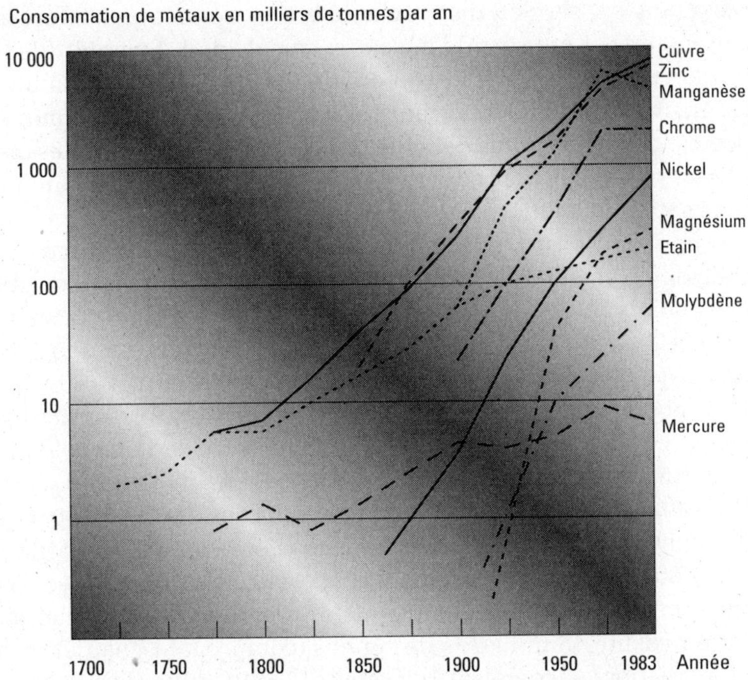

Figure 35. Croissance exponentielle de la consommation de métaux par notre civilisation

roches extraites pour parvenir aux filons et les débris de roches issus de l'extraction chimique du minerai aurifère. Ces roches et gravats sont considérés comme inutiles. Souvent, les gravats sont toxiques. Leur revégétalisation est difficile et n'est pas d'un grand secours pour les nappes phréatiques, les milieux naturels et les paysages altérés.

9.2 Votre alliance en or pèse 3 tonnes

Il nous faut définir la productivité des matériaux. F. Schmidt-Bleek a tenté de le faire avec son concept de quantité de matériaux par unité de service (voir introduction du chapitre 2). Son équipe a donc estimé et calculé le flux de matière nécessaire à chaque bien ou service, « du berceau à la tombe ». Elle l'a fait notamment pour les alliances en or, les journaux quotidiens, le jus d'orange et les automobiles. Les biens représentant un service disponible, c'est ce service qui intéresse le consommateur et qui sert de base aux calculs de F. Schmidt-Bleek : le trajet effectué en voiture, le confort de s'asseoir dans un fauteuil, le besoin de montrer son statut marital par une alliance, la définition du service est la partie la plus délicate des calculs. La longévité des biens a un impact positif sur la productivité des matériaux, car elle diminue la consommation de matière des services correspondants.

L'équipe de F. Schmidt-Bleek a généralisé son concept pour mesurer l'impact d'un service, tout en reconnaissant que l'on peut utiliser d'autres points de référence : la toxicité, la surface de sol consommée, les gaz à effet de serre émis, etc. Mais, d'une manière ou d'une autre, tous ces aspects sont en rapport avec le flux de matière.

Pour obtenir un kilo de métal, il faut souvent transformer des tonnes de minerai. On peut donc dire que ce métal pèse un certain « poids écologique ». La figure 36 montre le poids écologique des métaux.

Dans le cas du platine et de l'or, le rapport est de 1/350 000, c'est-à-dire qu'une alliance en or de 10 grammes « pèse » en réalité 3 tonnes.

Les métaux ne sont qu'un début : l'énergie a elle aussi un poids écologique. Les 3 milliards de tonnes de charbon brûlées chaque année pèsent en réalité 15 milliards de tonnes (comprenant l'eau et les gravats d'extraction), auxquels il faut ajouter les 10 milliards de tonnes de CO_2 libérées dans l'atmosphère au cours de la combustion. La situation est encore pire pour le lignite, avec un rapport de 1/10.

Chaque bien et chaque service dont nous disposons pèse un certain poids écologique. Le pot catalytique des voitures, autrefois présenté comme le sauveur de nos forêts, pèse moins de 9 kg, mais son poids écologique est de 2,5 tonnes, en grande partie à cause du platine qu'il contient, sachant que le poids écologique diminue si l'on recycle soigneusement chaque milligramme de platine. Le jus d'orange n'est pas une boisson innocente : selon le pays d'origine, 1 litre de jus d'orange déplace plus de 100 kg de terre et d'eau. Votre quotidien préféré ne pèse que 500 grammes, mais son poids écologique est plus proche de 10 kg. La fabrication d'une voiture représente en moyenne 15 tonnes de déchets solides, plus l'eau consommée et polluée.

En multipliant par quatre la productivité des ressources, on diviserait d'autant le poids écologique des biens et services, comme le montrent les exemples du chapitre 2. Malheureusement, le Facteur Quatre

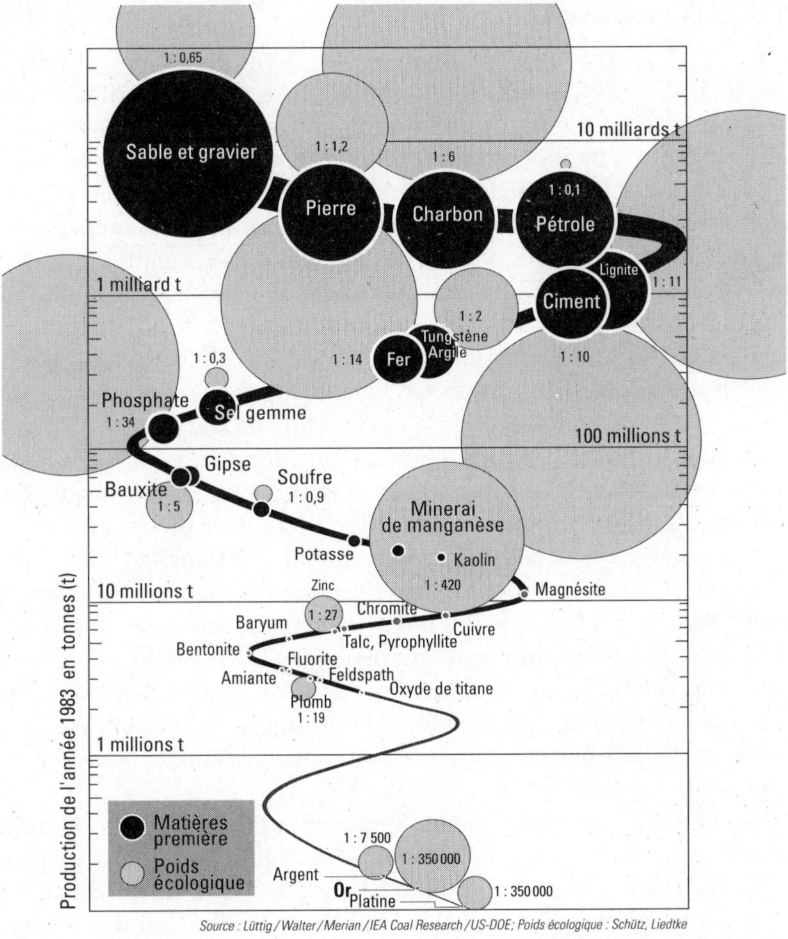

Figure 36. Un kilo de métal requiert l'extraction et la transformation de plusieurs tonnes de matériaux. Voici les « poids écologiques » de différents métaux. L'or est l'un des pires.

pourrait s'avérer insuffisant pour parvenir à une productivité soutenable de la matière. F. Schmidt-Bleek pense qu'il faudrait au moins un facteur dix.

9.3 Le Club Facteur Dix

En considérant l'impact total des activités humaines sur la biosphère, F. Schmidt-Bleek et d'autres (Rees et Wackernagel, 1992 ; Weterings et Opschoor, 1992) en sont arrivés à la conclusion que la consommation mondiale de matériaux devrait être réduite de 50 % au moins. Etant donné que la consommation par habitant est cinq fois plus élevée dans les pays de l'OCDE que dans les pays en développement, et que l'augmentation de la population mondiale va se poursuivre, il faut que les pays de l'OCDE divisent par dix leur consommation de matériaux si l'on veut atteindre un niveau soutenable.

A partir de là, F. Schmidt-Bleek a fondé le Club Facteur Dix, qui réunit d'éminents spécialistes de l'environnement. Les principes du club furent rendus publics dans la déclaration de Carnoules, en octobre 1994. Publiée en cinq langues, cette déclaration en appelle à la révolution de l'efficacité, à la suppression des subventions en faveur de la consommation des ressources, et à une redéfinition du bien-être.

Cette initiative a aussitôt impressionné certains membres de la Commission européenne chargés de la technologie. Peter Johnston et Robert Pestel (fils de feu Edouard Pestel, cofondateur du Club de Rome), du Directoire pour les technologies et les services de communication, travaillent à un mémorandum sur « une société de l'information pour le développement soutenable ». Pour eux, le facteur dix est un défi stimulant. Ils souhaitent que les grandes entreprises européennes signent le mémorandum.

Comme nous l'avons dit dans l'introduction du chapitre 2, un facteur dix est plus facile à atteindre pour les matériaux que pour l'énergie. En effet, leur stabilité physique permet de les réutiliser aussi longtemps qu'ils résistent à l'usure et à la dégradation. L'un des obstacles principaux à la productivité des matériaux est l'incinération des déchets. Pourtant, nombreux sont ceux qui continuent de présenter celle-ci comme la solution la plus commode au problème. C'est en effet une solution pour les déchets toxiques des ménages ou de l'industrie – lorsque leur production ne peut être évitée par une meilleure conception des produits ou des procédés de fabrication. Mais, dans le contexte facteur dix, l'incinération est en fait une antisolution.

10. Solutions partielles et insatisfaisantes

10.1 La lutte antipollution, ou comment prendre le problème par le mauvais bout

Rachel Carson était une héroïne. Seule, elle a alerté l'opinion sur l'un des plus grands scandales du siècle, la pollution de la planète. Son livre *Printemps silencieux* marque le début des politiques de l'environnement. Réagissant à la pression de l'opinion, le gouvernement américain créa l'Agence pour la protection de l'environnement et fit adopter deux lois majeures protégeant l'air et l'eau, ainsi que d'autres lois organisant la lutte antipollution.

Des événements semblables eurent lieu au Japon, où les maladies provoquées par les métaux lourds émurent le public. L'augmentation des maladies respiratoires dues à la pollution atmosphérique projeta la protection de l'environnement sur le devant de la scène dans les régions touchées. Là aussi, la lutte antipollution s'imposa comme remède. L'Europe de l'Ouest connut les mêmes inquiétudes et développa aussi la lutte antipollution grâce à un arsenal de lois.

Parallèlement, le mouvement écologiste, parti d'initiatives locales, se répandit aux Etats-Unis et, quelques années plus tard, dans les autres Etats démocratiques. Les militants écologistes prirent sur leurs épaules l'avenir des lieux où ils vivaient et devinrent le symbole du rajeunissement de la démocratie.

Grâce à la lutte antipollution, on a pu sauver des millions de vies ou les rendre plus vivables. Il n'est bien entendu pas question d'abandonner les acquis de ce nouveau domaine technologique. Mais la lutte antipollution a ses limites.

La protection de l'environnement est un combat à contre-courant depuis le début et le restera encore longtemps, car elle est vécue comme un sacrifice économique. Ajouter des filtres ou des dispositifs sophistiqués aux installations existantes représente un coût supplémentaire. Les industriels y furent contraints par la loi ou par des procès. Mais ils peuvent toujours répondre que leurs finances ne sont pas élastiques. Certains laissent entendre qu'ils délocaliseront leurs usines au cas où les mesures seraient trop coûteuses.

De leur côté, les économistes commencèrent à comprendre qu'un environnement sain avait une valeur sociale qui méritait son prix. La protection de l'environnement fit naître un nouveau secteur économique qui représente aujourd'hui plus de 2 millions d'emplois rien qu'aux Etats-Unis (Renner, 1991) et 400 000 en France (en 1990). Certaines entreprises réalisèrent qu'elles amélioraient leurs résultats financiers grâce à la prévention des pollutions. Cela dit, elles y parvenaient dans certaines conditions : en évitant des frais de contentieux, en améliorant leur image de marque, en modernisant leur capital ou en réduisant leurs achats de matières premières. Toutefois, ces conditions dépendent des lois en vigueur et du prix des matières premières et diffèrent d'un pays à l'autre. Sous la pression de la concurrence, les entreprises sont donc toujours amenées à comparer les coûts dans les différents pays et à choisir celui où les conditions paraissent les plus favorables.

En d'autres termes, et malgré toutes les raisons bien connues qui plaident en faveur de la lutte antipollution, celle-ci signifie presque toujours des coûts supplémentaires. Nous pouvons donc comprendre pourquoi les pays en développement ne cessent de répéter qu'ils n'ont pas les moyens d'investir dans la lutte antipollution. Cette situation est catastrophique pour les habitants des régions densément peuplées du tiers monde, qui respirent de l'air et boivent de l'eau dont la qualité laisse largement à désirer.

Cette tragédie va bien plus loin et doit inquiéter les habitants des pays riches. Si tous les pays devaient avoir notre niveau de richesse pour investir dans la lutte antipollution, alors tout serait perdu : ce serait la ruine écologique de la planète, puisque la consommation des ressources par habitant dans l'OCDE est de cinq à vingt fois plus élevée que dans le tiers monde. Or, le niveau actuel de consommation n'est déjà pas soutenable.

Pourtant, malgré la non-soutenabilité flagrante du paradigme de la lutte antipollution, les pays riches continuent dans cette direction, poursuivant même un but physiquement impossible : des machines et des usines non polluantes. La meilleure justification de cette approche « zéro pollution » est qu'elle pourrait favoriser fortuitement certaines innovation technologiques.

Protection de l'environnement profitable

Nous voulons montrer comment sortir du dilemme de la lutte antipollution. Le message Facteur Quatre ne signifie pas qu'il faille abandonner celle-ci, mais qu'il faut cesser de lui donner une importance exagérée et arrêter de penser que la protection de l'environnement est nécessairement coûteuse. Notre but est de la rendre fondamentalement profitable. Pour cela, il faut revenir à la question des ressources.

Pourquoi y revenir ? Lorsque le rapport au Club de Rome *Halte à la croissance* fut publié (Meadows *et al.*, 1972), il fit grande impression dans le monde entier, jusque dans les sphères les plus élevées du pouvoir. Ce rapport insistait fortement sur l'épuisement des ressources si la tendance d'alors continuait. Un an plus tard, le choc pétrolier sembla confirmer brutalement ces craintes. La rareté des ressources et l'augmentation de leurs prix devinrent une préoccupation majeure.

En conséquence, la prospection et l'exploitation des ressources augmentèrent à un rythme sans précédent. Tous les mois ou presque, on découvrait de nouvelles nappes de pétrole ou de gaz. Pendant quinze ans, on découvrit beaucoup plus de pétrole et de gaz qu'on n'en consommait (Yergin, 1992). Des méthodes sophistiquées de prospection rendirent de moins en moins cher l'accès aux ressources du sous-sol. Cette tendance continue de nos jours et va s'accélérant.

La position des pays producteurs de pétrole s'affaiblit donc rapidement et, en 1986, les cours du pétrole et du gaz naturel étaient retombés au-dessous de leur niveau de 1973. Une évolution comparable se produisit avec d'autres matières premières. Au milieu des années 80, la rareté des ressources ne préoccupait plus personne.

C'est à peu près au même moment que l'on découvrit (ou redécouvrit) une nouvelle « ressource » rare : la capacité limitée de la biosphère à absorber nos pollutions (voir Cairncross, 1991). Cette prise de conscience est due au CO_2 : la menace de l'effet de serre semblait devoir nous contraindre à réduire considérablement nos émissions de ce gaz. Les discussions sur la capacité d'absorption de la biosphère nous ramenèrent aux débuts de la lutte antipollution : bien qu'il soit difficile de concevoir des filtres à CO_2, les gaz à effet de serre n'étaient jamais que des polluants atmosphériques. Certains économistes, comme William Nordhaus, sautèrent sur ce nouveau sujet et l'étudièrent avec leurs idées classiques sur les aspects économiques de lutte antipollution. Leur conclusion, peu surprenante, fut qu'un hypothétique combat contre l'effet de serre entraînerait des dépenses énormes.

Pour les besoins de la discussion, admettons qu'il faille plus s'inquiéter des pollutions atmosphériques que de la rareté des ressources. Même dans cette hypothèse, il reste à savoir quel est le meilleur moyen d'aborder le problème. Pour de nombreuses raisons pratiques, nous pensons que le meilleur moyen de réduire les émissions de CO_2 et autres pollutions est d'optimiser l'utilisation des ressources.

La raison en est que l'augmentation de la productivité des ressources peut s'avérer une stratégie très profitable (rappelons-nous que cela revient à ramasser les billets de 200 F qui traînent dans la rue). Ainsi, bien que nous pensions comme beaucoup d'autres qu'il ne faille pas trop s'inquiéter de la rareté des ressources, la rentabilité économique et l'efficacité nous ramènent à la diminution de la consommation des ressources.

10.2 Les mirages de la haute technologie

Beaucoup de gens pensent que nous n'avons pas besoin de la révolution de l'efficacité. Certains nient même qu'il existe une crise écologique. D'autres admettent qu'il y a un problème, mais sont convaincus que celui-ci sera réglé comme tous les autres, par la technique.

Ainsi, des réponses techniques ont été trouvées à la pollution de l'air et de l'eau, formant ce qu'on appelle la « lutte antipollution ». Si les émissions de CO_2 posent un problème, la réponse résidera dans l'absorption de CO_2, l'énergie nucléaire ou autres sources d'énergie sans carbone.

Nous voudrions souligner que certaines solutions technologiques ne vont pas sans poser elles-mêmes de graves problèmes. Aujourd'hui, l'énergie nucléaire représente environ 5 % de la production mondiale d'énergie (figure 37). Est-ce une solution d'avenir ? Pour évaluer les possibilités de cette énergie, supposons hardiment que la capacité nucléaire soit multipliée par trois en quarante ans. Pour cela, oublions

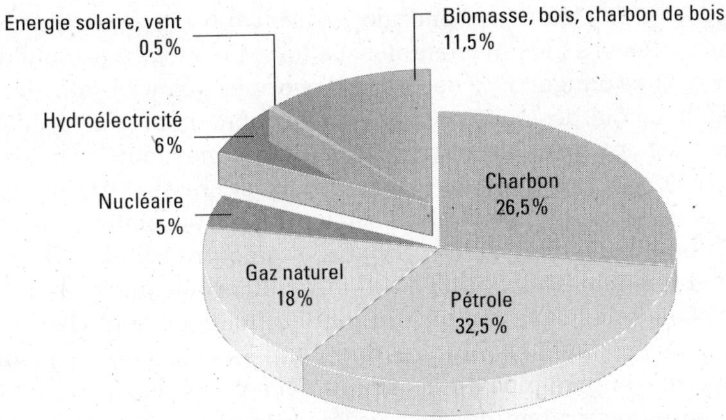

Figure 37. L'énergie nucléaire représente 5 % de la production mondiale d'énergie.

généreusement les problèmes financiers et militaires, les problèmes de sécurité et de terrorisme, oublions les pollutions et l'accumulation de déchets radioactifs que pourrait produire ce triplement de capacité. Supposons, comme le Conseil énergétique mondial, que la demande énergétique doublera dans le même temps. Cela signifie que la part de l'énergie nucléaire sera à peine de 7,5 % ! Cela n'empêcherait pas la consommation de combustibles fossiles d'augmenter.

Pourquoi ne pas immerger le CO_2 au fond des océans ? Le rendement serait certainement insatisfaisant. En effet, la pression nécessaire pour injecter le CO_2 en profondeur consommerait 50 % de l'énergie produite. L'absorption du CO_2 par des cultures d'algues semble un peu plus prometteuse. Mais il faut ensuite récolter les algues, les sécher et s'en servir comme combustible (avec rejets de CO_2) ou bien les mettre en décharge. Tout cela a un prix.

Le CO_2 présent dans l'air est absorbé par les plantes. Le reboisement massif des régions appropriées relève d'une politique sensée (Read, 1994). Malheureusement, toutes les régions ne s'y prêtent pas. Il se pourrait bien que les programmes de « verdissement du désert » soient condamnés dès le départ : mentionnons seulement la salinisation des sols consécutive à l'apport continu d'eau douce, qui contient toujours un peu de sel alors que l'eau qui s'évapore n'en contient pas, le sel restant sur place.

La fusion nucléaire et l'énergie solaire captée dans l'espace nous paraissent encore plus inquiétantes. La fusion nucléaire est loin d'être propre et sans danger. Elle nécessite d'énormes quantités d'hydrogène radioactif, ce qui pose des problèmes de confinement sans précédent. De plus, des flux de neutrons très intenses sont inévitables. Or, les neutrons traversent presque tous les matériaux, et finissent par provoquer des réactions atomiques imprévisibles dans l'enceinte protectrice, qu'ils rendent très radioactive. De plus, ces neutrons peuvent servir à fabriquer des matériaux fissiles destinés aux armes nucléaires. Enfin, personne ne sait si la fusion sera un jour économiquement viable [1].

Le solaire spatial ne vaut guère mieux. Sa faisabilité économique est peut-être encore plus douteuse que celle de la fusion. Et, les satellites solaires pourraient devenir aisément la source d'énergie la plus dangereuse qui soit, car ils pourraient être utilisés à des fins militaires ou par des terroristes, qui couperaient l'alimentation énergétique ou s'en serviraient comme arme.

Ces mirages technologiques ont surtout pour but d'attirer des financements. Les avocats les plus ardents de la fusion nucléaire ne se trouvent pas dans le monde des affaires, mais dans la communauté scientifique et technique. Nous ne leur contestons pas cet argent ni leurs postes, mais pourquoi devraient-ils passer leur temps et dépenser l'argent des contribuables à des choses aussi inutiles, aussi chères et aussi peu rentables que la fusion ? Les avantages économiques et sociaux seraient probablement bien plus grands si tout cet argent était consacré à la révolution de l'efficacité !

Le mythe de la technologie salvatrice

L'histoire des réponses technologiques aux problèmes du monde est pleine d'ironie. *Halte à la croissance* provoqua de nombreuses réactions, et notamment une contre-attaque provenant de scientifiques et d'ingénieurs, menée par John Maddox, directeur de *Nature,* l'un des journaux scientifiques les plus prestigieux du monde. Il résuma la colère qui lui inspirait le livre dans *The Doomsday Syndrome* (1972). Selon lui, les problèmes de population, d'environnement et de dévelop-

1. Sa faisabilité technique à grande échelle est encore loin d'avoir été résolue (NDT).

pement seraient réglés le moment voulu par l'application de techniques modernes, comme d'autres problèmes l'avaient été auparavant.

Pourtant, nous pensions que les nouvelles technologies, malgré leur efficacité, avaient un coût et des effets secondaires. Cela nous valut d'être traités de « pessimistes technologiques ».

Vingt ans plus tard, certaines de ces merveilles technologiques se sont avérées plus efficaces que prévu. Cela dit, les gagnantes ne sont pas les techniques annoncées par J. Maddox – surgénérateurs et centrales solaires spatiales – mais la microélectronique, la miniaturisation et la robotisation. Parmi les gagnantes figurent aussi de nombreuses techniques efficaces décrites dans ce livre.

D'un point de vue économique et technique, les superfenêtres, les polycultures vivaces ou le plastique Belland sont supérieurs aux surgénérateurs, aux usines d'engrais chimiques et aux plantations de palmiers clonés à partir de cultures de cellules. L'irrigation au goutte-à-goutte et les appareils ménagers efficaces l'emportent sur les barrages hydroélectriques démesurés. Les hypervoitures et les échangeurs de chaleur surclassent les schistes bitumeux[2]. En résumé, la production d'énergie (c'est-à-dire l'augmentation de l'offre) n'est généralement pas compétitive face aux technologies qui économisent les ressources (et donc diminuent la demande). Le course a été gagnée par quelques jockeys inconnus, tandis que les brillants favoris sont tombés dès le départ. Résultat : le paysage est encombré de vieilles carcasses valant chacune plusieurs milliards de francs.

Les rôles sont maintenant inversés : c'est nous qui sommes les « optimistes technologiques », tandis que nos détracteurs sont devenus les pessimistes, arguant que les solutions que nous apportons en amont, pour diminuer la demande, n'existent pas, ne sont pas rentables, ne se vendront pas ou ne sont pas fiables. Leurs technologies coûteuses, disent-ils, représentent une « assurance » dans laquelle il faut continuer d'investir.

Il pourrait s'avérer impossible d'investir à la fois dans les deux types de solutions (production et efficacité), car elles risqueraient d'entrer en concurrence pour les ressources, et parce que certaines d'entre elles sont incompatibles. Les producteurs d'énergie, par exemple, ont

2. Roches contenant une huile semblable au pétrole (NDT).

besoin d'une forte demande pour rembourser leurs investissements énormes. Investir à la fois dans la production et dans l'efficacité est le pire des scénarios : on investirait lourdement pour produire sans pouvoir retrouver ses capitaux. C'est ce qui s'est déjà passé plusieurs fois aux Etats-Unis depuis 1973, avec des conséquences très désagréables pour les industries pétrolière, nucléaire et électrique, qui durent passer par profits et pertes des centaines de milliards de francs d'investissements censés produire une énergie chère dont personne n'avait besoin[3].

Une leçon importante de l'histoire technologique de ces vingt dernières années est qu'il est difficile de prévoir quelles techniques les gens inventeront, vendront ou achèteront. Il est courant de faire remarquer que les prévisions tendent à surestimer les effets immédiats et à sous-estimer les effets à long terme. On fait moins souvent remarquer que les innovations majeures, comme les hypervoitures, étaient tout à fait imprévues, car elles résultent de la fusion fortuite mais ingénieuse de techniques mises au point séparément pour des raisons très différentes.

Les exemples présentés dans la première partie s'appuient tous sur des technologies existantes et éprouvées, dont certaines sont déjà sur le marché. Mais d'autres techniques, auxquelles personne n'a encore pensé, viendront certainement simplifier la tâche. Ils nous incombe maintenant d'éviter l'erreur de nos prédécesseurs et de ne pas vendre la peau de l'ours avant de l'avoir tué.

10.3 Les éco-bilans : coûteux mais riches d'enseignements

Le préalable à toute gestion « verte » d'une entreprise est une information fidèle sur ses performances écologiques. Tout commença aux Etats-Unis dans les années 70. A la suite d'accidents, le public et les compagnies d'assurances insistèrent sur la mise en place d'une analyse systématique des dangers inhérents à l'activité industrielle. Contraints par la loi, les industriels se mirent à évaluer les risques d'accidents, à informer les autorités compétentes et à autoriser l'inspection de leurs installations par des experts indépendants.

3. C'est aussi le problème du parc nucléaire français, aujourd'hui surdimensionné par rapport aux besoins (NDT).

Une évolution semblable eut lieu en Europe après l'accident de Seveso, en 1976. La directive européenne 82/501/EEC, connue sous le nom de « directive Seveso », rendit obligatoires l'évaluation des risques et leur déclaration pour toutes les installations industrielles de la Communauté européenne[4]. La directive insiste sur l'information de la population locale en cas d'accident.

Aux Etats-Unis, les procès et les frais ou pénalités qu'ils entraînent ont joué un rôle décisif dans la création des éco-bilans. Les compagnies d'assurances voulaient connaître les risques qu'elles étaient censées couvrir. Mais, en fin de compte, ce sont les entreprises elles-mêmes qui, dans une large mesure, promurent cette idée. En effet, elles avaient compris que leur image écologique était en train de devenir une pièce maîtresse de leur réussite commerciale. Les associations de consommateurs publiaient des classements des entreprises en fonction de critères qui dépassaient largement la seule qualité de leurs produits : équité sociale, égalité des sexes, rapports avec certaines dictatures, environnement entrent aussi en ligne de compte. Le succès des ventes et la fidélisation des consommateurs dépendent beaucoup de l'image écologique de l'entreprise. Une bonne image, cultivée avec sincérité et reposant sur des réalisations concrètes constitue maintenant un avantage, tandis qu'une perte de crédibilité écologique peut devenir un handicap permanent.

Juste avant le Sommet de Rio, en 1992, la Chambre internationale de commerce, basée à Paris, publia un modèle d'éco-bilan considéré comme utile pour les entreprises du monde entier et susceptible d'harmonisation internationale. Un éco-bilan est un travail important pouvant coûter des millions de francs à une grande entreprise possédant plusieurs établissements qu'il faut auditer séparément, mobilisant des centaines d'experts « maison » ou extérieurs.

En 1991, la Communauté européenne adopta une directive sur les éco-bilans (volontaires). Les éco-bilans ont pour but de fournir des informations complètes et utiles afin de permettre à l'entreprise de consommer l'énergie et les matériaux de manière plus efficace. Cela représente des frais importants qu'une PME ne peut pas engager.

4. En France, cette directive est complétée par la loi sur les installations classées (NDT).

Les éco-bilans et les accords volontaires entre gouvernements et certaines branches de l'industrie sont maintenant les outils favoris des politiques de l'environnement. De plus, cela s'accorde bien avec la tendance actuelle à la dérégulation. Mais ne soyons pas surpris : les possibilités des changements resteront limitées tant que les prix et les structures incitatives continueront d'encourager le gaspillage.

11. Cinquante ans pour redresser la situation

Dans cette troisième partie, notre but est de faire comprendre combien il est urgent de modifier le cours actuel du progrès technologique. Nous n'annonçons pas la fin du monde, mais nous voulons analyser de manière réaliste les tendances actuelles et leur vitesse d'évolution, et comprendre la fascination apparente des investisseurs pour les phénomènes de croissance.

Quand des infrastructures, des extensions urbaines et des investissements de plusieurs milliards de francs sont en place, il déterminent dans une large mesure les décisions et projets ultérieurs. Ainsi, les potentialités les plus immédiates de la productivité des ressources risquent d'être ignorées des investisseurs et des propriétaires si ceux-ci attendent un rendement élevé de leurs investissements et s'ils continuent de croire que l'efficacité augmente les coûts au lieu de les baisser.

Nous ne mettons pas l'accent sur un point de non-retour écologique, car nous pensons que nous approchons encore plus rapidement un point de non-retour économique, au-delà duquel la révolution de l'efficacité coûtera très cher. Mais si nous réorientons dès aujourd'hui les investissements et le progrès technologique, nous pourrons la mettre en place tout en gagnant de l'argent.

Bien entendu, il existe un point de non-retour écologique. Les espèces exterminées ne peuvent revenir à la vie et, en cas de réchauffement majeur, le climat ne retournera pas à la « normale » avant plusieurs milliers d'années. Ainsi, en étudiant les rapports scientifiques sur le réchauffement climatique et autres menaces écologiques, nous pensons que le monde a une cinquantaine d'années devant lui pour réagir.

Ce chapitre sera consacré à une analyse plus ou moins quantitative des chances qu'il nous reste de régler les problèmes. Pour commencer, revenons à *Halte à la croissance.*

11.1 Halte à la croissance : et si les auteurs avaient raison ?

Donella et Dennis Meadows, ainsi que Jørgen Randers et William Behrens, écrivirent le premier grand rapport au Club de Rome, intitulé *Halte à la croissance* et publié en 1972. Il fut traduit en vingt-neuf langues et vendu à plus de 9 millions d'exemplaires. Ce livre changea le monde : la civilisation planétaire prit brutalement conscience de limites externes ignorées jusque-là.

Bien entendu, les critiques découvrirent rapidement que le message, la méthodologie et certaines informations contenaient ou semblaient contenir des erreurs. Les pays pauvres (ainsi que les pauvres des pays riches) trouvèrent injuste que les riches déclarent que la croissance avait des limites juste au moment où les pauvres commençaient à en bénéficier. Les spécialistes des ressources démontrèrent que les réserves de matières premières, notamment de gaz et de pétrole, étaient beaucoup plus importantes que ne le supposaient les auteurs (qui répondirent que la question n'était pas là). De nombreux économistes et hommes politiques trouvèrent le livre trop pessimiste. John Maddox et d'autres déclarèrent que le progrès technologique avait souvent apporté des réponses inattendues aux problèmes de l'humanité et que cela n'avait pas de sens de parler de limites proches dans le temps.

Il est vrai que *Halte à la croissance* était basé sur un modèle informatique volontairement simple et que les résultats étaient simples. Certaines données s'avérèrent erronées. Et il est vrai aussi que la technologie peut parvenir à des résultats fabuleux, Facteur Quatre en est témoin. Mais, dans le même temps, la dégradation de l'environnement a gravement empiré. La croissance se poursuit et nous rapproche un peu plus de certaines limites.

Vingt ans plus tard, les Meadows et Jørgen Randers se sont remis au travail pour réactualiser leur ouvrage. Mais tant de choses avaient changé qu'ils écrivirent un autre livre, *Beyond the Limits* (Meadows *et al.*, 1992) :

« En compilant les chiffres, en relançant le modèle informatique et en réfléchissant à ce que nous avions appris au cours de ces vingt ans, nous

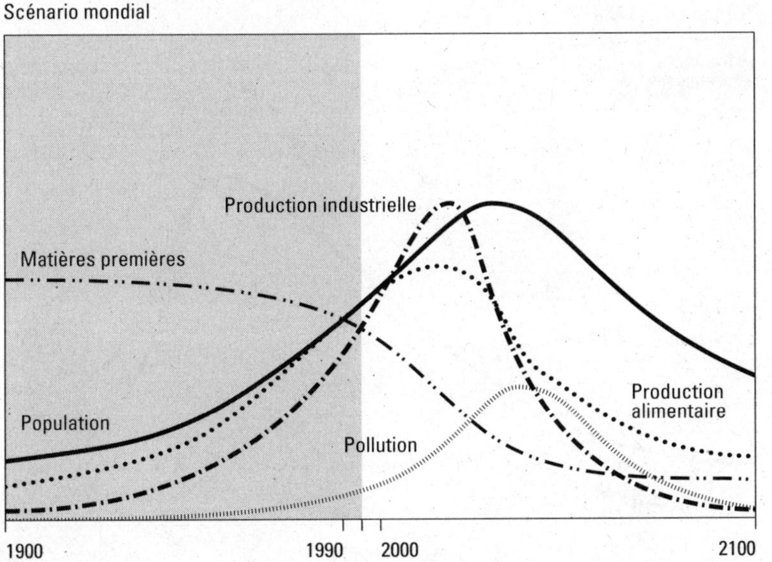

Figure 38. L'évolution standard de Halte à la croissance. *La population et la production industrielle croissent jusqu'à ce que les contraintes imposées par l'environnement et les ressources détruisent la capacité d'investissement du secteur privé (d'après Meadows* et al., *1992, p. 133).*

avons réalisé que le temps passé et la poursuite de la croissance avaient modifié la position de la société humaine par rapport à ses limites. En 1971, nous concluions que les limites physiques à notre consommation de matières premières et d'énergie se trouvaient quelques dizaines d'années dans le futur. En 1991, [...] nous nous aperçûmes que, malgré le progrès technologique, malgré la plus grande prise de conscience et des politiques de l'environnement plus fortes, de nombreux flux de ressources et de pollutions avaient dépassé les limites soutenables. »

Par exemple, entre 1970 et 1990, la population mondiale est passée de 3,6 à 5,3 milliards, le parc automobile de 250 à 560 millions d'unités, la consommation annuelle de gaz naturel de 31 000 à 70 000 milliards de mètres-cubes, la capacité de production électrique de 1 100 à 2 600 milliards de kilowatts. Même s'il existe des ressources encore inconnues, la consommation ne peut pas continuer à ce rythme. Même en stabilisant la consommation aux niveaux actuels, cela ne résoudrait pas le

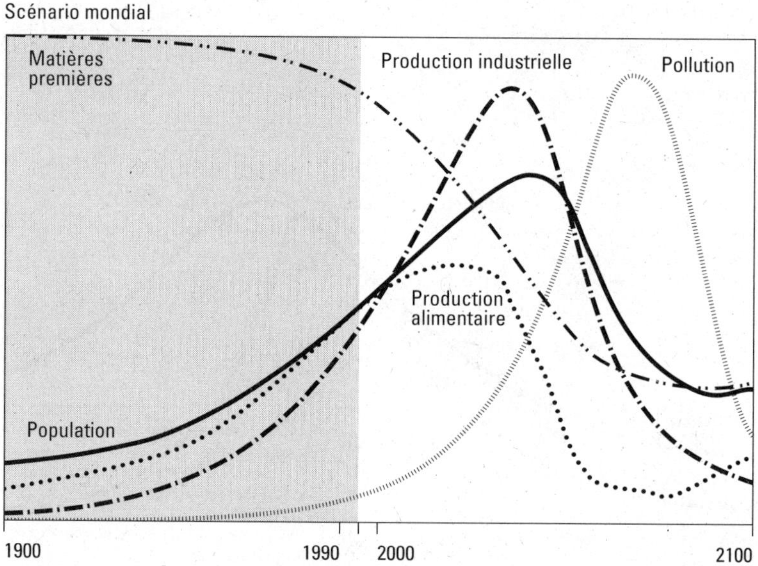

Figure 39. En supposant le doublement des ressources exploitables, la croissance de la production industrielle se poursuivrait vingt ans de plus, mais la chute sera plus dure (d'après Meadows et al.,1992, p. 135).

problème. Selon de nombreux experts, la croissance de la consommation des ressources est moins limitée par leur rareté que par la capacité de la terre à absorber nos pollutions et nos déchets.

Nous nous sommes rapprochés des limites, disent les Meadows : « Sans diminution significative des flux de matière et d'énergie, les décennies à venir verront une diminution incontrôlée de la production alimentaire, de la consommation d'énergie et de la production industrielle. » Cependant, ils apportent une note d'optimisme : « Le déclin n'est pas inéluctable. Pour l'éviter, deux changements sont nécessaires. Le premier est une révision complète de nos politiques et de nos pratiques qui perpétuent la croissance de la consommation et de la population. La seconde est une augmentation rapide et drastique de l'efficacité de l'utilisation de matériaux et de l'énergie. »

Ils ont raison de dire que l'efficacité ne suffira pas. Si la croissance continue au rythme de 5 % par an, les bénéfices de la révolution Facteur Quatre seraient annulés en trente ans ! Les effets de cette croissance sont illustrés dans les figures 38 et 39.

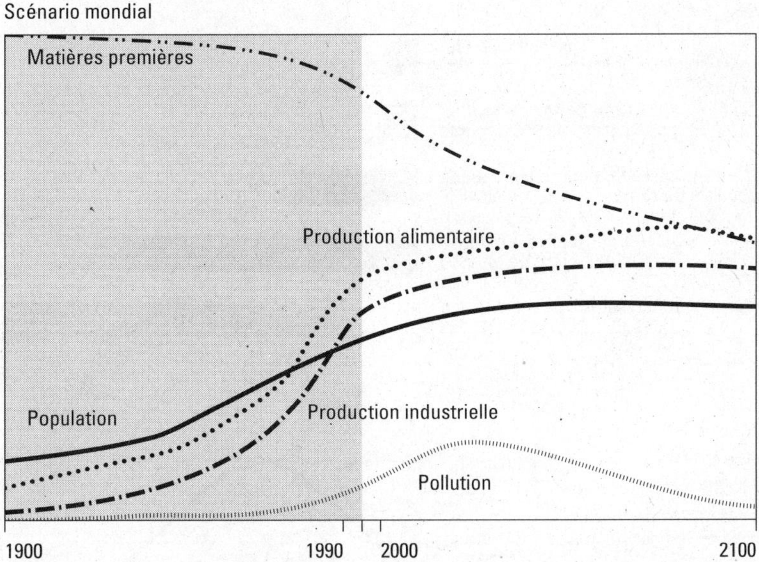

Figure 40. Le scénario « pédagogique » d'un développement soutenable suppose que des politiques soutenables strictes, y compris en matière de démographie, aient été mises en place dès 1975. Il aurait alors été possible de conserver un niveau à la fois soutenable et confortable (d'après Meadows et al., 1992, p. 103).

L'équipe des Meadows a étudié plusieurs scénarios, dont certains conduisent à une stabilisation. Le scénario le plus optimiste présuppose que des politiques soutenables (y compris démographiques) aient été mises en place dès... 1975 (figure 40).

Le problème est que ces politiques n'ont pas été mises en place à cette époque et ont peu de chances de l'être bientôt. Au contraire, l'opinion et les pouvoirs publics se sont détournés de l'environnement et du développement soutenable. Les auteurs de *Beyond the Limits* écrivent : « [...] la transition vers une société soutenable nécessite [...] de préférer la sobriété [1], l'équité et la qualité de vie à la quantité. Cela nécessite plus que la productivité, plus que la technologie ; cela exige également de la maturité, de la compassion et de la sagesse. » Est-ce l'état d'esprit des dirigeants politiques et financiers de la planète ?

1. Sobriété traduit ici le terme anglais *sufficiency*, c'est-à-dire le fait d'utiliser les choses et matériaux dont on a besoin en quantité suffisante, en évitant les gaspillages (et, préalablement, en se demandant si le besoin est justifié) (NDT).

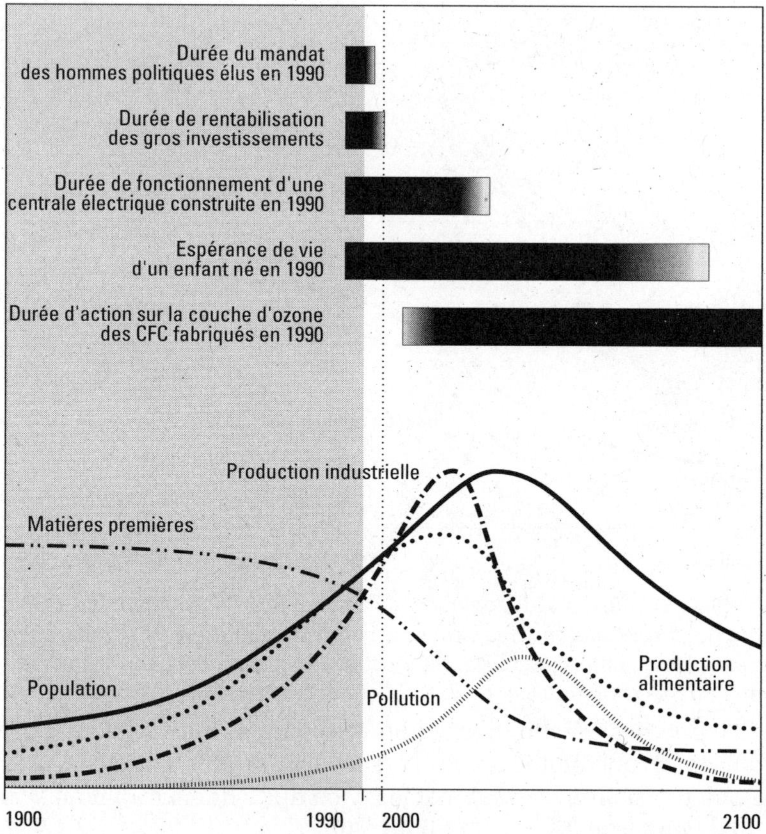

Figure 41. Terme des décisions politiques et financières comparés à la durée de vie et à la durée des problèmes écologiques (d'après Meadows et al., 1992, p. 235).

Les Meadows et J. Randers proposent une explication plutôt convaincante mais assez déprimante du manque de préparation des politiques aux défis du XXIᵉ siècle. Dans la figure 41, la durée du mandat des dirigeants politiques élus en 1990 est comparée à la durée espérée de rentabilisation des gros investissements, à la durée de vie d'une centrale électrique (une éternité pour le monde des affaires), à l'espérance de vie d'un enfant né en 1990 et à la durée d'action sur la couche d'ozone des CFC fabriqués en 1990.

Une évolution culturelle fondamentale, mettant l'accent sur la sobriété, est peut-être le moyen de sortir de l'évolution destructrice

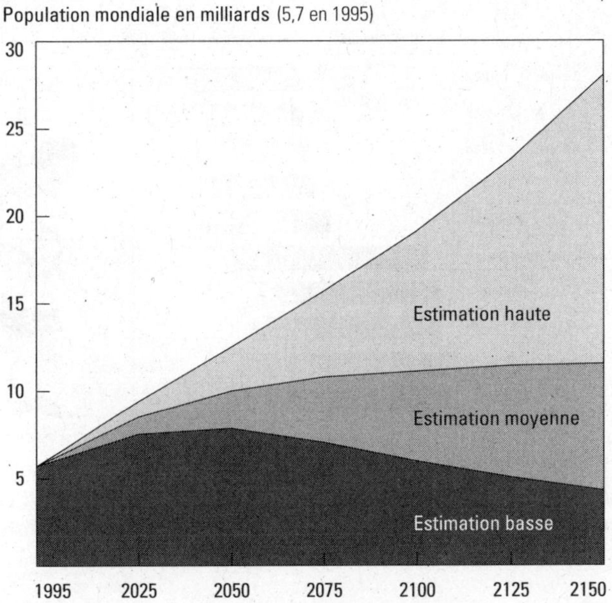

Figure 42. Trois estimations de la croissance démographique entre 1995 et 2150. L'estimation basse prévoit quand même 8 milliards d'êtres humains en 2050.

décrite dans *Halte à la croissance*. Mais, à notre avis, la sobriété n'est pas quelque chose que l'on peut décréter. Même les Eglises ne semblent pas avoir de position nette sur ce sujet. Elles semblent notamment très hésitantes sur la question du contrôle des naissances.

11.2 L'enjeu démographique mondial

Aucune des questions débattues à Rio n'aurait posé de problème si la terre n'avait que 500 millions d'habitants. Curieusement, la surpopulation ne figurait pas parmi les sujets abordés au cours du Sommet. Selon certaines rumeurs, il s'agissait d'une concession au Vatican et aux pays musulmans. Il est difficile de croire que des idées religieuses empêchent les gens et les Etats de faire ce qui est nécessaire pour préserver la Création et pour assurer une vie décente aux êtres humains. Pourtant, certains dirigeants religieux semblent craindre que les politiques de contrôle des naissance ne portent atteinte au respect de la vie.

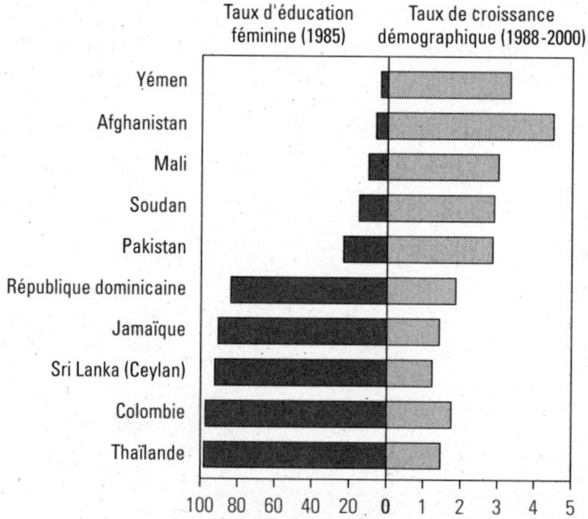

Figure 43. Le taux d'éducation des femmes (en 1985) est corrélé à la croissance démographique dans dix pays du tiers monde (d'après UNDP Human Development Report, 1990).

La population mondiale augmente de près de 100 millions de personnes par an, dont 95 % pour les pays en voie de développement. D'autre part, tout individu supplémentaire dans les pays riches « pèse » aussi lourd sur l'environnement que vingt Indiens ou Bangladais. D'un point de vue écologique, la plupart des pays du Nord sont plus peuplés que l'Inde ou la Chine. C'est donc à juste titre que le Comité présidentiel pour le développement soutenable a déclaré qu'il était tout aussi important d'éviter des naissances trop nombreuses aux Etats-Unis (PCSD, 1996).

Une estimation moyenne des Nations unies prévoit que la population mondiale atteindra 10 milliards d'individus en 2050 (figure 42).

Malgré certaines objections religieuses ou politiques, la communauté internationale s'est déjà penchée sur la question démographique. En août 1994, les Nations unies organisèrent au Caire la conférence internationale sur la Population et le Développement. Au cours de cette conférence, la troisième du genre, des avancées eurent lieu en faveur de politiques rationnelles de contrôle des naissances. La conférence a notamment insisté sur le rôle déterminant des femmes, sur leur statut social, leur niveau d'éducation et leur indépendance financière. La figure 43 montre que le taux de croissance de la population est

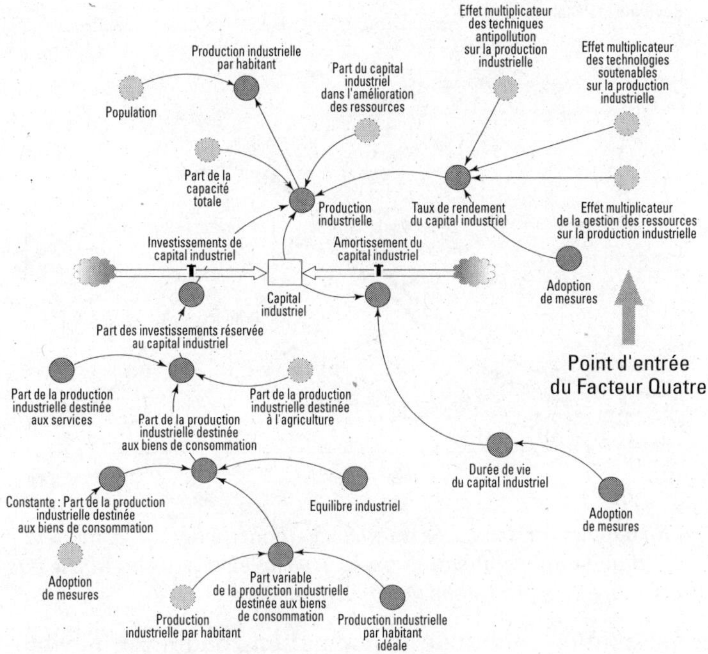

Figure 44. Sous-système « production industrielle » du modèle informatique World3/91 utilisé par les Meadows (1992, p. 245). Le point d'entrée du Facteur Quatre est indiqué par une flèche.

d'autant plus fort que les femmes sont moins éduquées. Dans un monde aux ressources limitées, cela conduirait inévitablement à l'appauvrissement et au dénuement des peuples concernés.

Facteur Quatre et population

En supposant que la consommation individuelle n'augmente que de 1,5 % par an (en Chine, ce taux est de 8 % par an depuis plusieurs années), l'hypothèse moyenne conduit au quadruplement de la consommation des ressources entre 1995 et 2050 ; c'est-à-dire que la révolution Facteur Quatre – à supposer qu'elle ait commencé dès 1995 – serait annulée par l'augmentation conjointe de la population et de la consommation. L'environnement ne serait en rien soulagé. Imaginons ce qui se passerait si la révolution de l'efficacité n'avait tout simplement pas lieu !

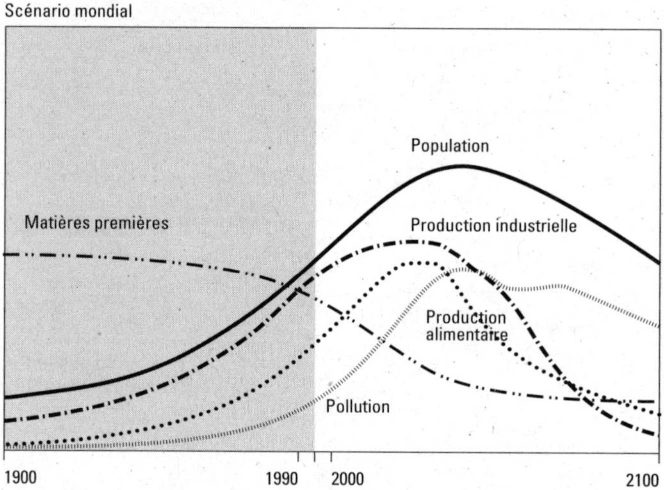

Figure 45. En supposant des gains annuels d'efficacité de 2 %, le modèle World3/91 indique une stabilisation après 2100, avec un niveau de vie pas trop mauvais comparé aux prévisions des figures 38 et 39.

L'augmentation rapide de la population conduirait inévitablement à des conflits pour la terre et les ressources. L'immigration toucherait tous les continents et tous les pays. Il est donc dans l'intérêt des pauvres, mais aussi des riches, d'y mettre fin et d'aboutir à l'hypothèse basse de la figure 42.

Ce serait une erreur d'introduire le Facteur Quatre dans le débat sur la croissance démographique d'une manière purement défensive pour en contrebalancer les effets. En fait, celui-ci pourrait jouer un rôle décisif dans la stabilisation de la population mondiale. Il est bien connu que les populations ont tendance à se stabiliser, quelle que soit la religion, lorsqu'elles atteignent un certain degré de prospérité, lui-même corrélé à la place des femmes dans la société, qui dépend de la religion et de la culture locales.

Sachant que le mode de vie occidental n'est pas généralisable à 6 milliards d'êtres humains, l'espoir de stabiliser « naturellement » la population est des plus ténus. En revanche, si la révolution de l'efficacité permet aux autres pays de devenir prospères en consommant quatre fois moins de ressources que le Nord, nous pouvons de nouveau espérer.

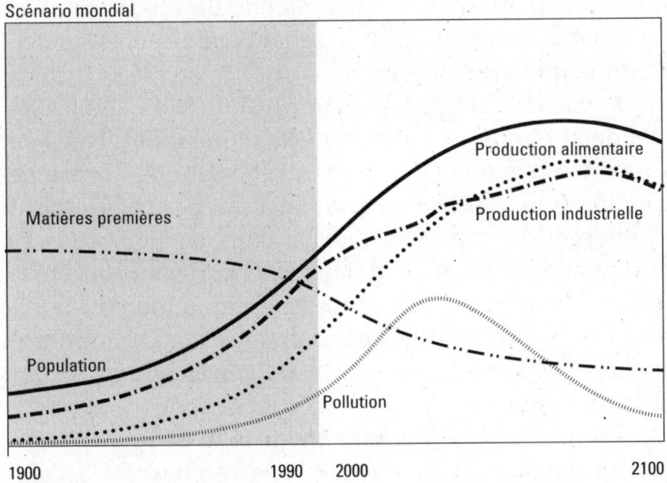

Figure 46. En supposant des gains annuels d'efficacité de 4 %, on peut espérer une stabilisation après 2050, avec un niveau de vie plus élevé.

En d'autres termes, ceux qui, au Nord, considèrent que la croissance démographique est la menace la plus sérieuse qui pèse sur notre avenir, devraient faire tout ce qui est en leur pouvoir pour faciliter la prospérité et la révolution de l'efficacité au Sud. Comme le Sud ne lancera pas la révolution de l'efficacité par ses propres moyens, il est d'autant plus urgent que le Nord montre l'exemple !

11.3 Quelques chiffres pour le XXIe siècle

Le modèle mathématique – théorique – exposé dans ce chapitre nous montre comment le monde pourrait se tirer du mauvais pas dans lequel il risque de se trouver s'il ne tient pas compte des limites à long terme.

Après avoir brièvement évoqué le problème démographique, point central des calculs des Meadows, il s'agit maintenant de savoir s'il existe un scénario basé sur la situation actuelle.

Pour cela, nous avons utilisé le modèle World 3 des Meadows (réactualisé en 1991), que Dennis Meadows a gracieusement mis à notre disposition ; Harry Lehman s'est chargé du travail consistant à y intégrer le Facteur Quatre (nous tenons à leur témoigner notre gratitude). La figure 44 donne un aperçu de la complexité du modèle, qui intègre un grand nombre de sous-systèmes ; le schéma ne représente que le sous-système production industrielle.

L'idée de base est d'introduire la révolution de l'efficacité dans le modèle de deux manières simples et fondamentales. Nous supposons qu'il est possible d'obtenir des gains d'efficacité de l'ordre de 2 à 4 % par an (ce qui est peu, si l'on en croit l'expérience : des gains de 2 % en efficacité énergétique ont été réalisés dans de nombreux pays sans intervention politique ni effort délibéré). D'après les paramètres prospérité et éducation, nous tablons sur une diminution du taux de natalité de 40 % entre 2000 et 2100. Le résultat est un développement assez optimiste dans l'hypothèse 2 % (figure 45) et très optimiste dans l'hypothèse 4 % (figure 46).

Le XXIe siècle ne sera pas forcément noir. Si notre vision devient réalité, les problèmes de répartition des ressources les plus graves pourront être résolus sans sacrifices significatifs. Mais les modèles mathématiques ne savent pas prévoir les guerres et autres conflits, ni les comportements aberrants que génère la concurrence économique permanente. Ces problèmes seront abordés dans la quatrième partie.

QUATRIÈME PARTIE

Pour une civilisation plus épanouie

Jusqu'à présent, nous nous sommes intéressés aux possibilités incroyables d'augmenter la productivité des ressources (première partie), aux moyens de lancer la révolution de l'efficacité (deuxième partie) et aux défis écologiques mondiaux (troisième partie). Où en sommes-nous ?

On pourrait dire que l'efficacité est une stratégie sans douleur. Si elle devenait la priorité de nombreux pays et entreprises dans le monde entier, nous gagnerions beaucoup de temps. Mais elle ne résoudra pas tous les problèmes. Si la croissance continue au même rythme, certains des désastres écologiques et sociaux les plus redoutés finiront par éclater lorsque les possibilités les plus profitables de la révolution de l'efficacité auront été épuisées. Nous ne pouvons échapper à la nécessité d'établir des limites culturelles à la croissance, ce qui implique notamment de mettre fin à la croissance démographique et à la croissance de la consommation des ressources matérielles.

Il ne s'agit pas d'imposer des normes culturelles d'une manière dictatoriale. Notre idée est de mieux comprendre ce qui fonde le bien-être et le sentiment de satisfaction. Mieux comprendre et traduire cette compréhension dans les faits, voilà ce qui caractérise une civilisation plus épanouie.

Nos objectifs sont :

– mieux comprendre la croissance économique comparée au bien-être et à la « richesse réelle ». Certains éléments du PNB n'ont rien à voir avec le bien-être, mais concernent la croissance de la production ;

– mieux gérer le commerce international. Il est tragique que la concurrence internationale empêche de très nombreux pays de mettre en place des politiques écologiques et sociales ;

– mieux comprendre les richesses non économiques et immatérielles, indispensable à l'épanouissement de l'être humain.

Ces thèmes centraux de la quatrième partie sont traités dans trois chapitres séparés, mais chacun d'entre eux mériterait qu'on lui consacre un livre entier.

12. Le PNB n'est pas le bien-être

12.1 Un PNB[1] « vert »

Deux voitures se croisent sans encombre sur une route de campagne. Rien ne se passe et ces deux voitures contribuent peu au PNB. Mais soudain, l'un des deux conducteurs perd le contrôle de son véhicule et cause un terrible accident qui implique une troisième voiture. Quelle aubaine pour le PNB : ambulances, médecins, infirmières, dépanneuses, réparations ou voitures neuves, litiges, visites des proches, indemnités maladie, agents d'assurances, entrefilet dans les journaux, nettoyage de la route, etc. – autant d'activités professionnelles qu'il faut bien payer. Même si aucune des victimes ne gagne en bien-être et même si certaines ont tout perdu, notre « richesse » nationale (le PNB) augmente (d'après *Earth Politics*, Weizsäcker, 1994, p. 197).

Contrairement à l'idée couramment répandue, le PNB n'est pas un indicateur du bien-être d'un pays. Pour être juste, le PNB n'est pas destiné à mesurer la richesse ni le bien-être. Il ne mesure rien d'autre que les activités économiques mesurables. Un bébé a peut-être plus de plaisir à téter qu'à boire au biberon, mais celui-ci et le lait maternisé sont mesurables, tandis que la tétée et le lait maternel ne le sont pas. Tétée et lait maternel peuvent même apparaître négativement dans le calcul du PNB, car ils empêchent la mère d'avoir une activité professionnelle mesurable.

---

1. PNB : Produit national brut, mesure conventionnelle de la richesse d'un pays (NDT).

La Nouvelle Fondation économique et l'Institut de l'environnement de Stockholm ont fait la synthèse de plusieurs travaux visant à établir un indicateur plus fiable du bien-être. Nous utilisons ici l'Indicateur du bien-être économique soutenable (IBES), avancé par Clifford W. Cobb dans une annexe de *For the Common Good,* par Herman Daly et John Cobb (1989). En confrontant le PNB et l'IBES, on s'aperçoit que leur progression parallèle a cessé au milieu des années 70 (Jackson et Marks, 1994). Depuis cette époque, l'IBES a diminué au Royaume-Uni, aux Etats-Unis et dans d'autres pays de l'OCDE, alors que le PNB continuait de croître (figure 47). Cela explique le paradoxe suivant : alors que les statistiques officielles montrent une croissance vigoureuse de l'économie [2], la plupart des gens ont l'impression de courir plus vite pour rester à la même place, voire pour reculer. En fait, les deux points de vue sont justes, mais les statistiques officielles ne mesurent pas la bonne chose : une grande partie de la croissance qu'elles proclament est due à la réparation des dégâts, ainsi qu'aux nuisances, considérées comme s'il s'agissait de biens ou de services.

Les raisons plus profondes et plus détaillées de la divergence croissante entre la production et la richesse *réelle* sont complexes. Quantitativement, le facteur le plus important est l'existence du secteur informel (voir chapitre 14.2). En outre, le PNB ne prend pas en compte les besoins en ressources des générations futures. De même, les dégradations de l'environnement sont un plus pour le PNB, grâce aux activités économiques qu'elles génèrent. Les disparités croissantes des revenus et la violence urbaine, observées dans tous les pays de l'OCDE depuis les années 80, dégradent incontestablement la qualité de vie d'un grand nombre de gens, même si la performance économique augmente.

Une méthode d'ajustement du PNB peu conflictuelle a été choisie par le bureau statistique allemand et consiste à créer des indices complémentaires. La dégradation de l'environnement, le travail bénévole ou les résultats du système éducatif sont mesurés indépendamment, mais ne touchent pas au PNB. L'Indicateur de développement humain, mis au point par le Programme des Nations unies pour le développement (PNUD), qui inclut l'éducation et l'espérance de vie, pourrait être un indice complémentaire du PNB.

---

2. + 50 % depuis 1973 selon l'INSEE (NDT).

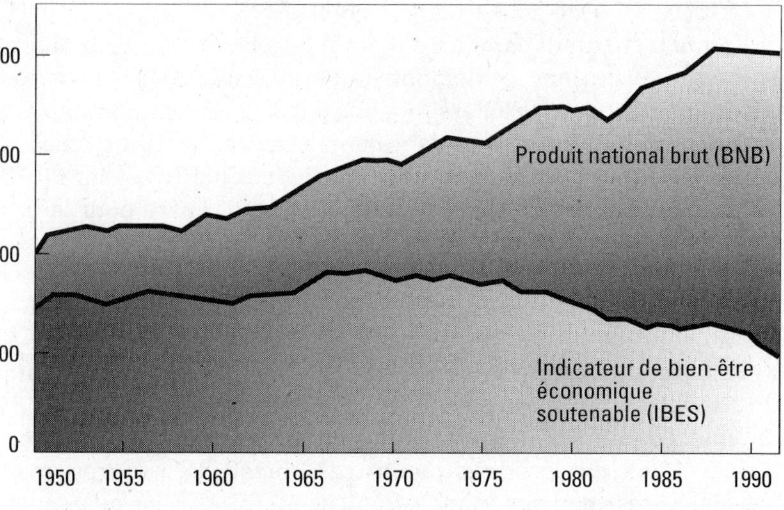

Figure 47. L'Indicateur du bien-être économique soutenable (IBES) reflète bien plus largement le bien-être que le PNB. Depuis le milieu des années 70, les deux indices n'évoluent plus parallèlement.

L'IBES, quant à lui, est conçu pour se substituer au PNB. C'est en tout cas l'ambition d'un récent rapport au Club de Rome, *Taking Nature into Account* (Van Dieren, 1995). Nous voulons souligner une difficulté politique qui attend les gouvernements lorsqu'ils voudront non seulement instaurer de nouveaux indicateurs mais aussi agir en conséquence, c'est-à-dire sacrifier une partie de la croissance du PNB en faveur de la croissance du nouvel indicateur. Rapidement, ils s'apercevront que le PNB signifie plus que la performance économique : en fait, le PNB signifie surtout emplois et revenus fiscaux. Cela veut dire qu'en période de chômage et de déficits publics, il ne faut pas s'attendre à voir les Etats et les partis tourner le dos au PNB. Dans les circonstances actuelles, l'absence de croissance du PNB serait ressentie et vécue par beaucoup comme une absence de bien-être.

Il ne faut donc pas sous-estimer les difficultés politiques qui nous attendent si nous voulons réorienter les pays vers un bien-être réel et durable. Nous devrons nous préoccuper de l'emploi et créer des structures incitatives qui, bon gré mal gré, pourront stabiliser la croissance même si personne ne le veut ouvertement.

Le Facteur Quatre pour amaigrir le PNB

Ce qui a été dit dans ce livre nous aidera beaucoup pour aborder la tâche qui nous attend et démontre que la «croissance» peut refléter beaucoup mieux la richesse réelle. La création d'emplois pour construire des bâtiments ou fabriquer des produits plus efficaces en énergie aurait certainement un effet positif sur le PNB et sur l'IBES. De même, si l'écotaxe baissait le coût de la main-d'œuvre pour le transférer sur les ressources, cela permettrait à l'Europe de réduire le taux de chômage à un niveau supportable, sans nuire au PNB. Ainsi, efficacité et écotaxe peuvent rétablir un certain parallélisme entre le PNB et l'IBES.

Pendant une période de transition qui pourrait durer une cinquantaine d'années, les investissements nécessaires pour créer une civilisation efficace pourraient maintenir le chômage à un taux assez bas. Le remplacement des produits inefficaces (appareils, voitures, maisons, infrastructures) par des modèles efficaces prendra en effet plusieurs décennies. Les pays qui s'y lanceront les premiers verront certainement leurs exportations décoller. Une fois de plus, ces créations d'emplois augmenteraient le bien-être au lieu de le diminuer.

Malheureusement, cela ne résout pas notre problème fondamental, à savoir que la performance économique n'est pas la richesse. Accidents, crimes, dégradation de l'environnement et disparité entre riches et pauvres continueront de maintenir la richesse réelle au-dessous du PNB. Une partie croissante du travail, y compris des tâches de bureau, sera exécutée par des machines, même si les ressources sont plus chères et la main-d'œuvre moins onéreuse. Des emplois supplémentaires disparaîtront, remplacés par quelques emplois nouveaux.

Mais si la productivité des matériaux augmente fortement, la production de biens diminuera : la valeur économique reposera non sur le remplacement des objets, mais sur leur durée de vie.

12.2 Vers une économie de services

Si nous pensons en termes de service rendu par un objet donné, nous nous apercevons que la production n'est que le point de départ d'un service final. Les services que représentent le chauffage, la lumière, l'alimentation, les loisirs, la sécurité, etc. devraient conditionner et ajuster la production, et non l'inverse.

On pourrait aussi appeler l'économie de service « économie de stock », par opposition à l'économie de flux et de remplacement. Le succès économique reposera sur le service rendu en utilisant le stock de biens existants.

Un élément important de l'économie de services est la « tertiarisation du secteur secondaire », c'est-à-dire que le secteur secondaire (fabrication) doit abandonner l'idée de production pour se tourner vers la satisfaction du consommateur, grâce à des produits sur mesure et des services et une maintenance haut de gamme.

Etant donné l'urgence de sauver et de créer des emplois, il faudra du talent politique pour faire accepter l'idée de ne pas accroître le stock de biens. Bien qu'un stock dormant soit le cauchemar des hommes politiques et des industriels d'aujourd'hui, les résultats en termes de préservation et de création d'emplois sont meilleurs qu'on pourrait le penser.

De ce point de vue, l'une des meilleures stratégies réside au cœur de la productivité des ressources. Celle-ci implique de la main-d'œuvre spécialisée pour satisfaire les clients, pour entretenir et réparer les équipements, pour récupérer et recycler les vieux matériaux, etc. Une partie des salaires sera payée par la valeur monétaire des économies réalisées. En revanche, des emplois seront supprimés – dans l'extraction, la production énergétique, les transports, etc. La nature des emplois ne cessera d'évoluer et le pourcentage des emplois de service ne cessera d'augmenter.

Pour le Nord, préoccupé par l'afflux croissant de produits bon marché et à courte durée de vie en provenance du Sud, l'économie de services pourrait rendre moins aigu le problème du chômage. L'entretien, la réparation et le recyclage des vieilles voitures – ainsi que les services financiers associés – en Europe ou aux Etats-Unis seront faits sur place, même si la voiture provient de Corée ou du Mexique. Nous pensons que la réorientation de notre économie vers une économie de services sauvera ou créera plus d'emplois que la poursuite des vieilles pratiques industrielles basées sur le laisser-faire. Toutefois, comme Walter Stahel le précise dans une communication personnelle, aucune évaluation de l'impact sur l'emploi n'existe à ce jour. Nous pourrions ajouter qu'il est difficile, d'un point de vue méthodologique, d'attribuer directement la création ou la suppression d'emplois à telle ou telle politique.

12.3 Travailler jusqu'à quatre-vingts ans ?

Geneviève Reday-Mulvey, qui travaille avec O. Giarini et W. Stahel, a fait une observation importante, à partir de laquelle elle formule une proposition tout aussi importante. Selon elle, l'économie de services offre des opportunités de travail aux personnes qui ont une longue expérience. Connaître le client est souvent plus déterminant que connaître en détail les lois ou la physique. Elle relie ce constat à une question sociale majeure à laquelle tous les pays industrialisés sont confrontés : comment pourrons-nous continuer de payer les retraites d'une population croissante de personnes âgées ? Or, beaucoup d'entre elles sont en meilleure santé et plus actives que les personnes du même âge il y a cinquante ou cent ans. A partir de ces observations, G. Reday-Mulvey émet l'idée d'un travail à temps partiel, volontaire et rémunéré pour les personnes âgées. La figure 48 illustre les relations entre la démographie, le changement de nature du travail, l'allongement de la durée de vie et le problème du financement des retraites.

L'idée de travailler plus longtemps semble contraire au bon sens : cela n'aggravera-t-il pas le chômage des jeunes ? En fait, c'est l'inverse qui se passe. Si les jeunes doivent supporter le fardeau de plus en plus lourd des retraites, le coût de leurs emplois augmente d'autant. Les emplois finissent par être trop chers, ce qui entraîne leur diminution, comme c'est le cas dans de nombreux pays d'Europe. En outre, les emplois proposés aux personnes âgées seront dans un domaine qui n'intéresse pas les jeunes : aide à des personnes encore plus âgées, réparations d'objets ou d'appareils « démodés », tâches nécessitant une longue expérience.

De toute façon, il sera certainement indispensable de réduire le fardeau financier que sont les retraites. L'économie de service pourrait rendre cette diminution très attrayante et très profitable pour l'ensemble de l'économie. Finalement, on peut supposer que la possibilité de disposer de services fiables amènera de nombreux consommateurs à réorienter leurs dépenses et à consacrer moins d'argent à des biens ou activités qui ont peu d'impact sur l'emploi local.

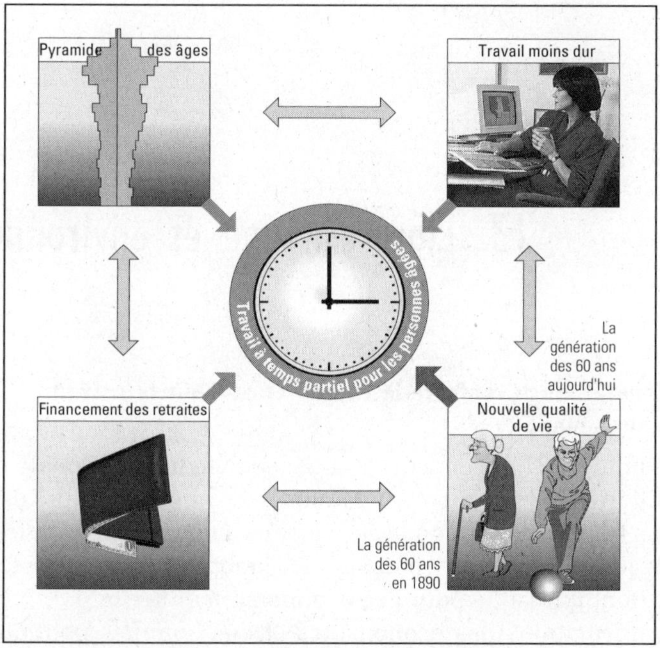

Figure 48. Un travail à temps partiel, volontaire mais rémunéré pour les personnes âgées, pourrait résoudre les problèmes démographiques (en haut à gauche), le financement des retraites (en bas à gauche) et le désir d'une retraite active (en bas à droite). Le changement de nature du travail, moins dur et nécessitant plus d'expérience (en haut à droite), rend le retour des personnes âgées dans le monde du travail non seulement acceptable, mais même souhaitable (d'après Reday-Mulvey in Giarini et Stahel, 1993, p. 136).

13. Libre-échange et environnement

13. Le libre-échange renforce le capital et affaiblit le travail et l'environnement

Le commerce et la concurrence à l'échelle internationale sont censés améliorer le bien-être économique. En même temps, ils servent dans tous les pays à expliquer et à justifier la déréglementation sociale et environnementale, le chômage et l'adoption de technologies qui représentent un risque pour l'environnement et la santé.

Les affirmations des économistes et des hommes politiques selon lesquelles les bénéfices du libre-échange dépassent les coûts et les risques trouvent un écho favorable chez les détenteurs d'un montant appréciable de capitaux. Le libre-échange leur offre la possibilité de faire «travailler» leur argent là où cela rapporte le plus. Ceux qui ne possèdent pas de capital ont plus de difficultés à percevoir les bénéfices de la libération des mouvements de capitaux, et ont souvent l'impression d'être soumis à un chantage permanent de la part des détenteurs de capitaux, chaque fois que ceux-ci menacent de quitter le pays.

Cette menace vise également les tentatives des gouvernements d'imposer le capital. Autrefois, c'était le meilleur moyen d'augmenter les recettes de l'Etat – à condition que l'impôt ne dépasse pas un seuil raisonnable. Cette taxation avait un effet redistributif légitime. En période de chômage aigu, imposer le capital paraît encore plus sensé, parce que taxer le travail pose de plus en plus de problèmes et parce que les disparités sociales légitiment encore plus la redistribution des revenus. Mais les capitaux peuvent facilement échapper à l'imposition en changeant de pays, tandis que le travail ne le peut pas. Le résultat de cette différence fondamentale est que les revenus du capital et ceux

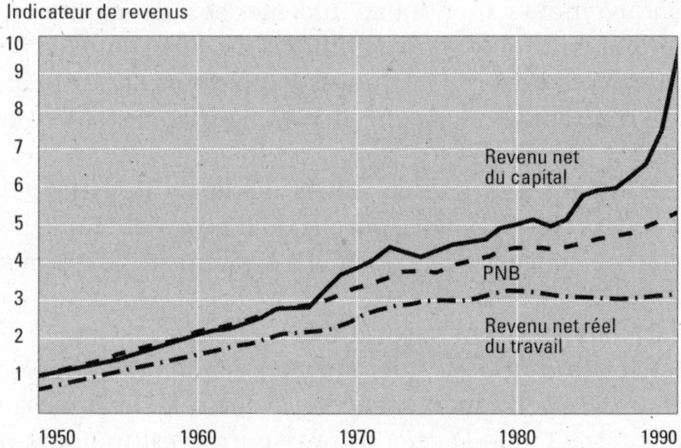

Figure 49. Jusqu'en 1980, les revenus du travail et du capital augmentaient parallèlement au PNB. Depuis, les revenus du travail stagnent, tandis que ceux du capital ont explosé (ici, le cas de l'Allemagne. D'après Afheldt, 1994, pp. 30-31).

du travail ont évolué de manière très différente depuis le début des années 80 (figure 49).

Le passage des années 70 aux années 80 a marqué le début de la victoire écrasante de la théorie du libre-échange, parallèlement à la « restructuration » des systèmes de protection sociale. De là à supposer qu'il existe une relation de cause à effet entre les deux, il n'y a qu'un pas.

« La concurrence, c'est la guerre »

Plus inquiétant encore que la disparité croissante des revenus est le risque d'effondrement moral de notre civilisation. Des économistes sérieux font l'éloge de la force destructrice du marché, et certains d'entre eux reprennent avec empressement le concept de « destruction créatrice » de Joseph Schumpeter. Remarquons que lorsque celui-ci élabora son concept (avant la Seconde Guerre mondiale), le pouvoir destructeur du marché n'était rien comparé à ce qu'il est aujourd'hui. Dans *Hypercompétition* (1994), Richard d'Aveni va encore plus loin, déclarant que « la concurrence, c'est la guerre ». Pour lui, le but de la concurrence n'est pas de surclasser son rival, mais de le détruire. Il n'y a pas de place pour l'éthique dans une telle philosophie.

Certains se consolent en pensant que cette « guerre » se fait entre spéculateurs ou entre détenteurs impersonnels de capital impliqués dans les mouvements mondiaux informatisés de capitaux. Mais les capitaux impliquent toujours des millions de gens. Que les perdants se montrent agressifs envers l'attitude conquérante des gagnants, et des tensions internationales resurgiront, avec leur cortège d'armements et de chantages.

En réfléchissant aux conséquences possibles de cette vision guerrière de la concurrence, nous espérons qu'il ne s'agit là que d'une mode passagère qui ne concerne que quelques économistes extrémistes.

La protection sociale sera-t-elle un luxe ?

L'existence de marchés sans contraintes semble représenter une menace pour les politiques sociales. Alors que la croissance de la richesse se poursuit, que l'accès aux ressources est toujours plus facile, que la fin de la guerre froide a entraîné un désarmement significatif, les pays riches ne peuvent plus « se permettre » une politique sociale, comme les industriels et les économistes ne cessent de le marteler. Cette contradiction entre les faits et la rhétorique officielle fut évoquée dans de nombreux discours du sommet mondial pour le Développement social, tenu à Copenhague en mars 1995.

Répondant à ces discours, les avocats du libre-échange cherchent à rassurer l'opinion et les perdants en déclarant que le libre-échange augmente la richesse générale et maintient le prix des importations à des niveaux bien inférieurs à ceux qu'une politique protectionniste pourrait obtenir. Il affirment aussi que les mouvements sans entrave des capitaux pour trouver les meilleurs rendements possibles sont une bonne chose pour leurs pays d'origine, et que la taxation du capital a toujours été contre-productive en termes de croissance économique. Mais lorsqu'un chômeur ou un pauvre entendent dire que les fruits, les vêtements et les appareils photo seraient plus chers sans libre-échange, ils répondent qu'ils veulent bien se passer de fraises en hiver ou payer leurs appareils photo plus cher, du moment qu'on leur assure un emploi stable – ainsi qu'une meilleure qualité de vie.

Faut-il restaurer le protectionnisme ?

Jimmy Goldsmith, l'un des hommes d'affaires qui ont le mieux profité du libre-échange, était devenu un critique éloquent du commerce sans contraintes pour les raisons indiquées plus haut (1995). Selon lui, avec l'arrivée dans l'économie mondiale de 4 milliards de personnes payées vingt fois moins cher que les salariés de l'OCDE, il est impossible de créer des emplois stables en Europe de l'Ouest et dans les autres pays de l'OCDE. Il remettait en question l'idée que cela fait baisser les prix et citait le cas de Nike, fabricant de chaussures qui a délocalisé sa production en Asie sans effet sur les prix – la différence allant grossir les bénéfices de l'entreprise.

J. Goldsmith ne voyait aucune contrepartie aux effets négatifs de la délocalisation et terminait en proposant un protectionnisme régional [1]. Les régions pourraient bien entendu échanger ce dont elles ont besoin, sur la base d'une négociation et d'un bénéfice réciproque. En France, son livre, *Le Piège*, est resté numéro un sur la liste des meilleures ventes pendant plusieurs mois et commence à influencer les élites politiques européennes. Au Royaume-Uni, J. Goldsmith a créé le Referendum Party pour demander un référendum sur le traité de Maastricht. Sa proposition de protectionnisme régional a même trouvé des échos aux Etats-Unis, notamment pendant les élections présidentielles de 1996.

Probablement en réponse à sa critique provocatrice – mais sans y faire allusion –, la Banque mondiale consacra son *Rapport sur le développement 1995* à l'emploi dans une économie de marché. La banque y affirme que la quantité de biens importés dans les pays de l'OCDE depuis les pays à bas salaires est trop faible pour influencer les salaires mais que leurs prix peu élevés permettent de maintenir l'inflation à un niveau très bas. Dans ce qui apparaît comme une affirmation cynique lorsque l'on connaît l'affaiblissement croissant du monde du travail face aux capitaux, le rapport insiste sur l'importance des syndicats pour négocier des hauts salaires et une protection sociale adéquate.

A la fin, les auteurs ne peuvent éviter de reconnaître l'augmentation du chômage dans tous les pays de l'OCDE, à l'exception des Etats-Unis, où un grand nombre de personnes acceptent des salaires comparables, en termes de pouvoir d'achat, à ceux des pays en voie de développement. J. Goldsmith semblait donc plus proche de la réalité que les économistes qui ont écrit pour la Banque mondiale.

Mais, surtout, la Banque mondiale oublie de mentionner l'environnement. Elle ignore le fait que les tentatives désespérées des gouverne-

---

1. Il s'agit ici des grandes régions du monde : Europe de l'Ouest, Amérique du Nord, Asie du Sud-Est, etc. (NDT).

ments de l'OCDE de compenser les suppressions d'emplois par des programmes d'aide à l'emploi conduit invariablement à de nouveaux impacts sur l'environnement. Leur moyen préféré est le développement des infrastructures de transport – une folie pure quand on connaît l'usage massif de la voiture dans les pays riches et les problèmes écologiques associés. Tout ce que nous avons dit sur le développement soutenable est en contradiction totale avec ces programmes de création d'emplois.

Mais une fois que l'on a exposé le potentiel destructeur du libre-échange, il n'est pas simple de proposer des alternatives adéquates. Toutefois, si nous ne souscrivons pas aux idées protectionnistes de Jimmy Goldsmith, nous devons au moins comprendre dans quelles conditions il est possible de minimiser les effets négatifs du libre-échange.

Les conditions de fonctionnement de l'économie de marché

La condition majeure est le bon fonctionnement du mécanisme des prix. Les économistes Paul Ekins, Carl Folke et Robert Costanza (1974), sur qui nous nous appuyons dans ce passage, démontrent que le marché est faussé, puisque les prix ne reflètent pas les coûts réels de production. Ils reflètent encore moins les coûts difficiles à évaluer de l'épuisement des ressources et de la dégradation de l'environnement. L'exploitation aveugle de l'environnement conduit à des prix qui trompent à la fois le producteur et le consommateur sur les coûts réels. Au cours des années 70 et 80, les prix des ressources naturelles chutèrent, faisant croire aux consommateurs qu'il y avait de plus en plus de ressources, et non de moins en moins.

Développement ou épuisement ?

Lorsque, dans les vingt ans qui suivirent l'indépendance, la Côte-d'Ivoire sacrifia la plus grande partie de ses ressources inestimables pour produire des cultures d'exportation destinées à attirer des devises, la jeune nation devint le bon élève de la communauté bancaire internationale. N'était-ce pas un pays en train de « décoller », avec une monnaie stable (liée au franc français) et un climat politique « stable » ? Peu de temps après, ce fut la fin de la fête. Tout ce qui reste sont des gratte-ciel, des hôtels de luxe et des élites habituées au mode de vie occidental. A part cela : une pauvreté généralisée, un environnement dévasté et une instabilité politique. Le Ghana voisin, « chouchou » actuel des institutions financières internationales, est en train de suivre la même pente. Les îles Salomon, dans le Pacifique, ont détruit leurs forêts si vite que même le Fonds monétaire international (FMI) a admonesté le pays et lui a recommandé la modération. Ces exemples de politiques non soutenables suffisent.

En écrivant cela, nous qui vivons dans les pays prospères, nous nous empressons de rappeler que les pays du Nord ont fait plus que leur part de travail en détruisant les ressources naturelles chez eux et dans les autres pays. Ce sont également les entreprises, les consultants, les banques, les gouvernements et les idéologies du Nord qui ont souvent inspiré voire perpétré ces destructions dans les pays du tiers monde.

Il n'y a pas de complot mondial visant à planifier et à réaliser ces destructions. C'est simplement le résultat de la philosophie dominante du laisser-faire. Cela veut dire qu'une grande initiative est laissée aux entreprises et aux consultants, qui sont récompensés par le marché chaque fois qu'ils surexploitent des ressources. Les bénéfices annuels de l'exploitation non soutenable des ressources sont supérieurs à ceux de leur exploitation soutenable. Pourquoi ? Parce que les prix du marché indiquent aux entreprises locales et aux multinationales qu'elles ne peuvent réaliser de bénéfices suffisants qu'en détruisant les ressources.

Cela dit, le lecteur ne doit pas conclure que la fermeture des frontières ou le contrôle des flux de marchandises amélioreraient le sort de l'environnement. En réalité, comme Stephan Schmidheiny (1992) le souligne de manière convaincante, le marché peut favoriser la généralisation de méthodes et de techniques respectueuses de l'environnement. Mais il faut d'abord réconcilier la protection de l'environnement avec les principes du libre-échange.

13.2 L'Organisation mondiale du commerce peut-elle devenir « verte » ?

Le commerce n'a pas été inventé pour protéger l'environnement. Lorsque le commerce mondial est apparu sur le devant de la scène, juste après la Seconde Guerre mondiale, l'environnement n'intéressait encore personne. Le GATT (Accord général sur les tarifs et le commerce) fut créé en 1947. Depuis, il a été amendé et renforcé au cours de huit « rounds », dont le dernier, l'« Uruguay Round », fut aussi le plus important. Commencé en 1986, il fut conclu au cours d'une grande cérémonie à Marrakech, au Maroc, en avril 1994. L'un de ses principaux résultats est la création d'une organisation internationale dotée de grands pouvoirs, l'Organisation mondiale du commerce (OMC), qui remplace le GATT.

Entre-temps, l'environnement était devenu un thème international majeur, comme en témoigne le Sommet de la Terre de Rio de Janeiro. Pourtant, ni le Sommet de la Terre, ni l'Uruguay Round n'ont abordé le thème « commerce et environnement ».

Michael Northrop, figure de proue du mouvement écologiste américain, qualifia l'Uruguay Round de GATTastrophe et démontra que, avec les nouvelles procédures, il devenait très difficile pour les associations de consommateurs ou de protection de l'environnement d'influer sur les questions commerciales. En 1990, le négociateur américain au GATT déclara même en privé que l'un des buts de l'Uruguay Round était de tourner les lois sur la santé et l'environnement adoptées par le Congrès des Etats-Unis.

En général, les gouvernements et les partisans du libre-échange ne voient pas pourquoi l'environnement et le commerce entreraient sérieusement en conflit. Juste avant le Sommet de la Terre, le secrétariat du GATT publia un article, « Trade and the Environment », qui dit clairement que le développement du commerce est bénéfique à l'environnement – puisque, en théorie, le commerce nous enrichit et nous permet de consacrer des sommes plus importantes à l'environnement (GATT, 1972). L'article rejette la responsabilité de la dégradation de l'environnement sur les gouvernements et, pour lui, le commerce agit seulement comme un « amplificateur » des politiques nationales : « Si les politiques nécessaires au développement soutenable étaient en place, le commerce favoriserait celui-ci. De toute évidence [...] la réaction correcte consiste à l'adoption de politiques nationales appropriées, au lieu d'attirer l'attention sur des problèmes prétendument créés par le commerce. »

L'étude souligne que les règles du GATT ne restreignent en rien la faculté des Etats à prendre des mesures pour protéger l'environnement des dégâts causés par les activités de production nationales ou par la consommation des biens produits localement ou importés.

Tout cela est de la rhétorique. A l'exception de passages légitimant la protection des êtres vivants et des ressources non renouvelables, le GATT ne se préoccupe pas d'environnement et, par conséquent, ne « restreint » pas la faculté des Etats à protéger leur environnement. Mais, d'un point de vue strictement légal, cette revendication de neutralité n'est plus valable depuis 1991, quand le GATT condamna les Etats-Unis dans l'affaire du thon du Pacifique. A l'époque, les Etats-Unis avaient limité les importations de thon provenant du Mexique, du Venezuela et d'autres pays dont les méthodes de pêche tuaient les dauphins par centaines de milliers[2].

Les effets réels de la libéralisation des marchés sur les comportements économiques dans tous les pays sont bien plus significatifs et plus préoccupants que ces querelles légales. Les pays d'Europe ont bien vu ce qui s'est passé après l'entrée en vigueur de l'Acte unique européen en 1987. Tout commence par les inquiétudes des entreprises sur leur compétitivité. Ces inquiétudes se sont avérées fondées dans les pays concernés. La seule solution consista à « dégraisser » brutalement. L'augmentation massive du chômage qui s'ensuivit a fait disparaître l'environnement des préoccupations. Un recul de la législation, et pas seulement une dérégulation, en fut la conséquence.

Les défenseurs du libre-échange rétorqueront que l'Europe devrait être contente, car le Marché unique lui a rendu un certain degré de compétitivité pour la bataille qui s'annonce avec les pays du pourtour du Pacifique. C'est peut-être vrai. Mais il s'agit d'une affirmation purement économique, sans considération pour tous ceux qui se préoccupent de l'environnement européen et asiatique.

Il existe des tentatives de réconcilier le commerce et l'environnement par des accords internationaux fixant des normes ou prévoyant une interprétation plus généreuse des articles XXb (qui légitime les mesures « nécessaires pour protéger la vie ou la santé des hommes, des animaux et des plantes ») et XXg (légitimant les mesures « concernant la conservation des ressources naturelles non renouvelables ») du GATT. Mais que peut-on attendre de normes internationales si l'Union européenne elle-même, avec ses normes s'appliquant dans tous les Etats membres, est virtuellement incapable de faire respecter ses directives ? Les possibilités de « verdir » l'OMC (ou l'Union européenne, ou toute autre organisation) semblent bien minces. La conférence interministérielle de l'OMC sur le commerce et l'environnement, tenue à Singapour en décembre 1996, ne nous donne aucune raison de modifier ce point de vue pessimiste.

2. Très récemment, l'OMC, héritière du GATT, a condamné l'embargo européen contre la viande aux hormones, mis en place pour protéger la santé humaine (NDT).

13.3 Le rôle de Facteur Quatre

Harmoniser avec les forces économiques, pas contre elles

Beaucoup de problèmes induits par le libre-échange seraient moins aigus si les réglementations environnementales étaient valables (et respectées) dans le monde entier. Mais le problème est que ces réglementations ont toujours été perçues comme des coûts supplémentaires et des entraves à la compétitivité.

Nous pensons que cet état de choses changerait fondamentalement si le développement soutenable pouvait représenter un avantage économique – de la même manière que la microélectronique, par exemple. Pour harmoniser les normes dans le domaine de la microélectronique, il n'a fallu aucune conférence houleuse et interminable : la nouvelle technologie s'est répandue toute seule, grâce aux forces économiques, et non contre elles.

Nous supposons, comme nous l'avons dit dans la première et la deuxième parties, que la révolution de l'efficacité est, dans une large mesure, rentable pour un pays, et conférerait un avantage aux pays pionniers. Il serait alors dangereux de « rater le train ». Nous disions également que certains éléments de cette révolution sont d'ores et déjà rentables pour les entreprises. Mais nous soulignions aussi que l'Etat peut faire beaucoup pour accroître considérablement l'intérêt économique de l'efficacité pour les producteurs et les consommateurs. Avec l'augmentation prévisible de la pression sur les ressources et l'environnement, la rentabilité de l'efficacité devrait encore augmenter. Facteur Quatre a plus de chances d'aller dans le sens des forces du marché que la protection des dauphins ou la réduction des émissions de soufre.

La révolution de l'efficacité est-elle compatible avec l'OMC ?

Toutefois, certains problèmes devraient surgir avec l'Organisation mondiale du commerce si certains Etats ou groupes d'Etats décidaient que la révolution de l'efficacité est une priorité absolue. Comment l'OMC réagirait-elle :

– si un pays adoptait des normes ambitieuses de consommation d'essence, interdisant de fait l'importation de véhicules qui ne répondraient pas à ces exigences (certains constructeurs automobiles européens ont déjà invoqué cet argument pour s'attaquer aux normes américaines, pourtant modérées) ?

– si un pays instaurait une écotaxe et, au lieu d'en exonérer les industries grandes consommatrices d'énergie, créait un tarif pour l'« énergie grise » ?

– si un pays interdisait l'importation de viande ou de tomates dont la production a impliqué une consommation excessive d'énergie ?

– si un pays rendait ses vieilles méthodes agricoles très efficaces et interdisait ou entravait la mise sur le marché de semences, issues de la recherche agronomique, dont la culture implique une forte consommation d'énergie ?

– si un pays instaurait une taxe sur les matières premières, donnant l'avantage aux matériaux recyclés localement ?

En théorie, beaucoup de mesures pourraient être légitimées par l'article XXg du GATT. Mais si l'intention est de conserver des ressources mondiales et non spécifiquement nationales, il sera difficile de défendre ces mesures en se basant sur le langage légal de l'OMC.

Nous proposons deux amendements au GATT qui n'exigent pas un nouveau Round marathonien.

• La protection des ressources mondiales ne mérite pas moins d'attention que la protection des ressources nationales et devrait avoir un statut équivalent dans le cadre de l'article XXg. Un tel amendement pourrait être inspiré par le principe 7 de la déclaration de Rio, que tous les Etats membres de l'OMC ont signé. Le principe 7 affirme que « les Etats coopéreront dans un esprit de partenariat mondial pour préserver, protéger et réhabiliter la santé et l'intégrité des écosystèmes de la terre ».

• L'article XXb devrait prévoir des exemptions pour les méthodes de production respectueuses de l'environnement et pas seulement pour les produits. Il existe déjà un précédent, à savoir le protocole de Montréal, qui interdit l'utilisation des CFC dans les procédés industriels, mais il est à craindre que l'OMC invalide ce protocole. Une fois encore, la déclaration de Rio pourrait servir de référence. Son principe 14 dit que « les Etats coopéreront pour décourager ou prévenir les délocalisations vers d'autres Etats de toute activité ou substance dangereuses pour l'environnement ».

Un autre amendement aux règles du GATT serait d'intégrer les défenseurs de l'environnement aux réunions de l'OMC, et de rendre certaines d'entre elles accessibles au public. Sans débats publics, pas de responsabilité, et sans responsabilité, attendons-nous aux conséquences logiques d'un système où les commerçants établissent eux-mêmes les règles du commerce.

Une proposition plus radicale fut avancée par Edith B. Weiss (1992). Constatant l'inactivité du comité du GATT pour le Commerce et l'Environnement, en sommeil depuis quinze ans, et constatant le déséquilibre notoire des réglementations en faveur du commerce et aux dépens de l'environnement, elle demande un nouveau cadre légal régissant le commerce et l'environnement.

Réduire les subventions dans le secteur des transports

Pourquoi la vérité des prix – et les règles du libre-échange – ne s'appliquent-elles pas, par exemple, à tout le secteur des transports. Actuellement, la plupart des Etats lui versent des subventions massives, ouvertes ou cachées. C'était peut-être légitime lorsque l'on manquait de moyens de transport, et on peut encore l'accepter dans les pays en développement. Mais, en général, ces subventions ne devraient plus exister.

Il ne s'agit pas de sommes négligeables. Selon une étude de l'Institut mondial des ressources, le secteur des transports américains reçoit directement ou indirectement 1 500 milliards de francs par an, destinés surtout à la route.

Si l'on prenait en compte les coûts externes des transports, les subventions cachées seraient beaucoup plus importantes. Les coûts externes sont en effet pris en charge par la collectivité, et non par ceux qui les causent. Certaines estimations dignes de foi évaluent la différence entre coût réel et coût apparent à 3 500 milliards de francs par an, rien qu'aux Etats-Unis.

Pour faire payer le prix réel aux transporteurs, on peut imaginer d'installer des péages sur les routes, de taxer davantage le kérosène et le gazole, et d'instaurer une écotaxe. Avec un tel ensemble de mesures, le prix des transports routiers augmenterait substantiellement, ce qui serait légitime[3]. On peut également relever le prix des transports aériens et maritimes de manière à refléter le coût réel. Il en résulterait une concurrence plus loyale, notamment avec le rail.

Ces mesures, associées à la préférence des consommateurs pour les produits locaux, augmenteraient la compétitivité de ces derniers

---

3. En France, les poids lourds sont les principaux responsables de l'augmentation du trafic routier (+ 12 % par an à eux seuls). Ils bénéficient d'un carburant moins cher, et l'usure des routes qu'ils induisent est payée par la collectivité (NDT).

face aux produits provenant de loin, dont le faible coût est dû au prix artificiellement bas des transports et à l'oubli des impacts écologiques. De même, le potentiel des « déplacements » électroniques se trouvera « dopé » si les déplacements physiques sont plus chers.

Comme elles sont en accord avec la philosophie du libre-échange, tout en plaisant aux protecteurs de la nature et aux défenseurs des produits locaux, nos idées pourraient contribuer à résoudre certains conflits entre commerce et environnement.

13.4 Libre-échange et darwinisme

Les principes de l'économie de marché et du commerce international trouvent leurs fondements philosophiques dans le livre d'Adam Smith, *La Richesse des nations*, et dans les idées de David Ricardo sur la spécialisation et l'avantage compétitif des nations. Selon leurs théories, la recherche de l'intérêt individuel et la concurrence internationale bénéficieront à tous en augmentant la richesse totale susceptible d'être redistribuée.

Une hypothèse semblable fut émise par Charles Darwin un siècle après Adam Smith pour expliquer les mécanismes de l'évolution biologique. La théorie de l'évolution fournit une explication de la diversité stupéfiante des êtres vivants et du passage progressif de formes de vie primitives vers des formes complexes. Mais le seul élément de la théorie de Darwin qui ait retenu – et retienne encore – l'attention du public est la survie des plus aptes.

Le darwinisme et la survie des plus aptes sont toujours présents à l'esprit des économistes lorsqu'ils parlent de concurrence, de progrès technologique et d'échanges internationaux. Depuis les abus criminels auxquels le darwinisme social [4] a conduit les nazis, les économistes sont prudents et évitent les analogies explicites entre le darwinisme et le développement économique et social. Mais la doctrine économique, qui légitime la victoire économique des forts sur leurs concurrents plus faibles, se réfère indéniablement au darwinisme. Le concept de « des-

---

4. Le darwinisme social, très en vogue avant guerre, justifiait l'existence des classes sociales, de riches et de pauvres, par la sélection des plus aptes : les riches méritaient leur richesse et les pauvres leur pauvreté. Ces idées conduisirent à l'eugénisme, qui voulait rendre leur pureté aux peuples en empêchant la reproduction des individus jugés « non sains » (NDT).

truction créatrice » de Joseph Schumpeter, souvent mentionné dans le contexte de la « restructuration » des anciens pays communistes, fait un emploi direct du langage de Darwin (J. Schumpeter développa ses idées avant l'époque nazie et avant d'émigrer aux Etats-Unis).

L'évolution est l'augmentation de la diversité, non sa destruction

Tous ces concepts reposent sur une incompréhension fondamentale des idées de Darwin. En fait, Darwin décrivait et expliquait l'augmentation de la diversité au cours de l'évolution[5]. En revanche, les concepts simplistes du darwinisme économique entraînent la destruction de la diversité.

Instinctivement, nous avons tendance à penser que l'économie de marché apporte une diversité croissante de produits, comme nous le constatons tous les jours dans les supermarchés. On y trouve des mangues du Brésil, des montres de Hong Kong, des cravates en soie d'Italie et du chocolat suisse fait à partir de cacao du Ghana. La concurrence économique n'a-t-elle pas mis les merveilles de la technologie à la portée de chacun ?

Mais, à y regarder de plus près, la diversité n'est pas toujours gagnante. Combien de boissons locales ont disparu en faveur du Coca-Cola ? Combien de variétés de fruits et légumes oubliées pour cause de standardisation commerciale ? Selon une étude du Rural Advancement Fund International, citée par Fowler et Mooney (1990, pp. 61-67), 97 % des variétés de légumes connues en 1903 ont disparu. Sur les trente-cinq variétés de rhubarbe recensées, il n'en reste plus qu'une. La situation des pommes est à peine meilleure : sur les 7 098 variétés recensées, « seulement » 6 121 ont disparu, soit 86 %.

Ce n'est pas tant la couleur ou la taille des fruits et légumes qui ont souffert. Au contraire, leur apparence n'a cessé d'être améliorée. Les pertes concernent surtout le goût, la valeur nutritive, l'adaptation aux différents climats et aux différents sols, ainsi que la résistance aux maladies.

5. Il écrivait aussi que l'évolution avait conduit, chez les singes et surtout chez l'homme, à l'apparition de l'entraide, de la solidarité et des sentiments de compassion, formes de comportement qu'il estimait plus évolués que les autres. Darwin n'a cessé de se battre contre le détournement de ses idées par les tenants du darwinisme social (NDT).

Les besoins du marché, plus que les préférences des consommateurs, entraînent une diminution du nombre des variétés. La rentabilité des campagnes publicitaires nécessite que l'on dispose de millions d'exemplaires d'un petit nombre de produits. De même, la transformation industrielle de petites quantités de produits locaux ou spécialisés n'est pas viable économiquement. Traduit dans les termes de Darwin, seul un petit nombre de variétés de concombre, de rhubarbe ou de poire survivent dans ce contexte économique.

N'est-ce pas étrange ? Selon Darwin, la lutte pour la vie causait l'augmentation continue de la biodiversité à travers les âges géologiques, et non l'inverse. Son livre *De l'origine des espèces par voie de sélection naturelle* (1859) décrit l'interaction permanente entre les variations naturelles et la sélection, et montre à l'aide de nombreux faits que cette interaction conduit à une spécialisation toujours plus poussée, à une diversité toujours plus grande et à l'optimisation, généralement soutenable, des ressources.

La force créatrice de l'isolement

Darwin a découvert la confirmation de son intuition aux îles Galápagos. Les pinsons qu'il y observa était différents des autres espèces connues ailleurs dans le monde. Les îles n'abritant pas de pics, certains pinsons prirent leur place et apprirent à capturer les insectes vivant dans les arbres à l'aide d'épines de cactus (photo 15). Comme il n'y avait pas non plus de perroquets, d'autres pinsons se dotèrent de becs forts pour manger fruits et noyaux. En l'absence de vampires, certains apprirent même à sucer le sang des oiseaux. Aucune de ces aptitudes n'est caractéristique de la grande famille des pinsons, mais l'isolement des îles a permis cette diversité inattendue.

La théorie économique moderne s'accommode mal de l'isolement. C'est dans la nature du commerce sans contraintes de s'imposer partout et de détruire les barrières commerciales qui peuvent encore exister. De fait, la « suppression des barrières » est l'expression favorite des défenseurs les plus ardents de l'économie de marché. La diversité n'est pas une priorité de la théorie économique. Elle trouve refuge dans les lois antitrust, mais elle est sacrifiée sans remords si les « lois » de la concurrence internationale l'exigent.

Pour illustrer le conflit entre l'économie et la diversité, imaginons que Charles Darwin ne soit pas un naturaliste du XIXe siècle, mais un économiste moderne coincé aux Galápagos. Aussitôt, il demanderait la construction d'un pont entre l'Équateur et l'archipel afin de supprimer les barrières qui empêchent les pics de conquérir les Galápagos et d'éradiquer les pinsons lamentablement inefficaces, avec leur épine de cactus. L'économiste Darwin expliquerait que cela serait bon pour tout le monde et pour l'évolution économique.

Bien entendu, le tableau est caricatural. Mais il montre la persistance d'un conflit philosophique entre le commerce libéré de toute contrainte et la protection ou l'augmentation de la diversité. La diversité, qu'elle soit biologique ou culturelle, signifie adaptabilité et meilleure résistance à l'adversité. C'est pourquoi nous pensons qu'il est indispensable de la protéger. Mais nous ne pouvons pas, dans le cadre de cet ouvrage, approfondir le problème de la protection de la diversité dans un environnement économique compétitif.

14. Les richesses immatérielles

14.1 Une consommation insatiable risque de réduire à néant la révolution de l'efficacité

Nous avons donné de nombreuses preuves que le volume des échanges est un indicateur très inadéquat du bien-être de la population. Nous avons rappelé dans le chapitre 12 que le PNB ne mesure pas le bien-être, mais uniquement les échanges mesurables en termes monétaires. L'écart croissant entre le PNB et la « richesse réelle » est illustré à la figure 47. Au chapitre 11, nous avons précisé que la révolution de l'efficacité nous permettra seulement de gagner du temps. Nous devons absolument utiliser ce temps pour créer une civilisation réellement soutenable. Nous pensons qu'il s'agit là de l'idée contenue dans le chapitre 4 de l'Agenda 21, qui évoque un mode de vie et une consommation soutenables. Cette question n'aura pas été traitée correctement tant que nous n'aurons pas évoqué l'aspect immatériel du bien-être.

Il ne faut pas s'attendre à des progrès rapides dans un monde où les fondements matériels de la survie et le statut social sont subordonnés à un revenu monétaire issu du capital ou du travail. La satisfaction éprouvée par un enfant est, la plupart du temps, certainement supérieure à la satisfaction que l'on peut tirer de la consommation d'un bien ou d'un service. Mais, du point de vue d'un économiste, la satisfaction d'un enfant et le bonheur d'une mère ne comptent pas, car ils n'apparaissent pas dans le PNB. Les économistes ont tendance à ne reconnaître que les besoins susceptibles d'être satisfaits par des biens ou des services. De même, notre société a tendance à ne reconnaître que les personnes économiquement actives – appelés les « actifs » tout court. Beaucoup de ces « actifs » gagnent leur vie en transformant une insatisfaction quelconque en besoin que les biens ou services qu'ils vendent pourront satisfaire. Depuis l'invention des méthodes modernes de marketing, on suscite ou on exacerbe activement les besoins. Des milliers de psychologues travaillent pour le secteur publicitaire où leur tâche consiste à « créer » des besoins. La « réussite » économique et le plein emploi reposent en grande partie sur le travail de ces psychologues et de leurs collaborateurs commerciaux.

L'erreur fondamentale de l'économie concernant la satisfaction des besoins essentiels a été décrite par Mary Clark (1989, p. 343). Elle fait remarquer que l'économie peut mettre sur le même plan une pomme et un stimulateur cardiaque, mais pas une pomme et l'amour maternel. En essayant d'élaborer une civilisation soutenable, nous devrons réapprendre à apprécier tous les bénéfices non économiques et reconnaître que leur disparition suit souvent la surabondance de biens matériels.

Pour mieux saisir ces valeurs immatérielles – d'une grande importance matérielle –, Ruth Benedict a lancé le mot « synergie » (1934, p. 21). Dans une société hautement synergique, le bien de chacun coïncide avec le bien de tous, car les institutions sociales créent cette situation. Dans ces circonstances, aider les autres n'est pas perçu comme un sacrifice, mais comme un bénéfice personnel. Cette idée contraste fortement avec les conceptions de l'économie moderne, qui, suivant Thomas Hobbes, considère que l'homme est cupide, égoïste et agressif (voir Mary Clark, 1989, pp. 176-181).

14.2 Le secteur informel est une richesse

Dans l'économie formelle, les emplois rémunérés resteront très attirants pour la plupart des personnes en âge de travailler. Pourtant, il n'est pas nécessaire d'associer éternellement le bien-être avec ce qu'on appelle aujourd'hui un emploi. La signification de ce mot continuera d'évoluer. En particulier, les avantages qui rendent les emplois si convoités (revenu régulier, sécurité sociale, sentiment d'être utile) pourraient de plus en plus être dissociés des emplois rémunérés.

Malgré tous les progrès de l'économie de service, le nombre d'emplois rémunérés ne cesse de diminuer en raison de l'augmentation de la productivité du travail (Rifkin, 1995). De plus, l'un des avantages principaux d'un emploi rémunéré, la sécurité sociale, pourrait dépendre de moins en moins du travail rémunéré. Ainsi, l'écotaxe peut être conçue de telle façon que les recettes des assurances sociales reposent moins sur les charges salariales et patronales : les personnes ne disposant pas d'un emploi rémunéré pourraient alors en bénéficier. De plus en plus en de gens héritent de sommes importantes, tandis que les revenus non monétaires, la solidarité entre proches et les relations familiales rendront les gens moins dépendants d'un revenu salarié. Ces évolutions permettront aux gens de découvrir qu'un emploi n'est pas forcément un plaisir en soi. De nombreuses personnes deviendront de plus en plus sélectives, acceptant des emplois à temps partiel et redécouvrant probablement les joies du secteur informel.

Comment pouvons-nous parler des joies du secteur informel ? Tout le développement moderne est guidé par la volonté consciente de s'en débarrasser. Le secteur informel était considéré comme dépassé, comme une relique de l'ancienne économie villageoise, si pauvre et si limitée. L'histoire économique des temps modernes est caractérisée par la division croissante du travail, la professionnalisation de toutes les activités (au point que, selon Ivan Illitch, les activités humaines les plus fondamentales ne peuvent plus être réalisées sans l'aide de professionnels), des gains fabuleux de productivité, un besoin croissant de transports, la domination de l'argent comme mesure de la valeur des choses et du succès personnel. Le triomphe de l'économie moderne est également caractérisé par le recul du secteur informel, aussi appelé économie de subsistance, avec une certaine pointe de mépris.

En glorifiant l'économie moderne, on oublie parfois que l'économie formelle serait impuissante si le secteur informel n'existait plus. Dormir, manger, aimer et avoir des enfants ne sont pas des activités secondaires dont nous pourrions nous passer, mais sont les fondements même de l'existence et, par voie de conséquence, de l'économie. La théorie économique a une propension choquante à oublier ce simple fait (Weizsäcker, 1994, p. 197). Quoi qu'il en soit, la progression continue de la professionnalisation et de la monétarisation des activités humaines ne semble ni possible, ni souhaitable. Il est peut-être temps de reconnaître tout ce que nous avons perdu avec le recul du secteur informel.

C'est aussi l'avis d'Orio Giarini. Dans un rapport au Club de Rome à paraître et consacré à l'avenir du travail, il en appelle explicitement à reconnaître la valeur productive d'activités qui participent à la richesse générale sans apparaître dans les statistiques économiques. Son rapport prévoit une disparité grandissante des revenus salariés, et donc l'apparition de possibilités nouvelles d'emplois non rémunérés, c'est-à-dire inclus dans le secteur informel. Si les gens se voient offrir ces possibilités tout en continuant de participer à l'économie monétaire pour assurer un minimum de besoins, il est probable qu'un nombre de personnes toujours plus grand sautera sur l'occasion. Peut-être ces personnes prendront-elles plaisir à produire inefficacement des yaourts aux fraises pour la consommation familiale, isoleront elles-mêmes leurs maisons, entretiendront elles-mêmes leurs meubles et leurs appareils, et bien d'autres choses liée à la révolution Facteur Quatre. Elles ne se considéreront probablement pas comme dépassées. Et leurs enfants grandiront peut-être dans un environnement plus sain.

14.3 Le marché ne remplace pas l'éthique, la religion ni la civilisation

Une grande partie de ce livre explique comment l'application rigoureuse de principes économiques sains peut rendre tout son sens à l'économie, dont la racine grecque signifie « gestion de la maison ». Cela n'a rien à voir avec l'application erronée et sans but d'idées économiques préconçues selon lesquelles l'économie n'est rien d'autre qu'un flux d'échanges circulaire et désincarné entre production et consommation, sans considération pour les limites de nos ressources et la dégradation de l'environnement. Cela revient, comme le dit l'économiste Herman Daly, à réduire un animal à son système circulatoire, sans remarquer qu'il possède aussi un tube digestif qui le relie à son environnement par les deux extrémités. Cette idée fausse amène souvent les fondamentalistes de l'économie à considérer le sol comme de la boue, les êtres vivants comme de la matière morte, la nature comme une nuisance, à tenir pour rien des milliards d'années d'expérimentation naturelle et à considérer l'avenir comme sans intérêt.

Des théories économiques correctes sont souvent mal interprétées de bien des manières. Les cas suivants sont les plus courants :

– considérer l'activité économique comme la somme des biens, services et nuisances ayant une valeur monétaire, en excluant ce qui n'a pas de prix. Une telle définition est une façon curieuse d'envisager le bonheur, ou même simplement la satisfaction matérielle. Cette dernière a diminué depuis les années 70, car la croissance du PNB a été engloutie par les coûts affectés à l'épuisement des ressources, à la dépollution et au traitement des problèmes sociaux ;

– supposer que l'épuisement des ressources et la pollution ne coûtent rien, quel qu'en soit le prix à payer par nos descendants ;

– considérer la consommation des capitaux comme un revenu – en dépit de la définition correcte de l'économiste Hicks, pour qui le revenu est la consommation maximale que l'on peut se permettre pendant une période donnée sans descendre plus bas que le niveau de départ. Essayons d'imaginer comment nous pourrions « développer » notre compte en banque en retirant de l'argent. Pourtant, c'est comme cela que l'économie se « développe » : abattre des arbres, épuiser les stocks de poisson ou de minerai augmente le revenu de l'économie ;

– s'intéresser à ce que l'on peut compter, et non à ce qui compte ;

– supposer que le capital financier pourra indéfiniment remplacer notre capital naturel. Sur la base de cette théorie douteuse, certains économistes nous pressent de détruire toutes les ressources possibles, car une fois qu'une ressource est épuisée – que ce soient les baleines ou les forêts vierges –, l'argent pourra être réinvesti dans une autre ressource qui remplacera la précédente. Si c'était possible, les économistes seraient des dieux ;

– sous-évaluer ce qui ne produit pas d'intérêts, comme la vie, la liberté et le bonheur.

En principe, toutes ces errements peuvent être corrigés. Mais utiliser les marchés pour faire les choses qu'ils font très bien – répartir de manière optimale des ressources limitées – ne leur permettra pas de faire des choses qui ne sont pas de leur ressort. Par exemple, les marchés :

– sont incapables de dire quelle est la « taille » soutenable de l'économie. Comme Herman Daly le dit : « Un bateau qui transporte une charge trop lourde finira par couler, même si la charge est répartie de manière optimale. » ;

– n'indiquent pas à partir de quel moment les besoins légitimes cèdent la place à des désirs superflus ;

– ne disent pas quand s'arrêter ni quel est le niveau de consommation suffisant.

L'économie ne reflète pas complètement les motivations humaines, car celles-ci dépassent de loin la cupidité et l'envie. Mais, dans notre quête d'un PNB toujours plus grand, il est facile d'oublier les buts que les outils économiques devaient servir à atteindre. Les discours officiels sur les buts de notre économie continueront de remplacer les vraies valeurs par des slogans vides, à moins que nous nous rappelions, selon les mots de Donella Meadows, que: «Une société soutenable rechercherait un développement qualitatif et non une expansion quantitative. Elle considérerait la croissance matérielle comme un moyen et non comme un droit perpétuel. Elle ne serait ni pour ni contre la croissance. Au lieu de cela, elle distinguerait plusieurs sortes de croissance et d'objectifs à la croissance. Avant de se décider pour tel ou tel type de croissance, elle se demanderait quel en serait le but, à qui elle profiterait, ce qu'il en coûterait, et combien de temps elle durerait, et si elle serait compatible avec les limites de la planète.»

Il nous semble qu'aujourd'hui, tous les pays ont soif de leaders qui posent ces questions. Pour guérir notre société, établir la justice et soigner la terre, nous devons repenser notre relation à la nature et à nos enfants, repenser nos capacités et nos objectifs.

La vie publique nous offre des exemples innombrables de la confusion courante entre production de richesse et recherche du bonheur; entre liberté d'entreprendre et libertés publiques; entre profits privés et objectifs publics. Les marchés sont faits pour être efficaces, pas pour aller à l'essentiel; pour être cupides, et non justes. Les marchés n'ont jamais eu pour but de créer ou de renforcer les liens sociaux; de permettre à la beauté, à la justice, au développement soutenable ou au sacré de s'accomplir. Si le marché agit en faveur des baleines, de la nature, de la planète ou de nos petits-enfants, il s'agit seulement d'une coïncidence heureuse. Lorsqu'on lui permet de fonctionner correctement, le marché est très efficace pour atteindre ses propres objectifs, mais ceux-ci ne représentent qu'un aspect de la vie humaine. C'est pour répondre à cette quête plus vaste qu'existent la politique, l'éthique et la religion.

Un jour, on demanda au mollah Nasreddin ce qui avait le plus de valeur, la lune ou le soleil. «La lune, bien sûr», répondit-il. «Et pourquoi donc, grand mollah? – Parce qu'elle brille la nuit, lorsque nous avons le plus besoin de lumière.» De nos jours, nous avons besoin de lumière. L'utilisation efficace des dons de la terre et des autres peut nous permettre de gagner du temps pour trouver des solutions. Comme tous les outils, elle peut seulement nous aider à avancer, mais elle ne remplace pas le renouveau de notre vie publique, de nos principes éthiques et de notre spiritualité. Les ressources dont nous avons le plus besoin actuellement ne sont pas celles du monde matériel, mais sont enfouies en chacun de nous.

BIBLIOGRAPHIE

Afheldt, H. 1994. *Wohlstand für niemand?* Munich, Kunstmann.

Arrhenius, S. 1896. On the Influence of Carbonic Acid in the Air upon the Temperature on the Ground. *Phil. Mag.* 5, 41 (251) 237.

Ayres, R. U. et L. W. Ayres. 1996. *Industrial Ecology: Towards Closing the Materials Cycle.* Cheltenham, Elgar.

Ballard, C. L. et S. G. Medema. *The Marginal Efficiency Effects of Taxes and Subsidies in the Presence of Externalities: A Computational General Equilibrium Approach.* East Lansing MI: Michigan State Univ., Dept of Economics.

Bangladesh Centre for Advanced Studies (BCAS). 1994. *Vulnerability of Bangladesh to Climate Change and Sea Level Rise.* Summary Report. Dhaka, Bangladesh, BCAS.

Barbir, F., T. N. Veziroglu et H. J. Please. 1990. Environmental Damage Due to Fossil Fuel Use. *Int. J. Hydrogen Energy*,15, pp. 739-749.

Barney, G. 1980. *The Global 2000 Report to the President.* Harmonsworth, Penguin.

Barnola, J. M., D. Raynaud, Y.S. Krokotkevitch et C.Lorius. 1987. Vostok ice core : a 160 000 year record of atmospheric CO_2. *Nature* 329, pp. 408-414.

Benedick, R. E. 1991. *Ozone Diplomacy. New Directions in Safeguarding the Planet.* Cambridge (USA), Harvard University Press.

Benedict, R. 1934. *Patterns of Culture.* Boston, Houghton Mifflin.

Bleischwitz, R. et H. Schütz. 1992. *Unser trügerischer Wohlstand. Ein Beitrag zur deutschen Ökobilanz.* Wuppertal Institute.

Böge, S. Erfassung et Bewertung von Transportvorgängen: Die produktbezogene Transportkettenanalyse. In Dieter Läpple (Hrsg.). *Güterverkehr, Logistik und Umwelt.* Berlin, Edition Sigma.

Brown, L., D. Dennisson, C. Flavin *et al.* 1995. *L'état de la planète 1995.* Paris, Economica.

Brown-Weiss, E. B. 1989. In Fairness to Future Generations : International Law, Common Partimony and Intergenerational Equity Tokyo.

Brown-Weiss, E. B. 1992. Environment and Trade as Partners in Sustainable Development. *The American Journal of International Law* 86, p. 728.

Browning, W. D. et D. L. Barnett. 1995. *A Primer in Sustainable Building.* Snowmass, CO, Rocky Mountain Institute, Publ. D 95-2.

Brundtland (rapport) : voir CMED.

Buitenkamp, M., H. Venner et T. Wams (Eds.).1992. *Action Plan Sustainable Netherlands.* Amsterdam, Milieudefensie (Netherlands' Friends of the Earth).

BUND, Misereor and Wuppertal Institut. 1995. *Zukunftsfähiges Deutschland.* Bâle, Berlin, Boston, Birkhäuser.

Burwitz, H., H. Koch et T. Krämer-Badoni.1992. *Leben ohne Auto. Neue Perspektiven für eine menschliche Stadt.* Reinbek, rororo.

Cairncross, F. 1992. *Costing the Earth.* Boston, Harvard Business School Press et Londres,

The Economist Books.
Carson, R. 1962. *Printemps silencieux.*
Clark, D. 1995. «AutoDesk to Publisk Digital Drawings of Manufacturers' Parts for Engineers», *The Wall Street Journal*, 3 mars 1995.
Clark, M. 1989. *Ariadne's Thread. The Search for New Modes of Thinking.* Londres, Macmillan.
CMED. *Notre avenir à tous.* 1988. Ed. du Fleuve.
Club de Rome. 1991. Voir King A. et Schneider B.
Club de Rome. 1993. Growth, Competitiveness and Employment. White Paper. Luxembourg, EC Publications.
Cobb, C. W. et J. Cobb Jr. 1994. *The Green National Product.* Lanham MD ? University Press of America.
Commission of the European Communities. 1993. *Growth, Competitiveness and Employment.* White Paper. Luxembourg, EC Publications.
Commission of the European Communities. 1992. *Towards Sustainability. A European Community Programme of Policy and Action in Relation to the Environment and Sustainable Development.* Bruxelles, EC Commission.
Corbett, M. N. 1981. *A Better Place to Live: New Designs for Tomorrow's Communities,* Emmaus, PA, Rodale Press.
Corden, W. M. 1974. *Trade Policy and Economic Welfare.* Oxford, OUP.
Costanza, R. 1992. *Ecological Economics. The Science and Management of Sustainability.* New York, Columbia University Press.
Daly, H. 1991. *Steady State Economics.* 2nd Ed. Washington, Island Press
Daly, H. et J. B. Cobb. 1989. *For the Common Good. Redirecting the economy toward community, the environment and a sustainable future.* Boston, Beacon Press.
D'Aveni, R. 1995. *Hypercompétition.* Paris, Vuibert.
Dawkins, R. 1990. *Le Gène égoïste.* Paris, Armand-Colin.
De Andraca, R. et K. F. McCready. 1994. *Internalizing Environmental Costs to Promote Eco-Efficiency.* Stockholm, Tomorrow Publications.
Dearien, J. A. et M. M. Plum. 1993. «The Capital, Energy, and Time Economics Of An Automated, On-Demand Transportation System». 28th Intersociety Energy Conversion Engineering Conference, August 8-13, 1993 Atlanta, Georgia. Dr. Dearien, c/o Lockheed, PO Box 1625, Idaho Falls, ID 83415-3765, USA.
Diederichs, C. J. et F. J. Follmann. 1995. Ressourcenschonendes Bauen eröffnet Perspektiven für den Umweltschutz der Zukunft. *Bauwirtschaft* 49, mai 1995, S. 32-39.
Duchin, F. et G. M. Lange. 1994. *The Future of the Environment.* Oxford et New York, Oxford University Press.
Ederer, G. et P. Ederer. 1995. *Das Erbe der Egoisten.* Munich, C.Bertelsmann.
Eichner. A. S. 1995. The Lack of Progress in Economics. *Nature* 313 , pp. 427-428.
Ekins, P., C. Folke et R. Costanza. 1994. Trade, environment and development: the issues in perspective. *Ecological Economics* 9, pp. 1-12.
Ekins, P. et M. Max-Neef. 1992. *Real Life Economics. Understanding Wealth Creation.* Londres, Routledge.
Enquête-Kommission «Schutz des Menschen und der Umwelt». 1994. *Die Industriegesellschaft gestalten. Perspektiven für einen nachhaltigen Umgang mit Stoff- und Materialströmen.* Bonn, Economica Verlag.
Feist, W. et J. Klien. 1994. *Das Niedrigenergiehaus.* Heidelberg, C.F. Müller.
Fickett, A.P., C.W. Gellings and A.B. Lovins. 1990. Efficient Use of Electricity. *Scientific American.* Septembre 1990.
Fowler, C. et P. Mooney. 1990. *Shattering. Food, Politics, and the Loss of Genetic Diversity.* Tucson, The University of Arizona Press.
Frank, J.E. 1989. *The Costs of Alternative Development Patterns: A Review of the Literature.*

Washington.

Fussler, C. et P. James. 1996. *Driving Eco Innovation*. Londres, Pitman.

Gabor, D., U. Colombo *et al.* 1978. *Sortir de l'ère du gaspillage : les grandes alternatives technologiques*. Rapport au Club de Rome. Paris, Dunod.

GATT. 1992. *Trade and the environment*. Genève, GATT/ WTO Secrétariat.

Giarini, O. et W. R. Stahel. 1993. *The Limits to Certainty. Facing Risks in the New Service Economy*. Dordrecht, Kluwer Academic.

Gillies, A. M. 1994. *The Greening of Government Taxes and Subsidies. Protecting the Environment and Reducing Canada's Deficit*. Winnipeg, International Institute for Sustainable Development.

Goldsmith, E. and N. Hildyard. 1985-1989. *The Social and Environmental Effects of Large Dams*. 3 Vols. Camelford, Cornwall: Ecosystems.

Goldsmith, J. 1995. *Le piège*. Paris, Pocket.

Gore, Al. 1993. *Sauver la planète, l'écologie et l'esprit humain*. Paris, Albin-Michel.

Greenpace (éd.). 1995. *Der Preis des Energy-Plädouer für eine Ökologische Steurreform*. Munich, Beck.

Groupe de Lisbonne. 1995. *Limites de la compétitivité*. Paris, La Découverte.

Hawken, P. 1995. *L'Ecologie de marché ou l'économie quand tout le monde gagne*. Le Souffle d'or.

Henderson, H. 1991. *Paradigms in Progress*. Indianapolis, Knowledge Systems.

Henderson, H. 1996. *Building A Win-Win World*. San Francisco, Berrett-Koehler.

Hennicke, P. et D. Seifried. 1996. *Das Einsparkraftwerk*. Basel, Berlin, Boston, Birkhäuser.

Houghton D. et D. Hibberd. 1993. Packaged Rooftop Air Conditioners,. Tech Update TU-93-1, E-SOURCE (Boulder CO 80302), Janvier 1993;

Howe, W., M. Shepard, A.B. Lovins, B.L. Stickney, & D. Houghton, *Drivepower Technology Atlas*, E source. Août 1993.

Illich, I. 1975 *La Convivialité*. Paris, Le Seuil.

Intergovernmental Panel on Climatic Change (IPCC). 1990. *The IPCC Scientific Assessment*. (J.T.Houghton, G.T.Jenkins and J.J.Ephraums, Eds.), Cambridge CUP.

IPSEP, see Krause, Florentin *et al.*

IUCN (International Union for the Conservation of Nature, since 1990 : World Conservation Union).1981. *Caring for the Earth: A Strategy for Sustainable Living*. Londres, Earthscan. (this book also summarises the "World Conservation Strategy" published by the same organisations at Geneva,1980).

Jackson, T. et N. Marks. 1994. *Measuring Sustainable Economic Welfare – A Pilot Index*. Stockholm, Stockholm Environment Institute.

Jackson, W. 1980. *New Roots of Agriculture*. San Francisco, FoE. See also the Land Institute's Annual Reports. Salina, K67401, USA.

Jeavons, J. 1971. *How to Grow More Vegetables Than You Ever Thought Possible on Less Land Than You Can Imagine*. Willits CA.

Jeavons, J. et C. Cox. 1993. *Lazy-Bed Gardening*. Willits CA.

Jencks, C. 1990. Post-Modernism Between Kitsch and Culture. In *Architectural Design, Post-Modernism on Trial*. Londres, Academy Editions.

Jouzel, J. *et al.* 1987. Vostok ice core : A continuous isotope temperature record over the last climatic cycle (160 000 years) *Nature* 329, pp. 403-408.

Kempton, W., D. Feuermann, et A.E. McGarity. 1992. « I always turn it on super » : user decisions about when and how to operate room air conditioners, *Energy and Buildings* 18(3) :pp. 177–191.

King, A. et B. Schneider. 1991. *Question de survie : la révolution mondiale a commencé*. Paris, Calmann-Lévy.

Klingholz, R. 1994. *Wahnsinn Wachstum. Wieviel Mensch erträgt die Erde?* Hamburg, Geo-Buch.

Klüting, R . 1995. Der Faktor 10 Club. *Bild der Wissenschaft*, mars1995, pp. 78-80 .

Kohn, A. 1986. *No Contest. The case against competition.* Boston, Houghton Mifflin.

Kohn, A. 1990. *The Brighter Side of Human Nature. Altruism and Empathy in Everyday Life.* New York, Basic Books.

Korten, D. 1995. *When Corporations Rule the World.* San Francisco, Berrett-Koehler.

Knoflacher, H. 1995. Economy of Scale - Die Transportkosten und das Ökosystem. *Gaia* 4, pp. 100-108.

Kranendonk, S. et S. Bringezu. 1993. First estimates of the material intensity of orange juice. *Fresenius Environmental Bulletin* 2, pp. 455-460.

Krause, F., J. Hooney, *et al.* 1993-1996. *Energy in the Greenhouse.* Vol. 2, Report of the International Project for Sustainable Energy Paths (IPSEP) to the Dutch Ministry of the Environment. El Cerrito, CA, IPSEP.

Liedtke, C. 1993. Material intensity of paper and board production in Western Europe. *Fresenius Environmental Bulletin.* 2, pp. 461-466.

Liedtke, C. and T. Merten. 1994. MIPS, *Resource Management and Sustainable Development.* Proceedings of the Second International Conference on «The Recycling of Metals». Amsterdam. pp. 163-173.

Lorius, C., *et al.* 1985. A 150.000 year climatic record from Antarctic ice. *Nature,* 316, pp. 591-596.

Lovins, A. B. 1988. Negawatts for Arkansas. 3 Vols. RMI Publication U88-30.

Lovins, A. B. 1990. How a Compact Fluorescent Lamp Saves a Ton of CO_2. RMI Publication 90-5.

— 1992. Energy-Efficient Buildings: Institutional Barriers and Opportunities, E source (Boulder, Colorado), Strategic Issues Paper n° 2, novembre 1992.

— 1993. What an Energy-Efficient Computer Can Do RMI Publ. n° E 93.20.

— 1995. The Super-Efficient Passive Building Frontier. ASHRAE J. Juin 1995. RMI Publ. n° E 95-28.

— 1996. Negawatts : Twelve Transitions, Eight Implications and One Distraction. *Energy Policy* (UK), avril 1996. RMI Publ. n° U 96-11.

Lovins, A. B, M. M. Brylawski, D. R. Cramer et T. C. Moore. 1996. *Hypercars : Materials, Manufacturing and Policy Implications*, The Hypercar Centre, Rocky Mountain Institute, Snowmass CO 81654-9199.

Lovins, A. B. und L. H. Lovins. 1995. Reinventing the wheels. *Atlantic Monthly* 271, pp. 75-81.

Lünzer, I. 1979. Energiefragen im Umwelt und Landbau. Reprinted 1991 in H. Vogtmann (Ed.) *Ökologische Landwirtschaft.* Karlsruhe, C.F. Müller.

MacKenzie, J. J., R. Dower, D. Chen. 1992. *The Going Rate: What It Really Costs to Drive.* Washington:World Resources Institute.

Maddox, J. 1972. *The Doomsday Syndrome.* Londres, Macmillan.

Mander, J. und E. Goldsmith. 1995. *The Case against the Global Economy.* San Francisco, Sierra Club Books.

Masuhr, K. P., S. Schärer, H. Wolff. 1995. *Energieverbrauch : Kostenwahrheit ohne Staat ? Die externen Kosten der Energieversorgung. Internalisierung.* Stuttgart, Metzlen Poeschel.

Meadows, D. H., D. L. Meadows, J. Randers, W. W. Behrens. 1972. *The Limits to Growth* (Halte à la croissance). New York, Universe Books.

Meadows, D., D. Meadows et J. Randers.1992. *Beyond the Limits. Confronting Global Collapse, Envisioning a Sustaianble Future.* Post Mills V, Chelsea Green.

Meyer, N. I., O. Benestad, L. Emborg et E. Selvig. 1993. Sustainable Energy Scenarios for the Scandinavian Countries. *Renevable Energy* 3, pp. 127-136.

Meyer, N. et J. S. Nørgård. Planning Implications of Electricity Conservation : The Case of Denmark. In Thomas B. Johansson *et al.* (Ed.) *Electricity : Efficient End-Use and New Generation Technologies, and Their Planning Implications.* Lund, Lund University Press.

Mills, E. 1989. *An End-Use Perspective on Electricity Price Responsiveness.* Lund, Lund University.

Nelson, K. E. 1993. Dow's Energy/WRAP Contest, Vortrag bei der 1993 Industrial Energy Technology Conference, Houston, 24-25 mars 1993. Erhältlich über E-Source, Bolder CO 80302-5114 oder Kentech, Baton Rouge, Louisiana, USA.

Neumann-Mahlkau, P. 1993. Acidification by pyrite weathering on mime waste stockpiles, Ruhr District, Germany. *Engineering Geology* 34, pp.125-134.

Nordhaus, W. 1990. Count Before You Leap : Economics of Climate Change. *The Economist*, juillet 1990.

Nordhaus, W. 1993, *Managing the Global Commons.* Cambridge MA, MIT Press.

Nørgård, J. S. 1989. Low Electricity Appliances - Options for the Future. In T. B. Johansson *et al.* (Eds) *Electricity: Efficient End-Use and New Generation Technologies, and Their Planning Implications.* Lund, Lund University Press.

Olivier, D. 1992. *Energy Efficiency and Renewables: Recent Experience on Mainland Europe.* Herefordshire, England, Energy Advisory Associates.

Panayotou, T. 1993. *Green Markets: The Economics of Sustainable Development.* San Francisco, ICS Press

Petersen, M. 1994. *Ökonomische Analyse des Car-sharing.* Berlin, Stattauto.

Petersen, R. et K. O. Schallaböck. 1995. *Mobilität für morgen. Chancen einer zukunftsfähigen Verkehrspolitik.* Bâle, Birkhäuser.

Pigou, A. C. 1920. *The Economics of Welfare.* Londres, Macmillan.

President's Council for Sustainable Development (PCSD). 1996. Sustainable America - A New Consensus for Prosperity, Opportunity and a Healthy Environment for the Future. Washington, DC.

Prince of Wales. HRH The. 1989. *A vision of Britain.* New York, Doubleday.

Rabinovich, J. et J. Leitman. 1996. ban Planning in Curitiba. *Scientific American*, mars 1996, pp. 26-33.

Read, P. 1994. *Responding to Global Warming: The Technology, Economics and Politics of Sustainable Energy.* Londres, Zed Books.

Rechsteiner, R. 1993. Sind hohe Energiepreise volkswirtschaftlich ungesund? *Gaia* 2, pp. 310-327.

RERC (Real Estate Research Corporation). 1974. The Costs of Sprawl : Environmental and Economic Costs of Alternative Residential Development Patterns at the Urban Fringe, 3 vol., Report for the President' Council on Environmental Quality, Washington.

Rees, W. et M. Wackernagel. 1994. Ecological Footprints and Appropriated Carrying Capacity : Measuring the Natural Capital Requirements of the Human Economy. In A.M. Jannson *et al* (Eds) *Investing in Natural Capital: The Ecological Economics Approach to Sustainability.* Washington, Island Press.

Renner, M. 1992. *Budgeting for Disarmament : The Costs of War and Peace* (Worldwatch Paper n° 122). Waashington, DC, Worldwatch Institute.

Repetto, R., R. Dower *et al.* 1992. *Green Fees. How a Tax Shift Can Work for the Environment and the Economy.* Washington, DC, World Resources Institute.

Rifkin, J. 1995. *The End of Work. The Decline of the Global Labor Force and the Dawn of the Post-Market Era.* New York, Putnam.

Rifkin, J. 1997. *La Fin du travail.* Paris, La Découverte.

Ripl, W. 1994. *Management of water cycle and energy flow for ecosystem control : the enrgy-transport-reaction (ETR) model.* Elsevier, Amsterdam.

RMI (Rocky Mountain Institute). 1994. *Water Efficiency : A Resource for Utility Managers, Community Planners and Other Decisionmakers.* (In cooperation with US EPA) 4th ed., novembre 1994.

RMI (Rocky Mountain Institute). 1995. *A Primer on Sustainable Building.* RMI Publ. n° D95-2.

Romm, J. J. 1994. *Lean and Clean Management. How to Boost Profits and Productivity by*

Reducing Pollution. New York, Kodansha International.

Romm, J. J. et W. D. Browning. 1994. *Greening the Building and the Bottom Line: Increasing Productivity Through Energy-Efficient Design*. Snowmass, CO, RMI Publ D4-27.

Scherhorn, G. 1994. Die Unersättlichkeit der Bedürfnisse und der kalte Stern der Knappheit. In B. Biervert und M. Held (Eds). *Das Naturverständnis der Ökonomik*. Frankfurt ; G. Scherhorn. 1994. Egoismus oder Autonomie. Über die Beschränktheit des Eigennutzprinzips. In T. L. Heck (Ed) *Das Prinzip Egoismus*. Tübingen, Nous Verlag.

Schmidheiny, S. with the Business Council for Sustainable Development. 1992. *Changing Course. A Global Perspective on Development and the Environment*. Cambridge MA, MIT Press.

Schmidt-Bleek, F. 1994. Carnoules Declaration of the Factor Ten Club,. Wuppertal, Institute.

Schneider B. 1996. *Le Scandale et la honte*. Paris, Le Rocher.

Shiva, V. 1992. *Staying Alive. Women, Ecology and Development*. Londres, Zed Books.

Stahel, W. et E. Gomringer. 1993. (International Design Forum/IFG). *Gemeinsam nutzen statt einzeln verbrauchen*. Giessen, Anabas Verlag.

Third World Network. 1995. *The Need for Greater Regulation and Control of Genetic Engineering. A Statement by Scientists Concerned about Current Trends in the New Biotechnology*. Penang, Malaysia, Third World Network.

Tobin, J. 1994. A tax on international currency transactions. In UNDP (1994) *Human Development* Report, p. 70.

Tooley, M. J. 1989. Global sea-levels: floodwaters mark sudden rise. *Nature* 342, pp. 20 - 21.

Tsuchiya, H. 1994. Energy analysis of daily activities. *Energy for Sustainable Development* 1, pp. 39-43

UNDP. 1994. *Human Development Report*. New York, UNDP.

Vale, B. et R. Vale. 1991. *Green Architecture : Design for and Energy-Conscious Future*. Bulfinch Press, Little Brown, Boston, pp. 156-168.

Van Dieren, W (Ed). *Taking Nature Into Account : A Report to the Club of Rome*. New York, Springer Verlag.

Vester, F.. 1995. *Crashtest Mobilität*. Munich, Heyne.

World Commission on Environment and Development (WCED). 1987. *Our Common Future* (The Brundtland Report). Oxford, OUP.

Weizsäcker, C. et E. 1978. Recht auf Eigenarbeit statt Pflicht zum Wachstum. *Scheidewege* 9, pp. 221-234.

Weizsäcker, E. U. von et J. Jesinghaus. 1992. *Ecological Tax Reform*. Londres, Zed Books.

Weizsäcker, E. U. von. 1994. *Earth Politics*. Londres, Zed Books.

Weterings, R., et J. B. Opschoor. 1992. *The Ecocapacity as a Challenge to Technological Development*. Rijswijk.

Wilson, E. 1993. *La Diversité de la vie*. Paris, Odile-Jacob.

World Energy Council. 1993. *Energy for Tomorrow's World. The Realities, the Real Options and the Agenda for Achievement*. Londres, Kogan Page.

Worldwatch Institute see Brown, Lester (Ed).

Wuppertal Institut. 1995. *Towards Sustainable Europe*. Luton, Friends of the Earth.

Yergin, D. 1991. *The Prize: The Epic Quest for Oil, Money and Power*. Londres, Simon and Schuster.

Young, J. E. 1992. *Mining the Earth*. Worldwatch Paper n° 109. Washington, Worldwatch Institute.

louisjeanimprimeur

59, Avenue Émile DIDIER - 05003 GAP Cedex - Tél. 04 92 53 17 00 • Dépôt légal : 50 – Janvier 2005
Imprimé en France